# 大学物理实验

## Experiments in University Physics

主　编　徐志君

副主编　魏高尧　李　珍

中国教育出版传媒集团

高等教育出版社·北京

DAXUE WULI SHIYAN

内容简介

本书是以教育部颁布的《高等学校基础课实验教学示范中心建设标准》中提出的普通高校物理实验中心实验项目为依据,参照教育部高等学校物理学与天文学教学指导委员会编制的《理工科类大学物理实验课程教学基本要求》(2010 年版),结合近年来物理实验教学改革的成果,在作者多年教学积累的基础上编写的。

本书首先介绍测量误差和数据处理的基础知识,并引入不确定度概念;然后按基础物理实验、数字化物理实验、综合与近代物理实验和设计性实验等层次进行编写,收入了力学、热学、电磁学、光学和近代物理共 41 个实验,供不同专业的学生选择。这些实验既有保证课程基本训练所必需的内容,又有密切联系生产实际的应用性及设计性实验,并在内容上加强了基础的内涵,形成了一个新的教学体系。

本书可作为理工科非物理学类专业一、二年级本科生的物理实验课程教材,还可作为大专院校物理类专业、成人教育院校等师生的参考书,也可供社会读者阅读。

**图书在版编目(CIP)数据**

大学物理实验 / 徐志君主编;魏高尧,李珍副主编
. -- 北京:高等教育出版社,2023.9(2024.3重印)
ISBN 978-7-04-059946-6

Ⅰ. ①大… Ⅱ. ①徐…②魏…③李… Ⅲ. ①物理学
-实验-高等学校-教材 Ⅳ. ①O4-33

中国国家版本馆 CIP 数据核字(2023)第 022042 号

DAXUE WULI SHIYAN

| 策划编辑 | 张琦玮 | 责任编辑 张琦玮 | 封面设计 于 博 王 洋 | 版式设计 童 丹 |
| --- | --- | --- | --- | --- |
| 责任绘图 | 黄云燕 | 责任校对 胡美萍 | 责任印制 耿 轩 | |

| | | | |
| --- | --- | --- | --- |
| 出版发行 | 高等教育出版社 | 网 址 | http://www.hep.edu.cn |
| 社 址 | 北京市西城区德外大街 4 号 | | http://www.hep.com.cn |
| 邮政编码 | 100120 | 网上订购 | http://www.hepmall.com.cn |
| 印 刷 | 山东韵杰文化科技有限公司 | | http://www.hepmall.com |
| 开 本 | 787mm×1092mm 1/16 | | http://www.hepmall.cn |
| 印 张 | 20.75 | | |
| 字 数 | 390 千字 | 版 次 | 2023 年 9 月第 1 版 |
| 购书热线 | 010-58581118 | 印 次 | 2024 年 3 月第 2 次印刷 |
| 咨询电话 | 400-810-0598 | 定 价 | 52.00 元 |

本书如有缺页、倒页、脱页等质量问题,请到所购图书销售部门联系调换

# 前言

  大学物理实验是大学生从事科学实验和研究工作的入门课程，是一系列后续专业实验课程的重要基础。它侧重学生实验基本技能的训练、学生科学实验能力的培养和良好的科学实验习惯的养成。在编写过程中，作者坚持德育为先，通过正面教育来引导学生向上向善，培养学生严谨求实的科学态度和勇攀高峰的科学品质，同时挖掘中国元素，厚植爱国主义情怀。

  本书首先介绍测量误差和数据处理的基础知识，并引入不确定度概念；然后按基础物理实验、数字化物理实验、综合与近代物理实验和设计性实验等层次进行编写。书中每一个实验的开头均简单叙述了该实验的意义或提供了一些背景知识，以激发学生的学习热情；然后对实验的原理进行简明扼要的论述，对某些较难的内容，力求深入浅出地阐述其物理意义。本书不另辟专章讲述实验仪器，而是把对实验内容和实验仪器的介绍融于一体（或附在每个实验之后），并较详细地说明了实验方法，使学生进入实验室后能很快独立地拟定合理的实验步骤，正确使用仪器，在指定时间内独立地完成实验。我们在实验结尾处给出思考题，促使学生在预习过程中积极思考，认真准备，在课后复习过程中进一步总结，加深理解。有些实验除基本要求外，还附有一些较灵活的提高内容，在书中以打"＊"的形式表示，供有潜力的学生进一步钻研，以利于因材施教。此外，本书还加入了数字化物理实验和设计性实验，使教材体系结构更加完善。

  为使学生养成良好的实验习惯，在绪论中我们给出了一个实验报告范例供初学者参考，以引导学生写出科学规范的实验报告，并特别设计了与本教材相配套的实验报告册。对于基础物理实验，我们在报告册中给出了完整的数据记录表格及具体的误差分析要求，以规范学生的实验行为。要求学生课前完成预习报告，课上完成整齐清晰的原始数据记录，课后认真处理数据，算出测量结果及不确定度，绘制实验曲线，写出完整规范的实验报告。以上各环节可培养学生的实验技能、误差分析和撰写报告的能力以及严谨的科研作风。

  实验教材的编写不可能脱离实验室的建设和发展。本书是在我校历届所使用的教材的基础上，经多次调整、更新和扩充而成的，凝聚了几代人的智慧和心血。在这里可以借用"我们是站在巨人的肩上"这一句牛顿的名言来表达我们的感激和敬佩之情。此次编写过程中，为了调动和发挥学生学习的主动性和创造性，书中加大了设计性实验与综合与近代物理实验的比重。同时，考虑到校园网的普及，计算机仿真实验被列入课前预习内容，故在书中不再单独介绍。

  参加此次修订工作的老师还有尹姝媛、张庆彬、王冬梅、陈钢等。另外，还有许多参与实验教学工作的教师也为本书的编写做了大量工作，在此，编者对他们表示深深的谢意。由于成书匆忙和编者水平所限，作为引玉之砖，本书错误、疏漏之处在所难免，敬请广大读者批评指正。

编 者

2022 年 5 月于浙江工业大学

# 目录

# 绪论

## 0.1　物理实验是现代科学技术诞生的摇篮

实验是科学理论的源泉,是工程技术诞生的摇篮.在物理学史上,16世纪意大利物理学家伽利略首先摒弃了空洞的思辨,代之以敏于观察、勤于实验的实践,并把物理实验作为物理学系统理论的基础、依据和发展物理学必不可少的手段,从而使物理学走上真正的科学道路.在物理学发展史上,这方面的例子不胜枚举.如对光的本性认识中,科学家们就牛顿倡导的微粒说和惠更斯主张的波动说进行了一个多世纪的争论,孰是孰非,莫衷一是.最后托马斯·杨在1801年发表了双缝干涉实验的结果,才使波动说得到了确认.然而,到了19世纪末、20世纪初,由于光电效应实验又揭示了光的粒子性,所以人们认识到光具有波粒二象性.又如19世纪初,多数物理学家对电磁波的传播不需要介质的观点是不能接受的,因此他们假设宇宙空间存在着一种称为"以太"的介质,它具有许多异常而又不合理的特性.正是在这种情况下,迈克耳孙和莫雷合作,用干涉仪进行了有名的"以太风"实验,实验的"零结果"否定了"以太"的存在.

物理实验也是推动科学技术发展的有力工具.20世纪的科学技术,如现代核技术是建立在铀、钍和镭等元素天然放射性的发现、α粒子散射实验、重核裂变和核的链式反应的实现等物理实验基础之上的,从而才有后来的原子弹、氢弹的研制,核电站的建立.激光技术,如激光通信、激光熔炼、激光切割、激光钻孔、激光全息术、激光外科手术和激光武器等几乎都是在物理实验室中产生的.而信息技术的发展也离不开物理实验.在量子力学和固体能带理论建立的基础上,科学家于1974年在物理实验室中研制出了晶体管,并将其发展成现在的大规模集成电路、超大规模集成电路,集成度以超高的速度增长.可见,现代技术的突破,大多是在实验室中诞生的.

随着物理学的发展,人类积累了丰富的实验思想和实验方法,创造出了各种精密巧妙的仪器设备;同时,用于实验的数学方法以及计算机科学在实验中的应用等,使物理测量技术不断得到发展.这实际上已赋予物理实验极其丰富的、不同于物理学理论的特有的内容,并逐步形成一门单独开设的、具有重要教育价值和教育功能的实验课程.它不仅可以加深同学们对理论的理解,更重要的是能使同学们获得基本的实验知识、技能和科学创新的能力,为今后从事科学研究和工程实践打下扎实的基础.

那么如何学好大学物理实验这门课程呢?

## 0.2　怎样学好大学物理实验

1. 正确认识大学物理实验课程的地位和作用

（1）这是一门重要的基础性课程.首先,因为物理学是自然科学的基石,实验是物理学的基础,所以物理实验是基础中的基础,特别重要.其次,这门课程是第一门进行系统实验训练的课程,是高等学校理工科专业学生必修的重要基础课,可为今后各种工程实践打下坚实的基础.基础不牢,地动山摇,所以要努力、认真学好.第三,本门课程易上手,但又有探究深度,具有独特的教育功能,非常适合大学新生学习.因此,本课程的学习,可培养学生良好的科学实验素养,养成科学实验的习惯;在帮助学生掌握实验理论和技能的同时,又可加深他们对物理学原理的理解,促进大学物理课程的学习;特别是经过严格、规范的训练,学生在掌握科学实验技能的同时,实验设计和实验研究的能力也能够得到提升.

（2）这是一门既动脑又动手的课程.在学习上,学生要手脑并用,相互促进,才能高质量完成实验.每做一个实验,就是完成一个课题.面对课题,即实验项目,我们首先要建立物理模型,把一个具体问题转化为物理问题;然后根据精度要求,确定解决问题的实验方案,明确所用的实验方法,选择实验仪器和实验参量,以达到测量精度的要求;在进行实验操作之前,要制定操作步骤,进行规范实验,科学记录实验数据;最后进行数据处理,得出实验结论,撰写实验报告,评估实验结果.完成上述步骤,即完成了一个实验项目.

（3）这是大学生进校后第一门科学实验课程,是进入科学实验殿堂的入门向导.它是以物理规律、物理思想为主线,以培养学生的"三基"为基础,以激发学生的创新意识、创新精神,提高学生的能力、素质为目的,以培养具有科学思维、有较强工程能力的创新人才为目标的课程.物理实验在培养学生的科学素质和实验能力,特别是在培养与科学技术相适应的综合能力上有着无可替代的重要作用.

2. 了解课程的学习任务

（1）通过对实验现象的观察、分析和对物理量的测量,学习物理实验知识,加深对物理学原理的理解,提高对科学实验重要性的认识.

（2）培养与提高学生的科学实验能力,其中包括:

① 能够通过阅读实验教材或资料,做好实验前的准备;

② 能够借助教材或仪器说明书,正确使用常用仪器;

③ 能够运用物理学理论,对实验现象进行初步的分析判断;

④ 能够正确记录和处理实验数据,绘制实验曲线,说明实验结果,撰写合格的实验报告;

⑤ 能够完成简单的具有设计性内容的实验.

（3）培养与提高学生的科学实验素养,要求学生具有理论联系实际和实事求是的科学作风,严肃认真的工作态度,主动研究的探索精神,遵守纪律、团结协作和爱护公共财物的优良品德.

3. 掌握大学物理实验课程的学习特点

大学物理实验课程的教学主要由三个环节构成:

（1）实验前的预习——实验的基础.

实验前的预习是一次"思想实验"的练习,同学们在课前要认真阅读实验教材和有关资料,理解实验原理、方法和目的,然后在脑中"操作"这一实验,拟出实验步骤,思考可能出现的问题和可能得出的结论,最后写出预习报告.

未完成预习和预习报告者,教师有权停止其实验或降低其成绩!

（2）实验中的操作——实践的过程.

① 遵守实验室规则;

② 了解实验仪器的使用及注意事项;

③ 正式测量之前可做试验性探索操作;

④ 仔细观察和认真分析实验现象;

⑤ 如实记录实验数据和现象.

在实验操作中要逐步学会分析实验,排除实验中出现的各种故障,不能过分地依赖教师;对所得结果要做出粗略的判断,与理论预期相一致后,再交教师签字.

离开实验室前,要整理好所用的仪器,做好清洁工作,数据记录须经教师审阅签字.

（3）实验后的报告——实验的总结.

实验报告是实验工作的总结,要求文字通顺、字迹端正、图表规范、数据完备和结论明确.一份好的实验报告还应给同行以清晰的思路、见解和新的启迪.学生要养成在实验操作后尽早写出实验报告的习惯,即对原始数据进行处理和分析,得出实验结果并进行不确定度评估和讨论.

预习报告、数据记录和实验报告均应用实验室编制的实验报告册.

4. 写好实验报告

实验报告通常分三部分.

### 第一部分　预习报告

预习报告为正式报告的前期内容,要求在实验前写好,内容包括:

（1）实验名称.

（2）实验目的.

（3）实验原理摘要:在理解的基础上,用简短的文字扼要阐述实验原理,切忌照抄,力求图文并茂,图是指原理图、电路图或光路图;写出实验所用的主要公式,说明各物理量的意义和单位,以及公式的适用条件等.

（4）主要仪器设备（型号、规格等）.

（5）实验内容及注意事项,重点写出"做什么,怎么做".

（6）列出记录数据的表格.

第二部分　实　验　记　录

实验记录是进行实验的一项基本功,学生要在实验课上完成实验记录,要养成这个良好的习惯.实验记录内容包括:

（1）仪器:记录实验所用主要仪器的编号和规格.记录仪器编号是一个好的工作习惯,便于以后必要时对实验进行复查.

（2）实验内容和实验现象记录.

（3）数据:数据记录应做到整洁清晰、有条理,尽量采用列表法记录.表格栏内要注明物理量的单位.要实事求是地记录客观现象和实验数据,不能只记结果而略去原始数据,更不可为拼凑数据而对实验记录做随心所欲的修改.

第三部分　数据处理与结果

数据处理及计算在实验后进行,内容包括:

（1）作图、计算结果和不确定度估算.

（2）结果:按标准形式写出实验结果（测量值、不确定度和物理量的单位）,有必要时注明实验条件.

（3）作业题:完成教师指定的思考题.

（4）对实验中出现的问题进行说明和讨论,并写出实验心得或建议等.

附录中给出了实验报告范例,供同学们参考.

5. 遵守实验室规则

（1）实验前应认真预习,按时上实验课.

（2）进入实验室,必须衣着整洁、保持安静,严禁闲谈喧哗、吸烟、随地吐痰.不得随意动用与本次实验无关的仪器设备.

（3）遵守实验室规则,服从教师指导,按规定和步骤进行实验,认真观察和分析实验现象,如实记录实验数据,不得抄袭他人的实验结果.

（4）注意安全,严格遵守操作规程.爱护仪器设备,节约水、电、试剂、元器件等.凡违反操作规程或不听从教师指导而造成仪器设备损坏等事故者,必须进行书面检查,并按学校有关规定赔偿损失.

（5）在实验过程中若仪器设备发生故障,应立即报告指导教师及时处理.

（6）实验完毕,应主动协助指导教师整理好实验用品,切断水、电、气源,清扫实验场地.

（7）按指导教师要求,及时认真完成实验报告.凡实验报告不合格者,均须重做.平时实验成绩不合格者,不得参加本门课程的考试.

## 附录　实验报告范例

实验报告是写给同行看的,所以必须反映自己的工作收获和结果,反映自己的能力和水平.报告要有自己的特色,要有条理性,并注意运用科学术语,一定要有实验的结论和对实验结果的讨论、分析或评估(成败的初步原因).这里给出一个范例,仅供初学者参考.

## 光的等厚干涉

### 【实验目的】

1. 观察等厚干涉现象,考察其特点.

2. 学习用牛顿环测量透镜曲率半径、用劈尖测量微小厚度的方法.

3. 学习实验结果的数据处理方法.

### 【实验原理】

1. 牛顿环

将待测的球面凸透镜 $AOB$ 放在平面 $CD$ 的上面,如图 0-1 所示,便形成了典型的牛顿环装置.两相干光(近乎垂直入射的光经过空气隙上下表面 $AOB$ 和 $CD$ 的反射光)的光程差为

$$\delta_k = 2e_k + \frac{\lambda}{2} \qquad (0-1)$$

形成暗纹的条件为

$$2e_k + \frac{\lambda}{2} = (2k+1)\frac{\lambda}{2}$$

$$(k = 0, \pm 1, \pm 2, \cdots)$$

即

$$e_k = \frac{1}{2}k\lambda \qquad (0-2)$$

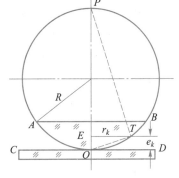

图 0-1　牛顿环实验装置

又由于三角形 $\triangle PTO \backsim \triangle TEO$,故有

$$r_k^2 = (2R - e_k)e_k \approx 2Re_k \qquad (0-3)$$

由(0-2)式、(0-3)式可近似得

$$r_k^2 = Rk\lambda \qquad (0-4)$$

若已知 $\lambda$,测出 $r_k$,数出干涉级次 $k$,由(0-4)式便可求得 $R$.但由于装置中微小尘埃、接触点形变等因素的影响,牛顿环的级次 $k$ 和干涉条纹的中心都无法确定,因而利用(0-4)式测定 $R$ 实际上是不可能的,故常常将(0-4)式变换为

$$R = \frac{D_m^2 - D_n^2}{4(m-n)\lambda} \tag{0-5}$$

可见只要数出所测各环的环数 $m$、$n$,而无须确定各环的干涉级次 $k$,这样也避免了圆环中心无法确定的困难.

2. 劈尖

劈尖干涉与牛顿环干涉同属于等厚干涉,只是引起光的干涉的空气层的结构不同而已.同理可得劈尖干涉中形成暗纹的条件是

$$e_k = \frac{1}{2}k\lambda \tag{0-6}$$

$e_k$ 是劈形空气层第 $k$ 级暗纹处的厚度.

由于暗纹是等距的,可推得待测薄片厚度的测量式为

$$h = 5\lambda \times \frac{L}{L_{10}} \tag{0-7}$$

$L_{10}$ 为 10 个条纹间的长度,$L$ 是玻璃板交线到待测薄片间的距离.这两个量均可用读数显微镜测出,若 $\lambda$ 已知,则 $h$ 可求得.

【实验仪器】

读数显微镜、钠光灯、牛顿环仪及搭制劈尖的玻璃板.

【实验内容】

1. 用牛顿环测量透镜的曲率半径

(1)调整及定性观察.

① 在自然光下调节牛顿环仪上的 3 个螺钉,使干涉图样移到牛顿环仪中心附近,并使干涉条纹稳定且中心暗斑尽可能小.

② 把调好的牛顿环仪放在显微镜平台上,调节读数显微镜 45°角的半反射镜,使钠黄光均匀充满整个视场.

③ 调节显微镜目镜至叉丝清晰,然后调节物镜对干涉条纹调焦,并使叉丝和圆环之间无视差.

④ 定性观察干涉图样的分布特点,观察待测的各环左右是否都清晰,并且都在显微镜的读数范围之内.

(2)定量测量.

① 确定测量范围,即确定 $(m-n)$ 和 $m$、$n$ 的值.例如确定 $m-n=25$,$m=50$,$49$,…,$46$,$n=25,24,…,21$,测出各环对应的直径.

② 避免空程引入的误差.鼓轮只能沿一个方向转动,不可倒转.稍有倒转,全部数据即应作废.如果要从第 50 环开始读数,则至少要在叉丝压着第 55 环后再使

鼓轮倒转至第 50 环开始读数并依次沿同一方向测完全部数据.

③ 应尽量在叉丝对准干涉条纹中央时读数.

2. 用劈尖测微小厚度(略)

【数据与结果】

1. 用牛顿环测量透镜的曲率半径(表 0-1)

表 0-1　牛顿环实验数据记录表

$m-n=25, \lambda=5.893\times10^{-4}$ mm, $\Delta_{仪}=0.015$ mm

| | 读数 | | $D_m$ /mm | | 读数 | | $D_n$ /mm | $(D_m^2-D_n^2)$ /mm$^2$ |
|---|---|---|---|---|---|---|---|---|
| $m$ | 左侧读数/mm | 右侧读数/mm | | $n$ | 左侧读数/mm | 右侧读数/mm | | |
| 50 | 23.678 | 40.507 | 16.829 | 25 | 26.901 | 38.890 | 11.989 | 139.479 |
| 49 | 23.767 | 40.447 | 16.680 | 24 | 27.065 | 38.809 | 11.774 | 140.301 |
| 48 | 23.871 | 40.393 | 16.522 | 23 | 27.210 | 38.723 | 11.513 | 140.427 |
| 47 | 23.981 | 40.328 | 16.347 | 22 | 27.376 | 38.647 | 11.271 | 140.189 |
| 46 | 24.100 | 40.275 | 16.175 | 21 | 27.511 | 38.557 | 11.046 | 139.617 |

$$\overline{D_m^2-D_n^2}=140.003 \text{ mm}^2$$

$$S_{D_m^2-D_n^2}=0.426 \text{ mm}^2$$

$$\Delta_{D_m^2-D_n^2}\approx S_{D_m^2-D_n^2}=0.426 \text{ mm}^2(略去仪器误差)$$

$$\overline{R}=\frac{\overline{D_m^2-D_n^2}}{4\lambda(m-n)}=\frac{140.003}{4\times5.893\times10^{-4}\times25} \text{ mm}=2\,375.751 \text{ mm}$$

$$\frac{\Delta_R}{\overline{R}}=\frac{\Delta_{D_m^2-D_n^2}}{\overline{D_m^2-D_n^2}}=0.30\%$$

$$\Delta_R=7.13 \text{ mm}\approx7 \text{ mm}$$

$$R=(2\,376\pm7) \text{ mm}=(2.376\pm0.007) \text{ m}$$

2. 用劈尖测微小厚度(略)

【分析与讨论】

(1) 上述数据处理过程中用平均值作为测量结果的最佳值,这是一种简化的处理方法,忽略了"测量精度"这个要素. 因为 $(D_m^2-D_n^2)$ 的值虽然基本相同,但是它们是非等精度的.分析如下:

$$D_k=D_{k,\text{R}}-D_{k,\text{L}}$$

$D_{k,L}$、$D_{k,R}$的测量精度均为 0.01 mm,示值误差为 0.015 mm,从不确定度传递理论来看,$D_k$的测量精度为

$$\Delta_{D_k} = 0.015 \times \sqrt{2} \text{ mm} = 0.021 \text{ mm}$$

$(D_m^2 - D_n^2)$的测量精度为

$$\Delta_{D_m^2 - D_n^2} = 2\Delta_{D_k}\sqrt{D_m^2 + D_n^2} = 0.042\sqrt{D_m^2 - D_n^2}$$

可见$(D_m^2 - D_n^2)$的测量精度与$D_m$、$D_n$的大小有关,故为非等精度. 因此,更为合理的方法是以加权平均值作为最佳值.

(2)事实上$m$、$n$也存在不确定度$\Delta_m$、$\Delta_n$,这是由叉丝对准干涉条纹中央时欠准所产生的,设此不确定度为条纹宽度的 1/10,即$\Delta_m = \Delta_n = 0.1$,则

$$\Delta_{m-n} = \sqrt{\Delta_m^2 + \Delta_n^2} = 0.14$$

故有

$$\frac{\Delta_R}{R} = \sqrt{\left(\frac{\Delta_{D_m^2 - D_n^2}}{D_m^2 - D_n^2}\right)^2 + \left(\frac{\Delta_{m-n}}{m-n}\right)^2} = 0.64\%$$

$$\Delta_R = 15 \text{ mm}$$

所以

$$R = (2.376 \pm 0.015) \text{ m}$$

可见,$m$、$n$的误差对实验结果的影响不能忽视.

(3)由环半径的平方化为环半径的平方之差(或环直径的平方之差)时,由图 0-2 可知

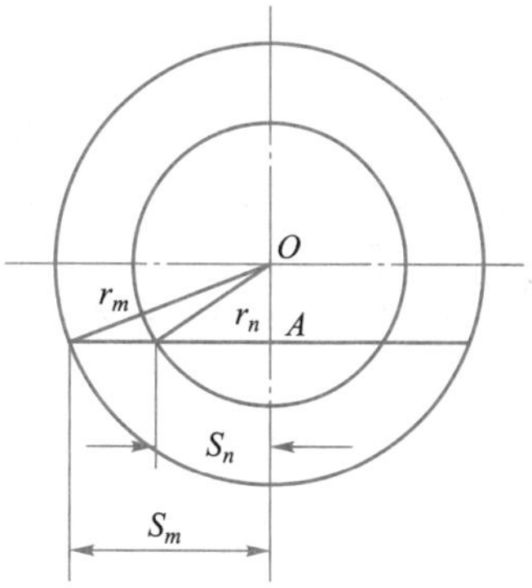

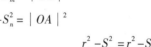

图 0-2 干涉条纹半径与弦长的关系

$$r_m^2 - S_m^2 = |OA|^2$$

$$r_n^2 - S_n^2 = |OA|^2$$

$$r_m^2 - S_m^2 = r_n^2 - S_n^2$$

所以

$$r_m^2 - r_n^2 = S_m^2 - S_n^2$$

即环半径的平方之差(或直径的平方之差)等于对应的弦的平方之差. 因此在实验测圆环直径时无须通过圆环的中心. 其实,要确定圆环的中心,这也是很不容易的.

(4)由于计算$R$时只需要知道环数差$(m-n)$,因此以哪一个环作为第一环可以任选,但一经选定,在整个测量过程中就不能改变了,且不要数错条纹数.

(5)由于干涉圆环的间距随圆环半径(或级次)的增加而逐渐减小,而且中心变化快,边缘变化慢. 因此选择边缘部分(级次大)进行测量,此处圆环间距变化比较缓慢,大致可以看成是均匀变化的,我们可以把$(D_m^2 - D_n^2)$值看成等精度测量量,这样求其平均值作为最佳值才比较合理. 因此,在能分辨条纹的前提下应尽可能地选择测$m$、$n$较大的环,且使$(m-n)$取值也大些,这样可以减小$\Delta_m$、$\Delta_n$对实验结果的影响.

# 第一章　测量误差、不确定度与数据处理

## 1.1　测量误差的基本概念

物理实验离不开物理量的测量,由于测量仪器、测量方法、测量条件、测量人员等因素的限制,对一物理量的测量不可能是无限精确的,即测量中的误差是不可避免的.没有测量误差知识,就不可能获得正确的测量值;不会计算测量结果的不确定度就不能正确表示和评价测量结果;不会处理数据或处理数据方法不当,就得不到正确的实验结果.由此可知,测量误差、不确定度和数据处理等基本知识在整个实验过程中占有非常重要的地位.本单元从实验教学的角度出发,主要介绍误差和不确定度的基本概念、测量结果不确定度的计算、实验数据的处理和实验结果的表示等方面的基本知识.这些知识不仅在本书每一个实验中要用到,而且也是同学们以后从事科学实验必须要具备的基本知识.然而,这部分内容涉及面较广,深入讨论需要较多的数学知识和丰富的实践经验,因此不能指望通过一两次的学习就完全掌握它.我们要求实验者首先对上述提到的问题有一个初步的了解,在以后的学习中,要结合具体实验再返回仔细阅读相关内容,通过实际运用,逐步加以掌握.

误差分析、不确定度计算以及数据处理贯穿实验过程的始终,它体现在实验前的设计与论证、实验过程中的控制与观测、实验结束后的数据处理和结果分析中.通过本单元的学习和今后各实验的运用,学生应:

（1）建立误差和不确定度的概念,能正确估算不确定度,懂得如何正确、完整地表达实验结果.

（2）掌握有效数字的概念及运算规则,了解有效数字与不确定度的关系.

（3）了解系统误差对测量结果的影响,学会发现系统误差、减少系统误差以及削弱其影响的方法.

（4）掌握列表法、作图法、逐差法和线性回归法等常用的数据处理方法.

### 1.1.1　测量与误差

#### 1. 测量和单位

所谓测量,就是把待测的物理量与一个被选作标准的同类物理量进行比较,确定它是标准量的多少倍.这个标准量称为该物理量的单位,这个倍数称为待测量的数值.可见,一个物理量必须由数值和单位组成,两者缺一不可.

用于比较的标准量必须是国际公认的、唯一的和稳定不变的.各种测量仪器,如米尺、秒表、天平等,都有符合一定标准的单位和与单位成倍数的标度.

测量包含五个要素,即观测者、测量对象、测量仪器、测量方法以及测量条件.

本教材采用通用的国际单位制(SI),在附录中列出了国际单位制的基本单位、辅助单位和部分导出单位,供同学们查阅.

2. 测量及测量量分类

为了便于误差分析和不确定度计算,我们可以把测量分为直接测量和间接测量,得到的测量量相应地分为直接测量量和间接测量量.

由仪器或量具直接与待测量进行比较读数,得到测量结果的测量,称为直接测量,如用米尺测量物体的长度、用电流表测量电流等.所得到的相应物理量称为直接测量量.

然而在大多数情况下,我们需要借助一些函数关系由直接测量量计算出所要求的物理量,这样的测量称为间接测量,相应的物理量称为间接测量量.如钢球的体积 $V$ 可由直接测得的直径 $D$,用公式 $V = \dfrac{1}{6}\pi D^3$ 计算得到,则 $D$ 为直接测量量,$V$ 为间接测量量.在误差分析和估算中,要注意直接测量量与间接测量量的区别.另外,这种测量量的分类是相对的,随着测量技术的提高,一些间接测量量也可以通过直接测量得到.如测量密度时,如果通过测量物体的体积和质量求得密度,则密度便是间接测量量;用密度计测量物体的密度,那么,密度就是直接测量量.

对测量量的多次测量,可分为等精度测量和不等精度测量两类.如对某一待测物进行多次重复测量,而且每次测量的条件都相同(同一测量者、同一套仪器、同一种实验方法、同一实验环境等),那么就没有理由判定某一次测量比另一次测量更准确,只能认为每次测量的精度是相同的.我们把这样的重复测量称为等精度测量.在各测量条件中,只要有一个条件发生了变化,这时所进行的重复测量,就难以保证各次测量精度一样,我们称这样的测量为不等精度测量.一般在进行重复测量时,要尽量保证测量为等精度测量.

3. 测量误差

物理量在客观上存在的确定数值,称为真值.然而,实际测量时,由于实验条件、实验方法和仪器精度等的限制或者不完善,以及实验人员操作水平的限制,测量值与客观上存在的真值之间有一定的差异.为描述测量中这种客观存在的差异性,我们引进测量误差的概念.

误差就是测量值与客观真值之差.设测量值的真值为 $X$,则测量值 $x$ 的误差为

$$\Delta x = x - X \tag{1.1-1}$$

被测量的真值是一个理想概念,一般来说真值是未知的(否则就不必进行测量了).为了对测量结果的误差进行估算,我们用约定真值代替真值来估算误差.所谓约定真值就是被认为非常接近真值的值,它和真值之间的差别可以忽略不计.一般情况下,通常把多次测量结果的算术平均值、标称值、校准值、理论值、公认值、相对

真值等作为约定真值来使用.

（1.1-1）式定义的误差称为绝对误差.绝对误差可以表示某一测量结果的优劣,但在比较不同测量结果时则不适用.例如,用同一仪器测量长为 1.000 m 的物体与长为 10.000 m 的物体,若测量值均与相应的标称值相差 2 mm,其绝对误差相同.显然,只用绝对误差难以评价这两个测量结果的可靠程度,因此必须引入相对误差的概念.相对误差是绝对误差与真值之比,真值不能确定时,可用约定真值来代替.在近似情况下,相对误差也往往表示为绝对误差与测量值之比.相对误差常用百分数表示,因此,也称为百分误差,即

$$E_x = \frac{|\Delta x|}{\mu} \times 100\% \approx \frac{|\Delta x|}{x} \times 100\% \qquad (1.1-2)$$

它是一个量纲为 1 的量.在绝对误差相同时,上述用毫米刻度尺测得的两物体长度的相对误差相差一个数量级,因此,一般来说,相对误差更能反映测量结果的可信程度.显然,在测量仪器确定的情况下增大被测量,可提高测量的准确度.

还有一类在电学仪表中常见的误差是引用误差,它是相对误差的一种特殊形式,是相对于仪表满量程的一种误差.测量的绝对误差与仪表的满量程值之比,称为仪表的引用误差,常以百分数表示,电表的引用误差则常用准确度等级表示.

## 1.1.2　测量值与有效数字

### 1. 测量值的有效数字

测量总是有误差的,它的值不能无止境地写下去.例如,用米尺测量一物体长度时,如图 1.1-1 所示,其长度 $L = 23.9$ mm,最后一位"9"是估读出来的,是可疑数字,即在该位上出现了测量误差（小数点后第一位上）.如果用精度更高的游标卡尺测量同一长度,结果为 $L = 23.90$ mm,此时小数点后第二位上的"0"是估读位,即误差所在位.在数学上,$23.9 = 23.90$,但对测量值来说,$23.9$ mm $\neq 23.90$ mm,因为它们有着不同的误差,测量的准确度不同.为此,我们引入有效数字的概念,即规定测量数值中可靠数字与估读的一位（或两位）可疑数字,统称为有效数字.在记录实验数据时要注意读数的有效数字.

测量值 = 读数值（有效数字）+ 单位

有效数字 = 可靠数字 + 可疑数字（估读）

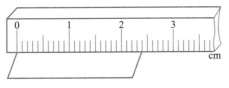

图 1.1-1　测量与有效数字

有效数字位数的多少,直接反映实验测量结果的准确度:有效数字位数越多,测量准确度越高.如上例的长度测量结果:23.90 mm 比 23.9 mm 的测量准确度一般要高一个数量级(因为误差出现在最后一位的可疑位上,前者最大误差 $\Delta x = 0.09$ mm,后者最大误差 $\Delta x = 0.9$ mm,显然,它们的相对误差要相差一个数量级).因此,实验结果有效数字位数既不能多写一位,也不能少写一位.

间接测量量的有效数字,如上例通过计算得到的小球体积 $V$ 的有效数字,该如何确定?这就涉及有效数字运算问题.下面给出有效数字运算的一些基本规则,但在学过不确定度计算后,有效数字的位数应该由结果的不确定度来确定.

**2. 有效数字的运算**

数据运算时,在保证测量准确度的前提下,应尽可能节省运算时间.不要少算,也不必多算.少算会带来附加误差,降低结果准确度;多算没有必要,算得位数再多,也不可能消除误差.

有效数字运算取舍的原则是:运算结果保留一位(最多两位)可疑数字.

(1)加、减运算(参与运算的各量单位相同,这里没有标出).

例:
$$
\begin{array}{r}
20.1 \\
+)\quad 4.178 \\
\hline
24.278 \quad \rightarrow 24.3
\end{array}
$$

结论:各量相加(相减)时,其和(差)值在小数点后应保留的位数与各量中小数点后位数最少的一个相同.

(2)乘、除运算.

例:
$$
\begin{array}{r}
4.178 \\
\times)\quad 10.1 \\
\hline
42.1978 \quad \rightarrow 42.2(三位)
\end{array}
$$

结论:各量相乘(除)后其积(商)所保留的有效数字,只需与各因子中有效数字最少的一个相同.

(3)乘方和开方的有效数字与其底的有效数字相同.例如 $\sqrt{32.8} = 5.727 \approx 5.73$.

(4)对数函数、指数函数和三角函数运算结果的有效数字必须由不确定度传递公式来决定(详见1.4节).

**3. 有效数字尾数修约规则**

在计算数据时,当有效数字位数确定以后,应将多余的数字舍去,舍去规则为:

(1)拟舍弃数字的最左一位数字小于5时,则舍去,即保留的各位数字不变.

(2)拟舍弃数字的最左一位数字大于5,或者是5而其后跟有并非为0的数字时,则进 1,即保留的末位数数字加 1.

（3）拟舍弃数字的最左一位数字是 5,且其右面无数字或皆为零时,若保留的末位数字为奇数则进 1,为偶数或零则舍去,即"单进双不进".

上述规则也称数字修约的偶数规则,即"四舍六入逢五配双"规则.

例：　　　　　　4. 327 49→4. 327　　4. 327 50→4. 328

　　　　　　　　4. 326 51→4. 327　　4. 328 50→4. 328

这样处理可使"舍"和"入"的机会均等,避免在处理较多数据时因入多舍少而带来系统误差.

4. 数值的科学记数法

由于单位选取不同,测量值的数值有时会出现很大或很小但有效数字位数又不多的情况,这时数值大小与有效数字位数就可能发生矛盾.例如 135 cm = 1. 35 m 是正确的,若写成 135 cm = 1 350 mm 则是错误的,即十进制单位换算,只涉及小数点位置改变,而不允许改变有效数字位数.为了解决这一矛盾,通常采用科学记数法,即用有效数字乘以十的幂指数的形式来表示.例如,135 cm = 1. 35×10$^3$ mm,就避免了因单位换算而改变有效数字的问题.

## 1.2　误差分类

误差按产生的原因和性质的不同,可分为系统误差、随机误差和粗大误差.

### 1.2.1　系统误差

在一定条件下,对同一物理量进行多次重复测量时,误差的大小和符号均保持不变;而当条件改变时,误差按某一确定的规律变化（递增、递减、周期性变化等）,则这类误差称为系统误差.

1. 系统误差的来源

系统误差有多种来源,从基础物理实验教学角度出发,可分为以下几类:

（1）仪器误差,即由仪器的结构和标准不完善或使用不当引起的误差.天平不等臂、分光计读数装置的偏心差、电表的示值与实际值不符等属于仪器缺陷,在使用时可采用适当的测量方法加以消除.仪器设备安装调节不妥,不满足规定的使用状态,如不水平、不垂直、偏心、零点不准等,这些属于使用不当引起的系统误差,应尽量避免.

（2）理论或方法误差,即由实验理论和实验方法不完善、所引用的理论与实验条件不符等引起的误差.如在空气中称量质量而没有考虑空气浮力的影响,测量长度时没有考虑热胀冷缩使尺长改变,用伏安法测未知电阻时,电表内阻的影响使测量值比实际值总是偏大或总是偏小,等等.

（3）环境误差，即由外部环境，如温度、湿度、光照等与仪器要求的环境条件不一致而引起的误差.

（4）实验人员的生理或心理特点所造成的误差，如用停表计时时，按表总是超前或滞后；对仪表读数时总是习惯偏向一方斜视等.

2. 系统误差的处理

从上述的介绍可知，我们不能依靠在相同条件下多次重复测量来发现系统误差的存在，也不能借此来消除它的影响. 原则上，系统误差均应予以修正，但系统误差的发现和估计，是个实验技能问题，常取决于实验者的经验和判断能力. 在基础物理实验教学中，处理系统误差的通常做法是：首先对实验依据的原理、方法、测量步骤和所用仪器等可能引起误差的因素一一进行分析，查出系统误差源；然后，通过改进实验方法和实验装置、校准仪器等方法对系统误差加以补偿、抵消；最后在数据处理中对测量结果进行理论上的修正，以消除或尽可能减小系统误差对实验结果的影响. 总之对已定的系统误差，必须修正；对未定的系统误差，应设法减少其影响并估算出误差范围.

例如螺旋测微器存在零点误差，即当测微螺杆和测砧间距为零（即没有待测物）时，读数不为零，如图 1.2-1 所示，其零点误差为 0.005 mm，那么测量值=读数−零点误差值，即对零点误差进行修正（参见实验 2.1）. 再如天平不等臂引起的系统误差可以通过交换法来消除；用伏安法测电学元件伏安特性时可以选择电流表内接法或外接法减小系统误差；测量滑块在倾斜的气垫导轨上运动的加速度时，可通过对称测量来消除空气阻力引起的系统误差等.

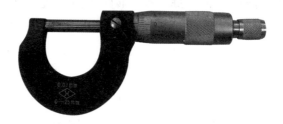

图 1.2-1　零点误差

在具体的实验中，读者要注意逐步学习系统误差的处理方法.

### 1.2.2　随机误差（偶然误差）

在测量过程中，即使系统误差已消除，在相同条件下多次测量同一物理量时，也不会得到相同的结果，其测量值分散在一定的范围内，所得误差时正时负，绝对值时大时小，既不能预测，也无法控制，呈现出无规则的起伏. 这类误差称为随机误差（习惯上又称为偶然误差）.

随机误差是实验中各种因素的微小变动引起的.例如实验周围环境或操作条件的微小波动、测量对象的自身涨落、测量仪器指示数值的变动、观测者本人在判断和估计读数上的变动等,这些因素的共同影响就使测量值围绕着测量的平均值发生有涨落的变化,这个变化量就是各次测量的随机误差.可见随机误差的来源是非常复杂而且是难以确定的.因此我们不能像处理系统误差那样去查出产生随机误差的原因,然后通过一定的方法予以修正或消除.我们知道,处理大量分子做无规则热运动时,难以确定每个分子的具体运动规律,但大量的分子运动表现出统计规律.与此类似,某一测量值的随机误差是没有规律的,其大小和方向都是不可能预知的,但对某一量进行足够多次的测量,则会发现其随机误差服从一定的统计规律.

1. 随机误差分布的规律——正态分布

随机误差的分布有多种,不同的分布有不同形式的分布函数,但无论哪种分布形式,一般都有两个重要参量,即平均值和标准偏差.最常用的一种统计分布是正态分布.

实验证明,大多数误差服从正态分布规律.德国数学家和理论物理学家高斯在研究测量误差时导出了正态分布函数,因此该函数又称为高斯误差分布函数.这一分布规律在数理统计中已有充分的研究,读者可参阅相关书籍.下面通过实例给出正态分布的特点及特性参量.

某同学测量单摆振动周期,重复测了 144 次,各次测量值见表 1.2-1.各区间的次数和相应的概率数据已填入表中,其中概率密度$\left(\text{即单位测量值间隔内的概率} \dfrac{P}{\Delta x}\right)$,在 $\Delta x \to 0$ 时又称为分布函数,其定义为 $f(x) = \lim\limits_{\Delta x \to 0} \dfrac{P}{\Delta x}$,可以更加精确地描述各测量值的分布情况.

表 1.2-1 单摆周期多次测量及概率分布

| 测量值区间 $x/\text{s}$ | $[1.00,\ 1.01]$ | $(1.01,\ 1.02]$ | $(1.02,\ 1.03]$ | $(1.03,\ 1.04]$ | $(1.04,\ 1.05]$ | $(1.05,\ 1.06]$ | $(1.06,\ 1.07]$ | $(1.07,\ 1.08]$ | $(1.08,\ 1.09]$ | $(1.09,\ 1.10]$ | $(1.10,\ 1.11]$ |
|---|---|---|---|---|---|---|---|---|---|---|---|
| 次数 | 2 | 8 | 14 | 16 | 20 | 24 | 20 | 18 | 12 | 6 | 4 |
| 概率 $P$ | 1/72 | 4/72 | 7/72 | 8/72 | 10/72 | 12/72 | 10/72 | 9/72 | 6/72 | 3/72 | 2/72 |
| 概率密度 | 1.39 | 5.56 | 9.72 | 11.11 | 13.89 | 16.67 | 13.89 | 12.50 | 8.33 | 4.17 | 2.78 |

为了直观地表示测量值的分布情况,以测量值为横坐标、分布函数为纵坐标,画出分布函数与测量值的关系,如图 1.2-2 所示,该图在统计学上称为直方图,图中每一测量值区间按纵坐标画成矩形小条,则每一小条的面积代表测量值出现于

该区间的概率,而各小条的面积总和等于1(归一化条件).

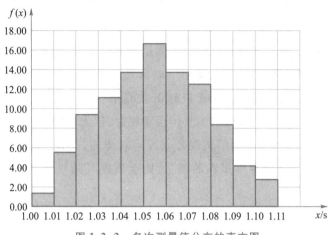

图 1.2-2　多次测量值分布的直方图

如果该同学再测量 144 次,做完全相同的工作,则得到的直方图与上述情况基本相同,但不会完全重叠,这是统计事件中的涨落现象,涨落会随测量次数的增加

而变小.当测量次数 $n \to \infty$ 时,涨落趋于零.

我们进一步设想,如果测量精度提高,测量次数也增加,可以将统计的区间 $\Delta x$ 减小,在极限的情况下($n \to \infty$),直方图便过渡到光滑曲线,而且涨落也趋于零,每次得到的光滑曲线都重合,如图 1.2-3 所示.显然,曲线与 $x$ 轴间的面积为 1.

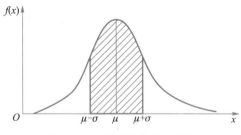

图 1.2-3　测量值的分布函数

这一分布称为正态分布,纵坐标表示测量值的分布函数 $f(x)$(也就是误差分布函数),可表示为

$$f(x) = \frac{1}{\sqrt{2\pi}\,\sigma} e^{-(x-\mu)^2/2\sigma^2} \tag{1.2-1}$$

其中 $\mu = \lim\limits_{n \to \infty} \dfrac{\sum\limits_{i=1}^{n} x_i}{n}$ 为总体平均值,亦即曲线峰值处对应的横坐标值,相应于测量次数 $n \to \infty$ 时测量量的平均值.横坐标上任一点 $x_i$ 到 $\mu$ 的距离($x_i - \mu$)即为测量值 $x_i$ 的

随机误差,(1.2-1)式中的 $\sigma = \lim\limits_{n \to \infty} \sqrt{\dfrac{\sum\limits_{i=1}^{n}(x_i - \mu)^2}{n}}$ 称为正态分布的总体标准偏差,是表征测量值分散性的一个重要参量(而不是测量列中任何一个具体测量值的随机误差).这条曲线为概率密度分布曲线,因此曲线与 $x$ 轴间的面积为 1(归一化),可以用来表示随机误差在一定范围内的概率.图中阴影部分的面积就是测量值落在 $(\mu-\sigma, \mu+\sigma)$ 区间内的概率 $P = \int_{\mu-\sigma}^{\mu+\sigma} f(x)\,\mathrm{d}x = 68.3\%$.如果将区间扩大到 2 倍,则测量值落在 $(\mu-2\sigma, \mu+2\sigma)$ 区间的概率为 95.4%;测量值落在 $(\mu-3\sigma, \mu+3\sigma)$ 区间内的概率为 99.7%.

如果以绝对误差 $\Delta x = x - \mu$ 为横坐标,以分布函数为纵坐标,则可将图 1.2-4 的纵轴平移到 $x=\mu$ 处,即可得到分布函数与绝对误差之间的函数关系:

$$f(\Delta x) = \frac{1}{\sqrt{2\pi}\,\sigma} \mathrm{e}^{-\frac{\Delta x^2}{2\sigma^2}} \qquad (1.2-2)$$

其对应的图线如图 1.2-3 所示.

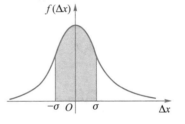

图 1.2-4　随机误差的分布特点

由此可见,随机误差有如下特点.

(1)单峰性:测量值与真值相差越小,这种测量值(或随机误差)出现的概率(可能性)越大;与真值相差越大,则概率越小.

(2)对称性:绝对值相等、符号相反的正、负误差出现的概率相等.

(3)有界性:绝对值很大的误差出现的概率趋近于零,如 $|\Delta x| \geqslant 3\sigma$ 的误差出现的概率就只有 0.3%.

(4)抵偿性:随机误差的算术平均值随测量次数的增加而减小.因此多次测量可以减小随机误差.

总体标准偏差 $\sigma$ 的值决定了正态分布曲线的形状.$\sigma$ 越小,曲线就越尖锐,小的随机误差出现的概率就越大,$n$ 次测量值的数据分布越集中,测量的精密度也就越高,如图 1.2-5 所示.我们可以举一个例子来说明测量的精密度.奥运冠军许海峰的启蒙教练分析了许海峰靶上弹孔的分布后认为许海峰是可造之才.虽然环数不高,但弹孔分布非常集中,也就是精密度很高($\sigma$ 很小),如图 1.2-6 所示,说明许海峰心理非常稳定,只要找出偏离靶心的技术原因,加以修正(相当于消除系统误差),便可有效地提高射击成绩.

2. 有限次测量值的随机误差

上面讨论的总体平均值 $\mu$ 是一个测量值在测量次数 $n \to \infty$ 时的平均值,如果不考虑系统误差,它就是真值.由于实验中不可能出现 $n \to \infty$,故 $\mu$ 是一理想值,同样,

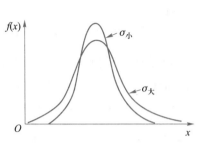

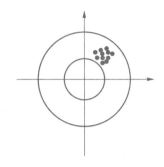

图 1.2-5　标准偏差决定正态分布　　　图 1.2-6　精密度高,但系统误差大

$\sigma$ 也是一个理想值. 所谓的置信概率 $P = 68.3\%$ 也只是一个理论值. 实际我们只能进行有限次数的测量,那么用什么来表示有限次测量值的随机误差的分布和大小呢?

（1）测量列的标准偏差 $S_x$ 和算术平均值的标准偏差 $S_{\bar{x}}$.

实验中测量次数是有限的. 在测量条件相同的情况下,如果进行 $n$ 次独立测量,得到一个测量列

NOTE

$$\{x_1, x_2 \cdots, x_i, \cdots, x_n\}$$

这个测量列的平均值 $\bar{x} = \dfrac{1}{n} \sum\limits_{i=1}^{n} x_i$,是所有测量值中最接近 $\mu$ 的值,称为测量结果的最佳值.

这个测量列的标准偏差由贝塞尔公式

$$S_x = \sqrt{\frac{\sum (x_i - \bar{x})^2}{n-1}} \qquad (1.2\text{-}3)$$

计算得到,它的物理意义是从有限次测量中计算出来的总体标准偏差 $\sigma$ 的最佳估计值,称为测量列的标准偏差,它表征对同一被测量做 $n$ 次有限测量时,其测量结果的分散程度,相应的置信概率也接近 68.3%〔即测量值落在 $(\bar{x} - S_x, \bar{x} + S_x)$ 区间内的概率〕,但不等于 68.3%. 同样,测量值落在 $(\bar{x} - 3S_x, \bar{x} + 3S_x)$ 区间内的概率为99.7%,这一概率已接近 100%,因此 $3S_x$ 又被称为误差限. 如果在 $n$ 次测量中,某次测量误差大于 $3S_x$,则可以认定该次测量无效,应作为坏值剔除.

在相同条件下,对同一量做 $n$ 组相同次数的重复测量,得到 $n$ 个测量列,则每一组测量列都有一个算术平均值. 由于随机误差的存在,测量次数又是有限次,每个测量列的算术平均值也不相同. 它们围绕着被测量的真值(设系统误差为零)也有一个分布. 这说明,有限次测量的算术平均值也是不可靠的. 正如一个测量列的数据有一个分布,可用测量列的标准偏差 $S_x$ 来描述测量列数据的分散性一样,我们同样可以对同一个测量量的各个测量列的算术平均值的分布情况,用算术平均值的标准偏差 $S_{\bar{x}}$ 来描述,以表征各个测量列算术平均值的分散程度,并作为算术

平均值不可靠性的评定标准. 可以证明

$$S_{\bar{x}} = \frac{S_x}{\sqrt{n}} = \sqrt{\frac{\sum (x_i - \bar{x})^2}{n(n-1)}} \qquad (1.2-4)$$

因为算术平均值已经对一个测量列的随机误差有一定的抵消,所以这些平均值就更接近真值,它们的随机误差分布离散程度就会小得多,所以平均值的标准偏差要比一个测量列的标准偏差小得多. 因而用多次测量的算术平均值表示测量结果可以减小随机误差的影响. 但多次重复测量不能消除或减小测量中的系统误差.

若以 $S_{\bar{x}}/S_x$ 为纵坐标、测量次数 $n$ 为横坐标,可得如图 1.2-7 所示的曲线,由此可知,当测量次数 $n>10$ 时,$S_{\bar{x}}/S_x$ 值变化不大,通过增加测量次数减小随机误差的效果会减弱. 因此,在大学物理实验阶段,对需要进行重复测量的物理量,通常取 $5<n<10$.

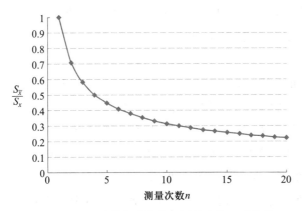

图 1.2-7　平均值标准偏差与测量次数 $n$ 的关系

（2）服从其他分布的随机误差

除了近似服从正态分布的随机误差外,还有服从其他分布的随机误差,其中和我们关系密切的一种分布是均匀分布,特别是当实验中进行单次测量时,在一般情况下,由于信息缺乏,根据等概念假设,可以认为随机误差服从均匀分布. 均匀分布的特点是在误差可能存在的范围内,即 $[-e, e]$ 之间,误差在各点出现的概率相同,其分布形状如图 1.2-8 所示,$\Delta x$ 为测量误差,$f(\Delta x)$ 为对应的误差分布函数.

3. 随机误差的处理

通过上述分析可知,随机误差不可避免,更无法消除,因此,我们只能过增加测量次数来减小随机误差,并用一定的统计分布规律把随机误差估算出来.

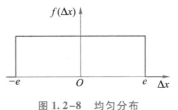

图 1.2-8　均匀分布

随机误差与系统误差的区分不是绝对的,有时在一定条件下,它们可以相互转化.

### 1.2.3 粗大误差

明显超出规定条件下预期值的误差称为粗大误差. 这是在实验过程中, 由于某种差错使得测量值明显偏离正常测量结果的误差, 例如读错数、记错数, 或者环境条件突然变化而引起测量值的错误等. 在实验数据处理中, 应按一定的规则(如大于 $3\sigma$)来剔除粗大误差.

## 1.3 测量结果不确定度的基本概念

### 1. 什么是不确定度

从上述的讨论中, 我们知道测量结果中不可避免地存在误差. 但是, 误差是测量值与真值之差, 一般情况下, 由于真值未知, 所以误差也是未知的, 那么如何表示含有误差的实验结果? 下面讨论含有误差的实验结果的科学表示方法.

我们把测量结果写成如下形式:

$$x = N \pm \Delta_N \tag{1.3-1}$$

NOTE

其中 $x$ 代表待测的物理量, $N$ 为该物理量的测量值, 它既可以是单次直接测量值 $x$, 也可以是在相同实验条件下多次直接测量值的算术平均值 $\bar{x}$, 还可以是经过公式计算得到的间接测量值. $\Delta_N$ 是一个正常量, 称为不确定度, 表示由测量误差的存在而导致的测量值 $N$ 不确定的程度, 也是对测量误差的可能取值的一个测度, 或者说, 是对待测真值可能存在的范围的估计.

因此, 如果能够求出 $\Delta_N$, 我们就能用不确定度的概念把含有误差的测量结果表示出来了. 国际计量局等七个国际组织于 1993 年制定了具有国际指导性的《测量不确定度表示指南》, 引入了不确定度的概念, 对测量结果的准确程度做出了科学合理的评价. 不确定度越小, 表示测量结果与真值越靠近, 测量结果越可靠; 反之, 不确定度越大, 测量结果与真值的差别越大, 测量的质量越低, 它的可靠性就越差, 使用价值就越低.

### 2. 测量结果的含义

(1.3-1)式的含义是: 测量结果是一个范围, 即 $[N-\Delta_N, N+\Delta_N]$, 表示待测物理量的真值有一定概率落在上述范围内, 或者说上述范围以一定概率包含真值. 这里所说的"一定概率"称为置信概率, 而区间 $[N-\Delta_N, N+\Delta_N]$ 则称为置信区间(这里借用了随机误差的术语). 在一定的测量条件下, 置信概率与置信区间存在单一的对应关系: 置信区间越大, 置信概率越高; 置信区间越小, 置信概率越低. 如果置信概率为 100%, 其对应的 $\Delta_N$ 就称为极限不确定度.

要完整地表示一个物理量, 应该有数值、不确定度和单位三个要素.

类似于相对误差, 为了比较测量结果准确度的高低, 我们常常使用相对不确定

度的概念,其定义与相对误差类似,即为

$$E_N = \frac{\Delta_N}{N} \times 100\%$$

### 3. 不确定度与误差的关系

不确定度是在误差理论的基础上发展起来的.不确定度和误差既是两个不同的概念,有着根本的区别,又是相互联系的,它们都是由测量过程的不完善引起的.

不确定度概念的引入并不意味着需要放弃误差一词的使用.实际上误差仍可用于定性地描述理论和概念的场合.例如,我们没有必要将误差理论改为不确定度理论,或者将误差源改为不确定度源等,误差仍可按其性质分为随机误差、系统误差等.不确定度则用于给出具体数值或进行定量运算、分析的场合.例如,在评定测量结果的准确度和计算量具的精度时,应采用不确定度来表述,需要给出具体数字指标的各种不确定度分析时不宜用误差分析一词代替,等等.

误差与不确定度是两个不同的概念.误差是一个理想的概念,因此,无法表示测量结果的误差大小.我们讲的"标准偏差""极限误差"等词并不是指某一测量结果具体的误差值,而是用来描述误差分布的一个特征数值,它表征与一定置信概率相联系的误差分布范围.不确定度则是表示由于测量误差的存在而使被测量量值不能确定的程度,反映了可能存在的误差分布范围,表征被测量的真值所处的量值范围的评定,所以不确定度能更准确地用于测量结果的表示.一定置信概率的不确定度是可以计算出来的,其值永远为正值.而误差可能为正,可能为负,也可能十分接近零,而且一般无法计算.

误差与不确定度是相互联系的.不确定度的概念和体系是在现代误差理论的基础上建立和发展起来的.在估算不确定度时,用到了描述误差分布的一些特征参量,因此两者不是割裂的,也不是对立的.

## 1.4 不确定度的估算

由于测量涉及环境、仪器、理论方法以及测量者等因素,所以引起测量误差的原因多种多样.在估算不确定度时一般也包含多个分量,所以不确定度的估算是一个复杂的问题.我们一般将不确定度分为以下两类:

A 类不确定度:在同一条件下多次重复测量时,用统计方法评定的不确定度分量,用 $\Delta_A$ 表示.比如估算随机误差的标准偏差 $S_x$ 就属于 A 类不确定度.

B 类不确定度:用其他非统计方法估出的不确定度,用 $\Delta_B$ 表示,只能基于经验或其他信息做出评定.

**总不确定度(简称不确定度)采用方和根合成:**

$$\Delta_N = \sqrt{\Delta_A^2 + \Delta_B^2} \tag{1.4-1}$$

值得注意的是总不确定度并非简单地由 A 类不确定度和 B 类不确定度线性合成或简单相加而成,而是采用方和根合成的方式,这是由于决定总不确定度的两类分量 $\Delta_A$ 和 $\Delta_B$ 是两个相互独立而不相关的随机变量,其取值都有随机性,因而,它们之间具有相互抵偿性,这也是误差理论要求使用的标准偏差合成方法(方和根合成).

将不确定度分为 A 类与 B 类,仅为讨论方便,并不意味着两类评定之间存在本质上的区别,A 类不确定度是由一组测量值的概率分布函数(比如正态分布函数)得出;B 类不确定度则是基于经验或测量过程中获得的信息得出.两类不确定度不存在哪一类更为可靠的问题.

A 类、B 类不确定度与随机误差与系统误差的分类之间不存在简单的对应关系."随机"与"系统"表示误差的两种不同的性质,A 类与 B 类表示不确定度的两种不同的评定方法.随机误差与系统误差的合成是没有确定的原则可遵循的,而 A 类不确定度与 B 类不确定度在合成时采用标准偏差合成(方和根合成).

1. 多次直接测量量不确定度的估算

对某一物理量在测量条件相同的情况下进行 $n$ 次独立测量,得到一个测量列

$$\{x_1, x_2 \cdots, x_i, \cdots, x_n\}$$

如何得到测量结果的表达式?

(1)测量结果的最佳值——算术平均值.

根据前面讲过的随机误差的抵偿性,我们用算术平均值 $\bar{x}$ 代表多次测量的最佳值 $N$,即

$$N = \bar{x} = \frac{1}{n} \sum_{i=1}^{n} x_i \tag{1.4-2}$$

(2)A 类不确定度的计算.

一种简单计算 A 类不确定度的办法是直接将测量列平均值的标准偏差作为 A 类不确定度,即

$$\Delta_A = S_{\bar{x}} = \sqrt{\frac{\sum_{i=1}^{n}(x_i - \bar{x})^2}{n(n-1)}} \tag{1.4-3}$$

其置信概率约为 68.3%.

如果对某一物理量的测量,只需考虑随机误差的影响(其他影响全部可忽略),这时测量结果(1.3-1)式写成

$$x = N \pm S_{\bar{x}} \tag{1.4-4}$$

表示待测物理量的真值在 $[N - S_{\bar{x}}, N + S_{\bar{x}}]$ 范围内的概率约为 68.3%.

如果测量结果表示成

$$x = N \pm 3S_{\bar{x}} \tag{1.4-5}$$

表示待测物理量的真值在 $\left[N-3S_{\bar{x}}, N+3S_{\bar{x}}\right]$ 范围内的概率接近 100%.

　　针对大学物理实验测量次数往往在 10 次以下的情况,置信概率接近 100% 的 A 类不确定度有更加简单、合理的估算方法.当测量次数比较少时,随机误差的分布就偏离正态分布,这时需要用 $t$ 分布(又称学生分布)来描述. $t$ 分布理论(参阅其他文献)指出,对于不同的测量次数 $n$ 及置信概率 $P$,对 A 类不确定度的计算要在 (1.4-3) 式的基础上乘上一个因子 $t_P$,即

$$\Delta_{\mathrm{A}} = t_P S_{\bar{x}} \tag{1.4-6}$$

　　针对测量次数 $5<n<10$ 的情况,我们可以进行简化处理,即当 $t_P \approx \sqrt{n}$ 时,认为置信概率接近 100%,于是置信概率接近 100% 的 A 类不确定度为

$$\Delta_{\mathrm{A}} = t_P S_{\bar{x}} \approx \sqrt{n}\frac{S_x}{\sqrt{n}} = S_x \tag{1.4-7}$$

因为 $S_x$ 就是测量列的标准偏差,在把 $n$ 个测量值 $x_1, x_2, x_3, \cdots, x_n$ 输入计算器后,既可计算平均值 $\bar{x}$,也可通过按一下"S"键或" $\sigma_{n-1}$ "得到 $S_x$ 值.

　　(3) B 类不确定度 $\Delta_{\mathrm{B}}$ 的估算.

　　B 类不确定度的估算是测量不确定度估算中的难点. B 类分量的误差成分与未定系统误差相对应,而未定系统误差可能存在于测量过程的各个环节中,因此,B 类分量通常也是多项的.在 B 类分量的估算中要不重复、不遗漏地详尽分析 B 类不确定度的来源,尤其是不遗漏那些对测量结果影响较大的或主要的不确定度来源,这就有赖于实验者的学识和经验以及分析判断能力.

　　对于实验中的系统误差,我们在设计实验方案时总是设法修正、消除或减小,因此在计算 B 类不确定度时往往不考虑.而测量总要使用仪器,仪器生产厂家给出的仪器误差限或最大误差 $\Delta_{\mathrm{仪}}$(简称仪器误差),实际上就是一种未定系统误差,因此仪器误差是 B 类不确定度的一个基本来源.在现阶段的大学物理实验教学中,我们只要求掌握由仪器误差引起的 B 类不确定的估算方法.

　　物理实验教学中仪器误差 $\Delta_{\mathrm{仪}}$ 一般取仪表、器具的示值误差限或基本误差限.它们可由国家标准规定的计量仪表、器具的准确度等级或允许误差范围得出,也可由厂家的产品说明书给出,或者由实验室结合具体情况给出.例如,电表误差可分为基本误差和附加误差,在物理实验中考虑电表的附加误差是比较困难的,因此,在教学中我们一般只取基本误差限,按下式计算仪器误差 $\Delta_{\mathrm{仪}}$:

$$\Delta_{\mathrm{仪}} = \frac{a}{100} \times 量程 \tag{1.4-8}$$

式中 $a$ 为国家标准规定的准确度等级,共有七个等级,分别是 0.1、0.2、0.5、1.0、1.5、2.5、5.0.

仪器误差 $\Delta_{仪}$ 是教学中的一种简化表示,许多仪器、器具的误差产生原因及具体误差分量的计算和分析,已超出本课程的要求范围.因此,我们约定,在大多数情况下把 $\Delta_{仪}$ 直接当成 B 类不确定度 $\Delta_B$,即 $\Delta_B \approx \Delta_{仪}$.

例如,实验室常用的量程在 100 mm 以内的一级螺旋测微器,其微分筒上的分度值(精度)为 0.01 mm,而它的仪器误差(常称为示值误差)为 0.004 mm.量程在 300 mm 以内的游标卡尺,其分度值便是仪器的示值误差,因为确定游标尺上哪条线与主尺上某一刻度对齐,最多只可能有正负一条线之差.例如主、副尺分度值之差为 1/50 mm 的游标卡尺,其精度和示值误差均为 0.02 mm.

一般的测量仪器上都有指示不同量值的刻线标记(刻度).相邻两刻线所代表的量值之差称为分度值,它标志着仪器的分辨能力.在设计仪器时,分度和表盘的设计总是与仪器的准确度相适应的.一般来说仪器的准确度越高、刻线越细越密.但也有仪器的分度值超过其准确度的,如一般水银温度计分度值为 0.1 ℃,但其示值误差为 0.2 ℃.如果手头缺乏有关仪器的技术资料,没有标明仪器的准确度,这时用仪器的分度值估算仪器误差是简单可行的办法.

为方便初学者,我们仅从如下三方面来考虑仪器误差 $\Delta_{仪}$:

① 仪器说明书上给出的仪器误差值,如游标卡尺、螺旋测微器的示值误差等;

② 仪器(电表)的准确度等级由量程决定,参见(1.4-2)式;

③ 在一定测量范围内,取仪器分度值或分度值的一半.

2. 单次测量结果的不确定度

在实际测量中,有时测量不能或不需要重复多次,或者仪器精度不高,测量条件比较稳定,这种情况下多次测量同一物理量的结果相近.例如用准确度等级为 2.5 级的万用表去测量某一电流,经多次重复测量,几乎都得到相同的结果.这是由于仪器的精度较低,一些偶然的未控因素引起的误差很小,仪器不能反映出这种微小的起伏.因而,在这种情况下,我们只需要进行单次测量.

如何确定单次测量结果的不确定度呢?显然我们不能求出单次测量量的 A 类不确定度 $\Delta_A$ 了.尽管 $\Delta_A$ 依然存在,但在单次测量的情况下,往往是 $\Delta_{仪}$ 比 $\Delta_A$ 大得多.按照微小误差原则,只要 $\Delta_A < \dfrac{1}{3}\Delta_B$(或 $S_x < \dfrac{1}{3}\Delta_{仪}$),在计算总不确定度 $\Delta$ 时就可以忽略 $\Delta_A$ 对总不确定度的影响.所以,对单次测量,$\Delta$ 可简单地用仪器误差 $\Delta_{仪}$ 来表示,即 $\Delta = \Delta_{仪}$.

3. 直接测量结果的表示

综上所述,一个测量结果表示为

$$x = N \pm \Delta_N(\text{单位}) \tag{1.4-9}$$

$$E_x = \frac{\Delta_N}{N} \times 100\% \tag{1.4-10}$$

式中 $N$ 是测量值,对多次测量,它是算术平均值;对单次测量,它是单次测量值. $\Delta_N$ 是极限不确定度,如果是单次测量,它为仪器误差 $\Delta_仪$;如果是多次测量,由(1.4-1)式计算得到.

4. 不确定度与有效数字的关系

因为不确定度本身只是一个估算值,所以在一般情况下,表示最后结果的不确定度只取一位有效数字,最多不超过两位.在本书中,总不确定度一般取一位有效数字,相对不确定度一般取两位有效数字.

前面已讨论过,有效数字的末位是估读数字,存在不确定性.若规定不确定度的有效数字只取一位时,任何测量结果,其数值的最后一位均应与不确定度所在位对齐.

在科学实验或工程技术中,有时不要求或不可能明确标明测量结果的不确定度,这时常用有效数字粗略表示出测量结果的不确定度,即用测量值有效数字的最后一位表示不确定度所在位,也就是有效数字能在一定程度上反映测量值的不确定度(或误差限值).测量值的有效数字位数越多,测量值的相对不确定度越小;有效数字位数越少,相对不确定度越大.一般来说,两位有效数字对应于 $10^{-2} \sim 10^{-1}$ 的相对不确定度,三位有效数字对应于 $10^{-3} \sim 10^{-2}$ 的相对不确定度,依次类推.因此测量记录时要注意有效数字,不能随意增减.

例1 用毫米刻度尺测量某一物体长度 $l$,得到五次重复测量的值(以 cm 为单位)分别为 3.42、3.43、3.44、3.44、3.43,请表示出测量结果.

解 测量结果的最佳值:

$$\overline{l} = \frac{1}{5}\sum_1^5 l_i = 3.432 \text{ cm} \quad (暂不考虑有效数字,可多保留几位)$$

计算 A 类不确定度:

$$\Delta_A = S_l = \sqrt{\frac{1}{5-1}\sum_1^5 (l_i - \overline{l})^2} = 0.008\ 66 \text{ cm} \quad (中间过程多保留一至两位有效数字)$$

计算 B 类不确定度:

$$\Delta_B = \Delta_仪 = 0.05 \text{ cm} \quad (分度值的一半)$$

计算总不确定度:

$$\Delta = \sqrt{\Delta_仪^2 + S_l^2} \approx 0.05 \text{ cm} \quad (不确定度一般取一位有效数字)$$

测量结果表示为

NOTE

$$l = (3.43 \pm 0.05)\ \text{cm}$$

[测量结果最佳值的有效数字由不确定度决定,即其数值的最后一位应与不确定度所在位对齐,写成 $l = (3.430 \pm 0.05)$ cm 或 $l = (3.43 \pm 0.050)$ cm 都是错误的.]

测量结果的相对不确定度:

$$E_l = \frac{\Delta}{\bar{l}} \times 100\% = 1.5\% \quad (\text{相对不确定度一般保留两位有效数字})$$

5. 间接测量结果的不确定度估算

(1) 间接测量量不确定度传递公式.

间接测量量是通过一定函数式由直接测量量计算得到的. 显然,把各直接测量结果的最佳值代入函数式就可得到间接测量结果的最佳值. 这样一来,直接测量结果的不确定度就必然影响到间接测量结果,这种影响的大小也可以由相应的函数式计算出来,这就是不确定度的传递.

首先讨论间接测量量的函数式(或称测量式)为单元函数(即由一个直接测量量计算得到间接测量量)的情况:

$$N = F(x)$$

式中 $N$ 是间接测量量,$x$ 为直接测量量. 若 $x = \bar{x} \pm \Delta_x$,即 $x$ 的不确定度为 $\Delta_x$,它必然影响间接测量结果,使 $N$ 值也有相应的不确定度 $\Delta_N$. 由于不确定度都是微小量(相对于测量值),相当于数学中的增量,因此间接测量量的不确定度传递的计算公式可借用数学中的微分公式.

根据微分公式

$$\mathrm{d}N = \frac{\mathrm{d}F(x)}{\mathrm{d}x}\mathrm{d}x$$

可得到间接测量量 $N$ 的不确定度 $\Delta_N$ 为

$$\Delta_N = \frac{\mathrm{d}F(x)}{\mathrm{d}x}\Delta_x \tag{1.4-11}$$

其中 $\dfrac{\mathrm{d}F(x)}{\mathrm{d}x}$ 是传递系数,反映了 $\Delta_x$ 对 $\Delta_N$ 的影响程度.

例如球体体积的间接测量式为

$$V = \frac{1}{6}\pi D^3$$

若直径

$$D = \bar{D} \pm \Delta_D$$

则

$$\Delta_V = \frac{1}{2}\pi D^2 \Delta_D$$

但是,大多数间接测量量所用的测量式是多元函数式,即由多个直接测量量计算得到一个间接测量结果.所以更一般的情况是

$$N = F(x, y, z, \cdots) \tag{1.4-12}$$

式中 $x, y, z, \cdots$ 是相互独立的直接测量量,它们的不确定度 $\Delta_x, \Delta_y, \Delta_z, \cdots$ 是如何影响间接测量量 $N$ 的不确定度 $\Delta_N$ 的呢?仿照多元函数求全微分的方法,单考虑 $x$ 的不确定度 $\Delta_x$ 对 $\Delta_N$ 的影响时,有

$$(\Delta_N)_x = \frac{\partial F(x, y, z, \cdots)}{\partial x}\Delta_x = \frac{\partial F}{\partial x}\Delta_x$$

单考虑 $y$ 的不确定度 $\Delta_y$ 对 $\Delta_N$ 影响时,有

$$(\Delta_N)_y = \frac{\partial F(x, y, z, \cdots)}{\partial y}\Delta_y = \frac{\partial F}{\partial y}\Delta_y$$

同理可得

$$(\Delta_N)_z = \frac{\partial F(x, y, z, \cdots)}{\partial z}\Delta_z = \frac{\partial F}{\partial z}\Delta_z$$

$$\cdots\cdots\cdots\cdots$$

把它们合成时,不能像求全微分那样进行简单的相加.因为不确定度不简单地等同于数学上的"增量".在合成时要考虑到不确定度的统计性质,所以采用方和根合成,于是得到间接测量结果合成不确定度的传递公式:

$$\Delta_N = \sqrt{\left(\frac{\partial F}{\partial x}\right)^2\Delta_x^2 + \left(\frac{\partial F}{\partial y}\right)^2\Delta_y^2 + \left(\frac{\partial F}{\partial z}\right)^2\Delta_z^2 + \cdots} \tag{1.4-13}$$

如果测量式是积商形式的函数,在计算合成不确定度时,往往两边先取自然对数然后再合成,这样要方便得多,可得到相对不确定度传递公式:

$$\frac{\Delta_N}{N} = \sqrt{\left(\frac{\partial \ln F}{\partial x}\right)^2 \cdot (\Delta_x)^2 + \left(\frac{\partial \ln F}{\partial y}\right)^2 \cdot (\Delta_y)^2 + \left(\frac{\partial \ln F}{\partial z}\right)^2 \cdot (\Delta_z)^2 + \cdots}$$

$$\tag{1.4-14}$$

利用相对不确定度传递公式先求出 $E = \dfrac{\Delta_N}{N}$,再求 $\Delta_N = E\bar{N}$.

为计算方便,现将一些常用函数不确定度传递公式列于表 1.4-1,学过微积分的读者也可自行推导.

表 1.4-1 常用函数不确定度传递公式

| 函数关系式 | 不确定度传递公式 |
|---|---|
| $N = x \pm y$ | $\Delta_N = \sqrt{\Delta_x^2 + \Delta_y^2}$ |

续表

| 函数关系式 | 不确定度传递公式 |
|---|---|
| $N = xy$ | $\Delta_N = \sqrt{\overline{y}^2\Delta_x^2 + \overline{x}^2\Delta_y^2}$ 或 $\dfrac{\Delta_N}{\overline{N}} = \sqrt{\dfrac{\Delta_x^2}{\overline{x}^2} + \dfrac{\Delta_y^2}{\overline{y}^2}} = \sqrt{E_x^2 + E_y^2}$ |
| $N = \dfrac{x}{y}$ | $\Delta_N = \sqrt{\dfrac{\Delta_x^2}{\overline{y}^2} + \dfrac{\overline{x}^2\Delta_y^2}{\overline{y}^4}}$ 或 $\dfrac{\Delta_N}{\overline{N}} = \sqrt{\dfrac{\Delta_x^2}{\overline{x}^2} + \dfrac{\Delta_y^2}{\overline{y}^2}} = \sqrt{E_x^2 + E_y^2}$ |
| $N = \dfrac{x^k y^m}{z^n}$ | $\dfrac{\Delta_N}{\overline{N}} = \sqrt{k^2\dfrac{\Delta_x^2}{\overline{x}^2} + m^2\dfrac{\Delta_y^2}{\overline{y}^2} + n^2\dfrac{\Delta_z^2}{\overline{z}^2}} = \sqrt{k^2 E_x^2 + m^2 E_y^2 + n^2 E_z^2}$ |
| $N = kx$ | $\Delta_N = k\Delta_x$ |
| $N = \sqrt[k]{x}$ | $\Delta_N = \dfrac{1}{k}\overline{x}^{\frac{1}{k}-1}\Delta_x$ 或 $\dfrac{\Delta_N}{\overline{N}} = \dfrac{1}{k}\dfrac{\Delta_x}{\overline{x}} = \dfrac{1}{k}E_x$ |
| $N = \sin x$ | $\Delta_N = \lvert \cos \overline{x} \rvert \Delta_x$ |
| $N = \ln x$ | $\Delta_N = \dfrac{\Delta_x}{\overline{x}}$ |

（2）间接测量结果的表示.

$$N = \overline{N} \pm \Delta_N$$

$$E_N = \frac{\Delta_N}{\overline{N}} \times 100\%$$

其中 $\overline{N} = f(\overline{x}, \overline{y}, \overline{z}, \cdots)$.

值得注意的是,各直接测量量不确定度对应的置信概率要相同,才能进行上述计算,计算所得间接测量量的置信概率也与各直接测量量的置信概率一样.若不做特别说明,本书中均默认置信概率为100%,即均以极限不确定进行计算.

例2 用单摆测定重力加速度的公式为 $g = \dfrac{4\pi^2 l}{T^2}$,今测得 $T = (2.000 \pm 0.002)\,\text{s}$,$l = (100.0 \pm 0.1)\,\text{cm}$,试计算重力加速度 $g$ 及它的不确定度与相对不确定度 $E_g$.

解 各直接测量量的相对不确定度为

$$E_T = 0.1\%$$

$$E_l = 0.1\%$$

由于测量式为积商形式,运用相对不确定度传递公式,则有

$$E_g = \sqrt{4E_T^2 + E_l^2} = \sqrt{5} \times 0.001 = 0.002\,236\,(\text{中间过程可以多取几位})$$

间接测量量的最佳值

$$\bar{g} = \frac{4\pi^2 \bar{l}}{\bar{T}^2} = 986.960 \text{ cm} \cdot \text{s}^{-2} \text{（中间过程可以多取几位）}$$

间接测量量不确定度

$$\Delta_g = E_g \cdot \bar{g} = 2.2 \text{ cm} \cdot \text{s}^{-2} \text{（由于不确定度第一位比较小，可以取两位）}$$

结果表示为 $g = (987.0 \pm 2.2) \text{cm} \cdot \text{s}^{-2}$（由不确定度决定有效数字）

$$E_g = 0.22\% \quad \text{（相对不确定度一般取两位）}$$

**例 3**　设某量纲为 1 的物理量为 $x = 180.3$，求 $y = \lg x$.

**解**　因题目没有给出 $x$ 的不确定度 $\Delta_x$ 值. 一般可设 $\Delta_x = 0.5$（因小数点后第一位是可疑位），然后求出

$$\Delta_y = \frac{\Delta_x}{x} = 0.002\,773 \approx 0.003$$

即 $y$ 的可疑位在小数点后第三位上，故

$$\lg x = 2.559\,957 \approx 2.560 \quad \text{（由不确定度决定有效数字）}$$

这一结果与根据有效数字运算规则所得结果的有效数字相同.

## 1.5　实验数据处理方法

研究物理量间的变化关系时，我们可以从实验中测出一系列相互对应的数据点，这些数据都存在不确定度. 怎样通过这些数据点得到最可靠的实验结果或物理规律？这主要靠正确的数据处理方法. 物理实验中常用的数据处理方法有列表法、作图法、逐差法、直线拟合等.

### 1.5.1　列表法

在记录和处理数据时，要将数据列成表格，用表格表示数据清楚明了，有关物理量之间的关系以及数据和数据处理过程中存在的问题都能在表格中显示出来. 列表的基本要求如下：

（1）各栏目均应标注名称和单位.

（2）列入表中的应主要是原始数据，计算过程中的一些中间结果和最后结果也可列入表中，但应写出计算公式，要尽量使人从表格中看到数据处理的方法和思路，而不能把列表变成简单的数据堆积.

（3）栏目的顺序应充分注意数据的联系和计算的程序，力求条理性和简明化.

（4）应用必要的附加说明，如测量仪器的规格、测量条件、表格名称等.

在基础物理实验中，一般都列出用于记录和处理数据的表格，供同学们参考.

### 1.5.2　作图法

实验的目的常常是研究两个物理量之间的数量关系.这种关系有时是用公式表示的,有时是用作图的方法表示的.

1. 作图法的功能

（1）研究物理量之间的变化规律,找出对应的函数关系或经验公式,形象、直观地表示出相应的变化情况.

（2）求出实验的某些结果,如直线方程 $y = mx + b$,可根据曲线斜率求出 $m$ 值,从曲线截距获取 $b$ 值.

（3）可用内插法从曲线上读取某些没有被测量的量值.

（4）可用外推法从曲线延伸部分估读出原测量数据范围以外的量值.

（5）可帮助我们发现实验中个别的粗大误差,同时,作图连线对数据点可起到平均的作用,从而减少随机误差.

（6）把某些复杂的函数关系,通过一定的变换用直线图表示出来.

例如,理想气体等温过程的状态方程为 $pV = C$,其 $p$-$V$ 图线为曲线,若作 $p$-$\dfrac{1}{V}$ 图线,则可将曲线改为直线,直线斜率为 $C$,如图 1.5-1 所示.

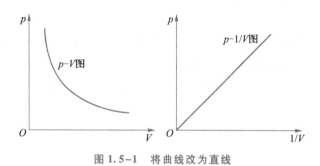

图 1.5-1　将曲线改为直线

要特别注意的是,实验中作的图不是示意图,而是用图来表示实验中得到的物理量间的关系,同时还要求反映出测量的准确程度,因而必须按一定原则作图.

2. 作图原则

（1）选用合适的坐标纸.

根据作图参量的性质,选用毫米直角坐标纸、双对数坐标纸、单对数坐标纸或其他坐标纸.坐标纸的大小应根据测得数据的大小、有效数字位数多少及结果的需要来定.基础物理实验中常用毫米直角坐标纸.

（2）坐标轴的比例与标度.

① 一般以横轴代表自变量、纵轴代表因变量,在轴的末端标以代表正方向的

箭头；

② 轴的末端近旁标明所代表的物理量及其单位；

③ 适当选取横轴和纵轴的比例和坐标起点，使曲线大体上充满整个图纸；

④ 图上实验点的坐标读数的有效数字位数不能少于实验数据的有效数字位数；

⑤ 标度划分应得当，通常用 1、2、5 间隔，而不选用 3、7、9 间隔来标度；

⑥ 横轴和纵轴的标度可以不同，交点可不为零；

⑦ 若数据特别大或特别小，可用乘积因子表示.

（3）曲线的标点与连线.

① 数据点应该用大小适当的明显标志（×、⊙、△等），同一张图上的几条曲线应采用不同的标志.注意不可用"·"号，因为连线时会把点盖住，所以不能清楚地看出点与线的偏离情况及分析实验中的问题.

② 连线要光滑，不一定要通过所有的数据点.因为每个实验点的误差情况不一定相同，因此不应强求曲线通过每一个实验点而连成折线（仪表的校准曲线不在此列）.应该按实验点的总趋势连成光滑的曲线或直线，要做到图线两侧的实验点与图线的距离最为接近且分布大体均匀.图线正穿过实验点时，可以在此点处断开.

（4）写明图线特征和名称.在图上空白位置注明实验条件和从图线上得出的某些参量，如截距、斜率、极大值、极小值、拐点和渐近线等.有时需要通过计算求一些特征量，图上还须标出被选为计算点的坐标及计算结果，最后写上图的名称.

3.用图解法求拟合直线的斜率和截距

设拟合直线为

$$y = mx + b \tag{1.5-1}$$

（1）斜率.

$$m = \frac{y_2 - y_1}{x_2 - x_1} \tag{1.5-2}$$

可在所作直线上选取两点 $P_1(x_1, y_1)$ 和 $P_2(x_2, y_2)$，将坐标代入（1.5-2）式求得斜率.$P_1$ 与 $P_2$ 两点一般不取原来测量的数据点，并且要尽可能相距得远些，在图上标出它们的坐标.为便于计算，$x_1$、$x_2$ 两数值可选取整数，斜率的有效数字要按有效数字运算规则确定.

（2）截距.

如果横坐标的起点为零，则直线的截距可直接从图线中读出，否则可用下式计算截距：

$$b = \frac{x_2 y_1 - x_1 y_2}{x_2 - x_1} \qquad (1.5-3)$$

4. 校准图线

此外,还有一种校准图线.作校准图线时,除连线方法与上述作图要求不同外,其余均相同.校准图线的相邻数据点间用直线连接,全图为不光滑的折线.之所以连成折线是因为在两个校准点之间的变化关系是未知的,须用线性插入法予以近似.例如在电表的改装与校准实验中,用准确度等级高一级的电表校准改装的电表时,所作的校准图要附在被校准的仪表上作为示值的修正.

因为作图时图纸的不均匀性、连线的近似性、线的粗细等因素,会不可避免地引入误差,所以作图法计算测量结果的不确定度就没有多大意义.一般在正确分度的情况下,我们只用有效数字表示计算结果.要确定测量结果的不确定度则需应用解析方法.但是,在表示实验结果时,一幅精良的图胜过千言,所以作图法在实验教学中有其特殊的地位.

**例 4**  用惠斯通电桥测定铜丝在不同温度下的电阻值.数据见表 1.5-1.试求铜丝的电阻与温度的关系.

表 1.5-1  铜丝在不同温度下电阻值的测量数据

| 温度 $t/℃$ | 20.0 | 25.0 | 30.1 | 35.0 | 40.1 | 45.0 | 49.7 | 54.9 |
|---|---|---|---|---|---|---|---|---|
| 电阻 $R/Ω$ | 2.897 | 2.919 | 2.969 | 3.003 | 3.059 | 3.107 | 3.155 | 3.207 |

**解**  以温度 $t$ 为横坐标、电阻 $R$ 为纵坐标.横坐标中 1 mm(1 格)代表 1.0 ℃,纵坐标中 1 mm(1 格)代表 0.010 $Ω$.绘制铜丝电阻与温度的关系曲线,如图 1.5-2 所示.由图中数据点分布可知,铜丝电阻与温度为线性关系,满足下面的线性方程:

$$R = mt + b$$

在图线上取两点(如图 1.5-2 所示),计算斜率和截距,得

$$m = \frac{y_2 - y_1}{x_2 - x_1} = \frac{3.190 - 2.895}{54.0 - 22.0} \ Ω/℃ = 9.22 \times 10^{-3} \ Ω/℃$$

(根据有效数字运算规则,取三位有效数字.)

$$b = \frac{y_1 x_2 - x_2 y_1}{x_2 - x_1} = \frac{2.895 \times 54 - 22.0 \times 3.190}{54.0 - 22.0} \ Ω = 2.69 \ Ω$$

所以,铜丝电阻与温度的关系为

$$R = 9.22 \times 10^{-3} t + 2.69 \ (Ω)$$

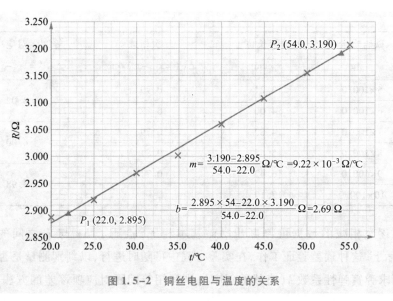

图 1.5-2  铜丝电阻与温度的关系

如果两个物理量成正比,在实验中常做多次测量,用图解法求比例系数,这样做的结果比单次测量准确得多.

*NOTE*

### 1.5.3  逐差法

当两个待测物理变量之间存在多项式函数关系,且自变量为等间距变化时,常常用逐差法处理测量数据.

逐差法就是把实验得到的偶数组数据分成前后两组,将对应项分别相减.这样做可以充分利用数据,具有对实验数据取平均和减少随机误差的效果.另外,还可以对实验数据进行逐次相减,这样可验证待测量之间的函数关系,及时发现数据差错或数据规律.

例如用拉伸法测定弹簧弹性系数时,已知在弹性限度范围内,伸长量 $\Delta x$ 与拉力 $F$ 之间满足

$$F = k\Delta x$$

关系.等间距地改变拉力(负荷),将测得的一组数据列于表 1.5-2 中.

表 1.5-2  弹簧受力与伸长量的实验测量数据

| $i$ | 砝码质量 $m_i/\text{g}$ | 弹簧伸长位置 $x_i/\text{cm}$ | 逐次相减 $\Delta x_i (= x_{i+1} - x_i)/\text{cm}$ | 等间隔对应项相减 $\Delta x_{5i} (= x_{i+5} - x_i)/\text{cm}$ |
|---|---|---|---|---|
| 1 | $1 \times 100.0$ | 10.00 | 0.81 | 4.00 |
| 2 | $2 \times 100.0$ | 10.81 | 0.78 | |
| 3 | $3 \times 100.0$ | 11.59 | 0.83 | 4.01 |
| 4 | $4 \times 100.0$ | 12.42 | 0.79 | |

| $i$ | 砝码质量 $m_i/\text{g}$ | 弹簧伸长位置 $x_i/\text{cm}$ | 逐次相减 $\Delta x_i(=x_{i+1}-x_i)/\text{cm}$ | 等间隔对应项相减 $\Delta x_{5i}(=x_{i+5}-x_i)/\text{cm}$ |
|---|---|---|---|---|
| 5 | $5\times100.0$ | 13.21 | 0.79 | |
| 6 | $6\times100.0$ | 14.00 | 0.82 | 4.02 |
| 7 | $7\times100.0$ | 14.82 | 0.79 | |
| 8 | $8\times100.0$ | 15.61 | 0.81 | 4.00 |
| 9 | $9\times100.0$ | 16.42 | 0.77 | |
| 10 | $10\times100.0$ | 17.19 | —— | 3.98 |

由逐次相减的数据可判断出 $\Delta x_i$ 基本相等,验证了 $\Delta x$ 与 $F$ 之间的线性关系.实际上,这种逐差验证工作,在实验过程中可随时进行,以判别测量是否正确.

而求弹簧弹性系数 $k$(直线的斜率),则运用等间隔对应项逐差的方法,即将表中数据分成高组($x_{10},x_9,x_8,x_7,x_6$)和低组($x_5,x_4,x_3,x_2,x_1$),然后对应项相减求平均值,得

$$\overline{\Delta x_5}=\frac{1}{5}\left[\,(x_{10}-x_5)+(x_9-x_4)+(x_8-x_3)+(x_7-x_2)+(x_6-x_1)\,\right]$$

$$=\frac{1}{5}(4.00+4.01+4.02+4.00+3.98)\,\text{cm}=4.00\,\text{cm}$$

于是

$$\overline{k}=\frac{5mg}{\overline{\Delta x_5}}=122.4\,\text{N/m}(\text{杭州地区重力加速度}\ g=9.793\,\text{m/s}^2)$$

由对本例的进一步分析可知,由分组逐差求出 $\overline{\Delta x_5}$,然后算出弹簧弹性系数 $k$,相当于利用所有数据点连了 5 条直线,分别求出每条直线的斜率后再取平均值,所以用逐差法求得的结果比作图法的结果要准确些.

用逐差法得到的结果,还可以估算它的不确定度.本例由分组逐差得到的 5 个 $\Delta x_5$,可视为 5 次独立的重复测量量,求出其标准偏差,从而进一步求出弹簧弹性系数 $k$ 的不确定度.

$$\Delta_A=\sqrt{\frac{\sum_{i=1}^{n}(\Delta x_{5i}-\overline{\Delta x_5})^2}{n-1}}=\sqrt{\frac{0+0.01^2+0.02^2+(-0.01)^2+(-0.02)^2}{5-1}}\,\text{cm}$$

$$=1.58\times10^{-2}\,\text{cm}$$

实验时伸长量常用毫米刻度尺测量,取 $\Delta_B=0.05\,\text{cm}$,则

$$\Delta_x=\sqrt{\Delta_B^2+\Delta_A^2}\approx0.05\,\text{cm}$$

也就是说,当 $\Delta_B>\dfrac{1}{3}\Delta_A$ 时,根据微小误差原则,可以不考虑 $\Delta_A$ 分量.

NOTE

实验室标准砝码的相对不确定度一般为 $\dfrac{\Delta_m}{m} = 1.0\%$，故有

$$E_k = \sqrt{\left(\frac{\Delta_x}{x}\right)^2 + \left(\frac{\Delta_m}{m}\right)^2} = 1.6\%$$

$$\Delta_k = E_k \cdot \overline{k} = 1.96 \text{ N/m} \approx 2.0 \text{ N/m} (\text{第一位数字较小，故取两位})$$

$$k = (122.4 \pm 2.0) \text{ N/m}$$

### 1.5.4　实验数据的直线拟合(线性回归)

虽然作图法在数据处理中是一个很便利的方法，但它不是建立在严格统计理论基础上的数据处理方法，在作图纸上人工拟合直线(或曲线)时有一定的主观随意性，往往会引入附加误差，尤其在根据图线确定待测量时，这种误差有时很明显．为了克服这一缺点，人们在数据统计中研究了直线拟合问题(或称一元线性回归问题)，常用的是一种以最小二乘法为基础的实验数据处理方法．

最小二乘法原理：若能找到一条最佳的拟合直线，那么这条拟合直线上各相应点的值与测量值之差的平方和在所有拟合直线中应是最小的．

设在某一实验中，可控物理量取 $x_1, x_2, x_3, \cdots, x_n$ 值时，对应物理量依次取 $y_1, y_2, y_3, \cdots, y_n$ 值．我们讨论最简单的情况，即每个测量值都是等精度的，而且假定测量值 $x_i$ 的误差很小，主要误差都出现在 $y_i$ 的测量上．显然，如果从 $(x_i, y_i)$ 中任取两个数据点，就可以得到一条直线，只不过这条直线的误差有可能很大．直线拟合的任务就是用数学分析的方法从这些观测量中求出一个误差最小的最佳经验公式：

$$y = mx + b \tag{1.5-4}$$

按这一经验公式作出的图线虽然不一定通过每个实验点，但是它以最接近这些实验点的方式平滑地穿过它们．

显然，对应于每一个 $x_i$ 值，观测值 $y_i$ 和最佳经验公式的 $y$ 值之间存在一个偏差 $\delta y_i$(如图 1.5-3 所示)，我们称之为观测值 $y_i$ 的偏差，即

$$\delta y_i = y_i - y = y_i - (b + mx_i) \quad (i = 1, 2, 3, \cdots, n) \tag{1.5-5}$$

根据最小二乘法的原理，当偏差 $\delta y_i$ 的平方和为最小时，由极值原理可求出常量 $b$ 和 $m$，由此可得最佳拟合直线．

用 $s$ 表示 $\delta y_i$ 的平方和，它应满足

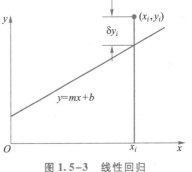

图 1.5-3　线性回归

$$s = \sum (\delta y_i)^2 = \sum [y_i - (b + mx_i)]^2 = \min \qquad (1.5\text{-}6)$$

上式中 $x_i$ 和 $y_i$ 是测量值,均是已知量,而 $b$ 和 $m$ 是待求的.因此,$s$ 实际上是 $b$ 和 $m$ 的函数.令 $s$ 对 $b$ 和 $m$ 的偏导数为零,即可解出满足上式的 $b$ 和 $m$ 值(要验证这一点,还需证明二阶导数大于零,这里从略).

$$\frac{\partial s}{\partial b} = -2 \sum (y_i - b - mx_i) = 0$$

$$\frac{\partial s}{\partial m} = -2 \sum (y_i - b - mx_i) x_i = 0$$

联立上述方程得

$$b = \frac{\sum (x_i y_i) \sum x_i - \sum y_i \sum x_i^2}{(\sum x_i)^2 - n \sum x_i^2} \qquad (1.5\text{-}7)$$

$$m = \frac{\sum x_i \sum y_i - n \sum (x_i y_i)}{(\sum x_i)^2 - n \sum x_i^2} \qquad (1.5\text{-}8)$$

将 $b$ 和 $m$ 值代入直线方程,即得最佳经验公式(1.5-4)式.

用最小二乘法求得的常量 $b$ 和 $m$ 是"最佳"的,但并不是没有误差,它们的误差估计比较复杂.本书对此不做要求.一般来说,如果一列测量值的 $\delta y_i$ 大,那么,由这列数据求得的 $b$ 和 $m$ 值的误差也大,由此确定的经验公式可靠程度就低;如果一列测量值的 $\delta y_i$ 小,那么,由这列数据求得的 $b$ 和 $m$ 值的误差也小,由此确定的经验公式可靠程度就高.

用回归法处理数据最困难的问题在于函数形式的选取.函数形式的选取主要靠理论分析,在理论还不清楚时,我们只能靠实验数据的变化趋势来推测.这样对同一组实验数据,不同的人员可能取不同的函数形式,得出不同的结果.为判明所得结果是否合理,在待定常量确定以后,还需要计算相关系数 $r$.对一元线性回归,$r$ 的定义为

$$r = \frac{\sum \Delta x_i \sum \Delta y_i}{\sqrt{\sum (\Delta x_i)^2} \cdot \sqrt{\sum (\Delta y_i)^2}} \qquad (1.5\text{-}9)$$

其中 $\Delta x_i = x_i - \bar{x}$,$\Delta y_i = y_i - \bar{y}$.

可以证明 $r$ 值总是在 0 和 1 之间,$r$ 值接近 1,说明实验数据点密集地分布在所求得的直线近旁,用线性函数进行回归是合适的,见图 1.5-4.相反,如果 $r$ 值远小于 1 而接近 0,说明实验数据关于求得的直线很分散(如图 1.5-5 所示),即线性回归不适用,必须用其他函数重新试探.

方程的线性回归,用手工计算是很麻烦的.但是,不少袖珍函数计算器上均有线性回归计算键,计算起来非常方便,因而,线性回归的应用日益普及.

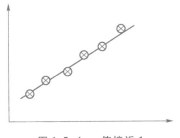

图 1.5-4 $r$ 值接近 1

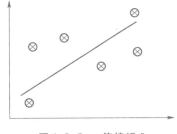

图 1.5-5 $r$ 值接近 0

**练习题**

1. 用毫米刻度尺(分度值为 1 mm)测量某物体的长度 $l$,其起点恰在尺子的 10 cm 刻度线上,终点恰在尺子的 20 cm 刻度线上. 试以有效数字来表示 $l$ 的测量值.

2. 试述系统误差、随机误差和粗大误差的区别,并举例说明.

3. 用一级螺旋测微器($\Delta_{仪} = 0.004$ mm)重复测量某圆柱体的直径共六次,测量值为(单位 mm):6.298、6.296、6.278、6.290、6.262、6.280. 试求测量结果(最佳值、不确定度和单位).

4. 不确定度一般取几位有效数字? 测量结果的有效数字位数如何由其不确定度决定?

5. 试区分下列概念.

(1) 绝对误差与相对误差.

(2) 真值与算术平均值.

(3) 误差与不确定度.

6. 换算下列各测量值的单位.

(1) 4.80 cm = (　　　)m = (　　　)km.

(2) 20.70 g = (　　　)kg = (　　　)mg.

(3) 7.34 mA = (　　　)A = (　　　)nA.

7. 某电阻的测量结果为

$$R = (35.78 \pm 0.05)\ \Omega$$

下列各种解释中哪种是正确的? (　　　).

A. 电阻的测量值是 35.73 Ω 或 35.83 Ω

B. 电阻的测量值是 35.73 Ω 和 35.83 Ω 的平均值

C. 待测电阻的真值是位于 35.73 Ω 到 35.83 Ω 之间的某一值

D. 待测电阻的真值位于区间[35.73 Ω, 35.83 Ω]之外的可能性(概率)很小

NOTE

8. 改正下列各项的错误,写出正确结果.

(1) 0.010 82 mm 的有效数字为五位.

(2) $L = 6\ 371\ \text{km} = 6\ 371\ 000\ \text{m} = 637\ 100\ 000\ \text{cm}$.

(3) $1.80 \times 10^4\ \text{g} = 0.18 \times 10^5\ \text{g}$.

(4) 用分度值为 $1'$(分)的测角仪,测得某角度刚好为 $60°$,则测量结果表示为 $(60° \pm 1')$.

(5) $m = (3\ 169 \pm 200)\ \text{kg}$.

(6) $d = (10.430 \pm 0.3)\ \text{cm}$.

(7) $t = (18.545\ 0 \pm 0.312\ 3)\ \text{s}$.

(8) $D = (18.652 \pm 1.4)\ \text{cm}$.

(9) $h = (27.3 \times 10^4 \pm 2\ 000)\ \text{km}$.

(10) $E = (1.93 \times 10^{11} \pm 6.79 \times 10^9)\ \text{N/m}^2$.

9. 已知 $y = \sin\theta, \theta = 45.50° \pm 0.04°$,$y$ 的量纲为 1,求 $y$.

10. 用分光计测量三棱镜对某单色光的折射率的公式为

$$n = \frac{\sin\frac{1}{2}(\delta_{\min} + A)}{\sin\frac{1}{2}A}$$

其中 $\delta_{\min}$ 是最小偏向角,$A$ 为三棱镜的顶角,两者均为直接测量量,其不确定度分别为 $\Delta_\delta$ 和 $\Delta_A$. 试推导出间接测量量 $n$ 的不确定度 $\Delta_n$ 的计算公式.

11. 试推导下列几个函数关系式的不确定度传递公式(已知 $x$、$y$、$z$ 的不确定度分别为 $\Delta_x$、$\Delta_y$、$\Delta_z$).

(1) $N = x \pm y \pm z$.

(2) $N = \dfrac{xy}{z}$.

(3) $N = x^n$.

(4) $N = \ln x$.

12. 利用单摆测量重力加速度 $g$,当摆角很小时有 $T = 2\pi\sqrt{\dfrac{l}{g}}$ 的关系,式中 $l$ 为摆长,$T$ 为周期. 测得的实验数据如表 1.5-3 所示,试用作图法求出重力加速度 $g$.

表 1.5-3　单摆实验测量数据

| 摆长 $l$/cm | 46.1 | 56.5 | 67.3 | 79.0 | 89.4 | 99.9 |
|---|---|---|---|---|---|---|
| 周期 $T$/s | 1.363 | 1.507 | 1.645 | 1.784 | 1.900 | 2.008 |

13. 试用线性回归法对第 12 题的数据进行直线拟合,求出重力加速度 $g$ 和相

关系数 $r$.

## 附录

1. 用计算器计算 $S_x$ 和 $\bar{x}$ 值

目前,使用袖珍计算器对实验数据进行处理已相当普遍.这里就标准偏差 $S_x$ 和算术平均值 $\bar{x}$ 的计算做一简要介绍.

(1) 标准偏差公式的另一种表示形式.

$$S_x = \sqrt{\frac{\sum (x_i - \bar{x})^2}{n-1}}$$

将 $\bar{x} = \sum x_i / n$ 代入上式得

$$S_x = \sqrt{\frac{\sum x_i^2 - 2\dfrac{(\sum x_i)^2}{n} + n\dfrac{(\sum x_i)^2}{n^2}}{n-1}} = \sqrt{\frac{\sum x_i^2 - \dfrac{(\sum x_i)^2}{n}}{n-1}} \tag{1-1}$$

这就是计算器说明书中所用的表达式,它可直接利用测量值 $x_i$ 来算出一测量列的标准偏差.

(2) 计算步骤和方法.

一般计算器都已编写了标准偏差的计算程序,按说明书中的步骤进行操作即可(步骤范例见二维码).

用计算器
计算标准偏差

2. 常用仪器、仪表的仪器误差

仪器误差是指在正确使用仪器的条件下,仪器的示值与被测量的实际值之间可能产生的最大误差.仪器误差可以从有关的标准或仪器说明书中查找.对于游标卡尺、螺旋测微器等一般分度仪表,常用示值误差来表示仪器误差.而电工仪表常用基本误差的允许极限来表示仪器误差.常用仪器、仪表的仪器误差可扫码查阅.

常用仪器、仪表
的仪器误差

# 第二章　基础物理实验

本章选择了力学、热学、电磁学和光学等方面共 20 个基础性实验,涉及基本物理量的测量、常用仪器的调整和使用、物理现象的观察等.这部分实验的教学可加强学生的实验操作技能,使他们掌握基本的物理思想和实验方法,学会正确记录测量数据,掌握常用的实验数据处理方法和不确定计算方法,并可在实验过程中培养学生严谨的科学实验态度,使他们形成良好的实验规范.

NOTE

### 实验 2.1　长度、质量与密度的测量

课件

长度、质量是描述物体的最基本的物理量,在日常生产生活和科学技术研究中,我们经常需要对物体的长度、质量等进行测量.

国际单位制(SI)中长度的基本单位是 m(米),米的单位与地球周长的测量关系密切.1791 年,法国相关部门规定:把经过巴黎的本初子午线,也就是经线长的四千万分之一定义为 1 m,并根据天文学家德朗布尔和梅尚测量的地球子午线的长度,用铂铱合金制成一根横截面为 H 形的标准米尺,作为原器存档.随着测量技术的进步,以实物为基准的标准米尺,越来越难以满足精确测量的需要,于是一种不会损坏的自然基准便应运而生.1983 年,国际计量局将米定义为:真空中的光,在

视频

1/299 792 458 s 内通过的距离为 1 m.用自然光波来定义长度的基本单位,不仅使"米"更具时代精神、更准确,也更适应科学技术发展的需要.所以这被科学界视为计量科学史上的一个里程碑.

质量的 SI 基本单位是 kg(千克).自古以来,各个国家采用过不少名称各异的质量单位,比如我国的市斤、两、钱,英、美等国曾采用过的磅,英制的盎司,俄制的普特等等.1791 年,法国为了改变质量单位混乱的局面,在规定了长度单位米的同时,还规定了 1 dm³ 的纯水在 4 ℃时的质量是 1 kg,并用铂制作了标准千克原器,保存在法国档案局,以此作为质量的计量标准.2013 年 1 月,作为标准的国际千克原器因表面污染而增重 50 μg.2018 年 11 月 16 日,在第 26 届国际计量大会上,科学家们通过投票,正式让国际千克原器退役,改以普朗克常量 h 作为新标准来重新定义 kg.其原理是将移动质量 1 kg 物体所需的机械力换算成可用普朗克常量表达的电磁力,再通过质能转换公式算出质量.该规定于 2019 年 5 月 20 日起正式生效.从此,kg 的定义将不再依赖于某些具体实物,而是建立在永恒不变的物理常量的基础上.

测量物体质量的方法很多,其中大部分是以杠杆原理为基础而设计的,如物理天平、分析天平、精密天平等,也有一些测量微小变化力的秤根据胡克定律制作,如约利弹簧秤、扭秤等.

【实验目的】

1. 掌握游标卡尺、螺旋测微器的原理,学会游标卡尺、螺旋测微器和数字式电子天平的正确使用方法.

2. 掌握测量物体密度的方法.

3. 巩固有关误差、实验结果不确定度和有效数字的知识,熟悉数据记录、处理及测量结果表示的方法.

【实验原理】

1. 游标卡尺的结构、原理及读数方法

游标卡尺是一种能准确到 0.1 mm 以上的较精密量具,用它可以测量物体的长、宽、高、深及工件的内、外直径等.它主要由具有毫米尺刻度的主尺和一个可沿主尺移动的游标(又称副尺)组成.常用的一种游标卡尺的结构如图 2.1-1 所示.D 为主尺,E 为副尺,主尺和副尺上有测量钳口 A、B 和 A′、B′(A、A′与主尺固联,B、B′可随副尺移动),钳口 A′、B′用来测量物体内径,尾尺 C 在背面与副尺相连,移动副尺时尾尺也随之移动,可用来测量孔径深度,F 为锁紧螺钉,旋紧它,副尺就与主尺固定了.

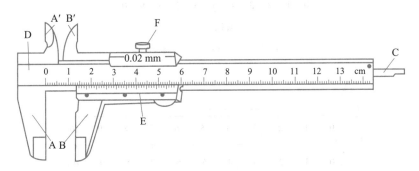

图 2.1-1　游标卡尺构造图

游标卡尺的分度原理:游标卡尺的分度有很多种,一般常用的有 10 分度、20 分度、50 分度等.其共同的特点是利用主尺的刻度值与游标的刻度值之差,使主尺读数的精度得以提高,而提高多少精度取决于游标的分度值(刻度)和主尺的刻度值.一般游标的总长有两种取法,设主尺刻度值为 $a$,游标的刻度值为 $b$ 或 $b'$,游标的分度数为 $N$,则两种取法分别是:

(1) 取游标总长为 $(N-1)a$,则有 $Nb = (N-1)a$,$b = \dfrac{N-1}{N}a$,得到

$$a-b = \frac{a}{N} \tag{2.1-1}$$

(2) 取游标的总长为 $(2N-1)a$,则有 $Nb' = (2N-1)a$,$b' = \dfrac{2N-1}{N}a$,可以得到

$$2a-b' = 2a - \frac{2N-1}{N}a = \frac{a}{N} \tag{2.1-2}$$

定义差数 $a-b$(或 $2a-b'$)= $a/N$ 为游标的精度,它决定读数结果的位数.由公式可以看出,提高游标卡尺测量精度的关键在于增加游标上的刻度数或减小主尺上的刻度值.一般情况下 $a$ 为 1 mm,$N$ 取 10、20、50,其对应的精度为 0.1 mm、

0.05 mm、0.02 mm. 机械式游标卡尺由于受到本身结构精度和人的眼睛对两条刻线对准程度分辨力的限制,其精度不能高于 0.02 mm.

实验室常用的 50 分度游标卡尺有两种. 一种是将主尺上的 49 mm 在游标上等分成 50 份,即 $N=50,a=1$ mm,精度为 1 mm/50 = 0.02 mm,此值正是测量时能读到的最小读数(也是仪器的示值误差),如图 2.1-2 所示. 另一种是将主尺上 99 mm 在游标上等分成 50 份,即 $N=50,a=1$ mm,精度为 $2a-b=1/50=0.02$ mm,如图 2.1-3 所示.

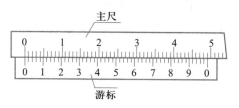

图 2.1-2　主尺 49 mm,游标 50 等分

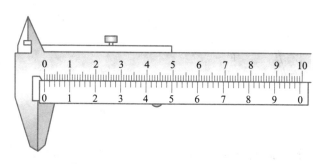

图 2.1-3　主尺 99 mm,游标 50 等分

游标卡尺的读数:读数时,待测物的长度 L 可分为两部分读出后再相加. 先在主尺上与游标"0"线对齐的位置读出毫米以上的整数部分 $L_1$,再在游标上读出不足 1 mm 的小数部分 $L_2$,则 $L=L_1+L_2$. 其中 $L_2=k/N$ mm,$k$ 为游标上与主尺某刻线对得最齐的那条刻线的序数. 例如图 2.1-4 所示的游标卡尺读数为

$$L_1 = 0 \text{ mm}$$

$$L_2 = \frac{k}{N} \text{ mm} = \frac{12}{50} \text{ mm} = 0.24 \text{ mm}$$

对齐

图 2.1-4　50 分度游标卡尺读数

所以 $L = L_1 + L_2 = 0.24$ mm.许多游标卡尺的游标上常标有数值,游标刻度线上的示数直接给出了小数部分的读数值,所以 $L_2$ 可以直接由游标上读出.图 2.1-3 所示的结果可以从游标上直接读出,$L_2$ 为 0.24 mm.

另一种游标卡尺的读数方法完全相同,这里从略.

2. 螺旋测微器原理

螺旋测微器又称千分尺(micrometer)、螺旋测微仪,是比游标卡尺更精密的测量长度的工具,用它测长度可以准确到 0.01 mm 以上,测量范围为几厘米.这一测量工具由法国发明家帕尔梅(Palmer)在 1848 年获得了专利,被称为"带圆游标尺框的螺纹卡尺".今天,我们仍然利用这一典型特征制造螺旋测微器.螺旋测微器轴心通过现代化磨床加工,螺纹的轮廓精度很高,螺距偏差可忽略不计,加工条件保证了螺旋测微器极低的测量不确定度.采用螺旋测微原理制成的其他仪器还有读数显微镜、光学测微目镜及迈克耳孙干涉仪的读数部分等.

螺旋测微器的原理:螺旋测微器的核心部分主要由测微螺杆和螺母套管组成,是利用螺旋推进原理设计的,其构造如图 2.1-5 所示.

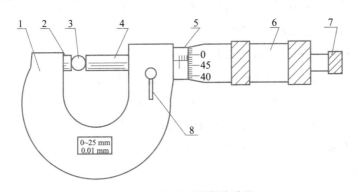

图 2.1-5 螺旋测微器构造图

1—尺架;2—固定测砧;3—待测物体;4—测微螺杆;5—螺母套管;
6—微分筒;7—棘轮;8—锁紧装置.

测微螺杆的后端连着圆周上刻有 $N$ 分格的微分筒,测微螺杆可随微分筒的转动而进退.螺母套管的螺距一般取 0.5 mm,当微分筒相对于螺母套管旋转一周时,测微螺杆就沿轴线方向前进或后退 0.5 mm;当微分筒转过一小格时,测微螺杆则相应地移动$(0.5/N)$ mm 的距离.可见,测量时沿轴线的微小长度均能在微分筒圆周上准确地反映出来.

比如 $N = 50$,则能准确读到$(0.5/50)$ mm = 0.01 mm,再估读一位,则可读到0.001 mm,这正是我们将螺旋测微器称为千分尺的缘故.

螺旋测微器的读数方法:先在螺母套管的标尺上读出 0.5 mm 以上的读数,再在微分筒圆周上与螺母套管横线对齐的位置上读出不足 0.5 mm 的数值,读数时估读一位,则两者之和即为待测物的长度.读数范例如图 2.1-6 所示.

（1）图 2.1-6(a)中,$L = (5.5+0.150)$ mm = 5.650 mm.

（2）图 2.1-6(b)中,$L = (5+0.150)$ mm = 5.150 mm.

实验室常用的螺旋测微器的示值误差为 0.004 mm.

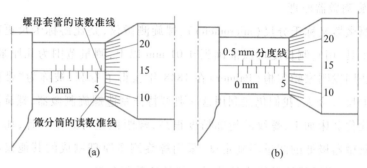

图 2.1-6　用螺旋测微器测量长度

### 3. 数字式电子天平

电子天平中的传感器有应变式传感器、电容式传感器、电磁平衡式传感器等多种类型,本实验室选用的天平应用的是电磁平衡式传感器,利用待测物体重力与电磁力平衡的原理实现称重.秤盘通过支架连杆与线圈连接,线圈置于磁场内.在称量范围内,待测重物的重力 $mg$ 通过支架连杆作用于线圈上,这时在磁场中若有电流通过,线圈将产生一个电磁力 $F = KBLI$,其中 $K$ 为常量(与使用单位有关),$B$ 为磁感应强度,$L$ 为线圈导线的长度,$I$ 为通过线圈导线的电流.电磁力 $F$ 和秤盘上待测物体的重力 $mg$ 大小相等、方向相反而达到平衡时,只要测出电流 $I$ 就可知道物体的质量 $m$.

天平在使用过程中会受到所处环境温度、气流、震动、电磁干扰等因素影响,因此我们要尽量避免或减少环境的影响.

与其他种类的天平不同,电子天平应用了现代电子控制技术进行称量,其特点是称量准确可靠,显示快速清晰并且具有自动检测系统、简便的自动校准装置和超载保护装置等.

本实验所使用的数字式电子天平如图 2.1-7 所示,采用绿色 LED 显示,其最大称量质量为 500 g,分辨率为 0.5 g,体积为 196(宽)×215(长)×62(高) mm³,供电为交流电,大小为 220 V(1±10%),使用温度为 0 ~ 40 ℃,相对湿度≤80%.

图 2.1-7　数字式
电子天平

### 4. 物体的密度

如果物体的质量为 $m$,体积为 $V$,则物体的密度为

$$\rho = \frac{m}{V}$$

只要测出物体的质量和体积,根据公式就可以算出物体的密度.

**【实验仪器】**

游标卡尺、数字式游标卡尺、螺旋测微器、数字式螺旋测微器、数字式电子天平及待测物等.

**【实验内容】**

1. 用游标卡尺测量圆管的内径、外径和高

(1) 测量前,先校准游标卡尺的零点.将量爪合拢,检查游标的"0"线是否与主尺的"0"线对齐,如未对齐,则需记下零点读数,以便进行修正.

(2) 测量时,用外量爪测外径 $D_1$ 和高 $H$,用内量爪测内径 $D_2$.左手拿待测物,右手持尺,大拇指轻转锁紧螺钉,将待测物轻轻卡住即可读数,不要使物体在被卡住时用力移动,以免损坏量爪.

(3) 重复测量 5 次,列表记录读数,同时也记下游标卡尺的示值误差 $\Delta_\text{仪}$.

2. 用螺旋测微器测量小球的直径

(1) 测量前,进行零点校准.在测砧与测微螺杆之间未放物体(小球)时,轻轻转动棘轮,待听到"咔、咔"之声时即停止转动.然后观察微分筒"0"线与螺母套管的横线是否对齐.若未对齐,则此时的读数为零点读数.零点读数有正负,表示测量结果需对其予以修正.如图 2.1–8 所示为用螺旋测微器测量时的零点误差,其中图(a)中 $D_0 = 0.020$ mm,图(b)中 $D_0 = -0.028$ mm.

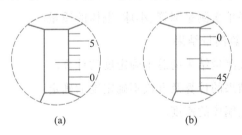

图 2.1–8 用螺旋测微器测量小球直径时的零点误差

(2) 测量时,将待测物放于测砧与测微螺杆之间,转动微分筒,当测微螺杆与待测物快要接触时,再轻转棘轮,听到"咔、咔"声音时即停止转动,进行读数.

(3) 重复测小球直径 5 次,记下每次的读数及螺旋测微器的示值误差.

(4) 测量完毕后,要使测砧与测微螺杆之间留有一定的空隙,以免受热膨胀时两接触面因挤压而被损坏.

*3. 分别用数字式游标卡尺、数字式螺旋测微器测量铜棒的长度和直径

（1）铜棒长度的测量. 测量前,先校准数字式游标卡尺的零点.

将数字式游标卡尺量爪合拢,打开数字式游标卡尺的电源（按"mm/in"键）,按置零键,数字表显示"0.00 mm"或"0.000 in". 按"mm/in"键,使数字表显示"0.00 mm". 测量铜棒长度 $L$.

（2）铜棒直径的测量. 测量前,先校准数字式螺旋测微器的零点.

将数字式螺旋测微器合拢,打开数字式螺旋测微器的电源（按"mm/in"键）,按置零键,数字表显示"0.00 mm"或"0.000 in". 按"mm/in"键,使数字表显示"0.00 mm". 测量铜棒直径 $D$.

4. 用数字式电子天平测量圆管、小球、铜棒的质量

打开 YP1201N 数字式电子天平的电源,稳定后,屏幕显示"0.0",按"TARE"键校零. 校零后就可以称待测物体的质量了. 如在使用过程中发现显示错误,需对天平进行校准,方法为长按"CAL"键,待显示屏闪烁时,在天平上放标准砝码,显示屏闪烁停止即恢复正常.

电子天平稳定性好,圆管、小球、铜棒的质量只需单次测量,其测量结果不确定度可取仪器误差,即取天平分辨率为 0.5 g.

【数据与结果】

1. 列表记录测量数据

（1）用游标卡尺测圆管的内、外直径和高.

（2）用螺旋测微器测小球的直径.

*（3）用数字式游标卡尺测量铜棒长度,用数字式螺旋测微器测量铜棒直径.

（4）用电子天平单次测量圆管、小球、铜棒的质量.

2. 数据处理,计算测量结果

（1）对多次直接测量结果的总不确定度的计算.

（2）间接测量结果的计算及合成不确定度的确定.

（3）圆管、小球、铜棒的密度.

【思考题】

1. 游标卡尺的测量准确度为 0.01 mm,其主尺的分度值为 0.5 mm,试问游标的分度数（格数）为多少？以毫米为单位,游标的总长度可能取哪些值？

2. 如图 2.1-9 所示的这些游标卡尺主尺的分度值是多少？游标的分度数 $N$ 是多少？游标的分度值是多少？它们的读数是多少？（在这些图中,第一把尺是为了确定分度值,第二把尺为了读数.）把答案填入表 2.1-1 内.

3. 螺旋测微器是如何提高测量精度的？其分度值和示值误差各为多少？其意义是什么？

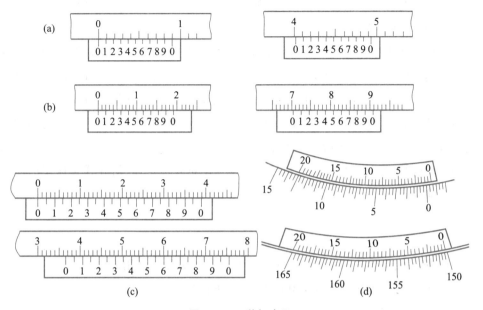

图 2.1-9 游标卡尺

表 2.1-1 数 据 表

| 图号 | 主尺分度值 /mm | 游标分度数 N | 游标分度值 /mm | 读数 /mm |
|---|---|---|---|---|
| （a） | | | | |
| （b） | | | | |
| （c） | | | | |
| （d） | | | | |

4. 用 10 分度游标的游标卡尺和 50 分度游标的游标卡尺测同一物体的直径，测得的有效数字位数是否相同？为什么？如果用 50 分度游标的游标卡尺和螺旋测微器测同一金属丝的直径，测得的有效数字位数是否相同？为什么？

5. 如果某螺旋测微器测微螺杆的螺距是 0.5 mm，微分筒上刻有 100 个等分格，试问该螺旋测微器的分度值为多少？如果另一个螺旋测微器测微螺杆的螺距是 1 mm，微分筒上刻有 50 个等分格，试问该螺旋测微器的分度值为多少？

6. 螺旋测微器的零点误差在什么情况下为正？在什么情况下为负？

7. 试比较游标卡尺、螺旋测微器放大测量原理和读数方法的异同.

课件

视频

### 实验 2.2　气垫导轨实验

摩擦力与日常生活密切相关,在科学探究中,为了纯化物理过程,突出主要矛盾,需要减小摩擦力.

气垫是减少摩擦力的一种常用方法,气垫技术已经在工业、交通及科学技术等方面得到了广泛的应用(如空气轴承、气垫船等).气垫导轨利用从气泵向气垫导轨输入的压缩空气,经导轨表面的小孔喷出,使滑块悬浮起来,因此,滑块沿导轨滑动时能将摩擦力对实验的影响减至最小.同时利用光电计时装置测定物体运动的时间,从而能够用实验方法精确地测定物体的速度和加速度并观察物体在外力作用下的运动规律.另外还可以在气垫导轨上验证动量守恒定律、研究弹簧振子的简谐振动规律等.

---

**【实验目的】**

1. 掌握气垫导轨的水平调节和计算机通用计数器的使用方法.
2. 利用气垫导轨测滑块运动的速度和加速度.
3. 验证牛顿第二定律并测量重力加速度.

---

**【实验原理】**

1. 速度的测定

*NOTE*

在气垫导轨(详见本实验附录)上运动的滑块装有如图 2.2-1 所示的 U 形挡光片,当其第一个挡光边 $AA'$ 挡住光电门时产生一个触发信号,使计算机通用计数器开始计时,当第二个挡光边 $BB'$ 挡住光电门时再次产生一个触发信号,这个信号促使计算机通用计数器停止计时.显然两次挡光的时间间隔 $\Delta t$ 就是滑块在导轨上滑动距离 $\Delta x$ 所需的时间,这里 $\Delta x$ 是两个挡光边间的间距.这样滑块通过光电门的平均速度是

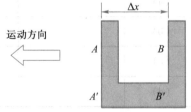

图 2.2-1　U 形挡光片

$$\bar{v} = \frac{\Delta x}{\Delta t} \tag{2.2-1}$$

一般 $\Delta x$ 比较小,其平均速度可近似为滑块通过光电门时的瞬时速度.

2. 加速度的测定

测量滑块加速度时,需要在导轨上再安装一个光电门,且两个光电门之间的距离 $s$ 远大于挡光片的间距 $\Delta x$,则滑块通过两个光电门的速度均可近似地用平均速度表示,即有

$$v_1 = \frac{\Delta x}{\Delta t_1}, \qquad v_2 = \frac{\Delta x}{\Delta t_2} \qquad (2.2\text{-}2)$$

则滑块做匀加速直线运动的加速度 $a$ 可为

$$a = \frac{v_2^2 - v_1^2}{2s} \qquad (2.2\text{-}3)$$

$v_1$ 和 $v_2$ 可用前述方法测得, $s$ 可由附着在气垫导轨上的米尺读出.

用光电计时装置也可以非常方便地测出滑块从一个光电门运动到另一个光电门的时间间隔 $\Delta t$ ,则滑块的加速度也可用下式计算:

$$a = \frac{v_2 - v_1}{\Delta t} \qquad (2.2\text{-}4)$$

3. 验证牛顿第二定律

牛顿第二定律指出一个物体的加速度与它所受到的合外力成正比,与它本身的质量成反比,且加速度的方向与合外力的方向相同. 为验证牛顿第二定律,我们采用如图 2.2-2 所示的原理,在质量为 $m'$ 的滑块一端系上一根不可伸长的细线,绕过气垫导轨一端的小滑轮后在细线上再挂质量为 $m$ 的重物(砝码盘和砝码). 设 $F_T$ 为细线的张力,则有

$$\begin{cases} mg - F_T = ma \\ F_T = m'a \end{cases} \qquad (2.2\text{-}5)$$

将 $(m+m')$ 作为研究系统,得系统所受合外力为

$$F = mg = (m' + m)a \qquad (2.2\text{-}6)$$

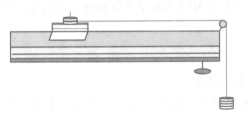

图 2.2-2　验证牛顿第二定律实验的示意图

从(2.2-6)式中可见,牛顿第二定律的验证应该从两方面进行:

(1) 当滑块系统质量 $(m'+m)$ 一定时, $a \propto F$ . 实验中,测量出一组在不同外力 $F$ 作用下滑块的加速度值 $a$ ,以 $F$ 为横坐标, $a$ 为纵坐标,作 $a\text{-}F$ 曲线,观察该图的特征. 若所绘制的 $a\text{-}F$ 图线为过原点的直线,其斜率近似为 $\frac{1}{m'+m}$ ,即可验证:物体加速度的大小与所受合外力的大小成正比.

(2) 当滑块系统所受的合外力 $F$ 一定时, $a \propto \frac{1}{m'+m}$ . 改变滑块的质量,测量一

组在不同质量下的滑块的加速度值 $a$，以 $\dfrac{1}{m'+m}$ 为横坐标，以 $a$ 为纵坐标，作 $a-\dfrac{1}{m'+m}$ 曲线，观测该图的特征. 若所绘制的 $a-\dfrac{1}{m'+m}$ 图线为过原点的直线，其平均斜率近似为 $F$，即可验证：物体所获得的加速度与物体的质量成反比.

4. 在倾斜的气垫导轨上测定重力加速度

在底脚螺钉下垫一厚度为 $h$ 的垫块，把水平气垫导轨调至有一小的倾角，测出两底脚螺钉之间的距离 $L$，再测出垫块的厚度 $h$，则自由的滑块沿气垫导轨运动的加速度为

$$a = g \cdot \sin\theta \approx g \cdot h/L \qquad (2.2-7)$$

此外，我们可利用前述方法由(2.2-3)式或(2.2-4)式求得滑块的加速度，再利用(2.2-7)式可求出

$$g \approx a \cdot L/h \qquad (2.2-8)$$

为了消除黏性阻力对运动加速度 $a$ 测量的影响，实验中应分别测出滑块下滑的加速度 $a_{下}$ 和上滑的加速度 $a_{上}$，然后取平均值，

$$a = \dfrac{a_{下}+a_{上}}{2} \qquad (2.2-9)$$

将杭州地区的加速度($g_0 \approx 9.793\ \mathrm{m/s^2}$)与实验测得的加速度 $g$ 比较，求相对误差.

## 【实验仪器】

气垫导轨、滑块、砝码、MUJ-IIB 型计算机通用计数器、微型气泵.

## 【实验内容】

1. 气垫导轨的水平调节

对气垫导轨的水平调节是进行气垫导轨实验时必须掌握的一项基本技能. 调节水平的方法有静态和动态两种. 实验时应先静态调平，再动态调平.

(1) 静态调节法：接通气源，用手测试导轨，若感到导轨两侧气孔明显有气流喷出，则通气状态良好. 把装有挡光片的滑块轻置于导轨上，若滑块总向导轨一端定向滑动，则表明导轨该端的位置相对较低，可调节导轨这一端的底脚螺钉，使滑块在导轨上保持不动或稍微左右摆动而无定向移动，那么导轨静态调平已完成.

(2) 动态调节法：调节两光电门的间距，使之约为 50 cm(以指针为准). 打开计算机通用计数器的开关，导轨通气良好后，放上滑块，使之以某一初速度在导轨上来回滑行. 设滑块从左向右经过两光电门的时间间隔分别为 $\Delta t_1$ 和 $\Delta t_2$，从右向左经过两光电门的时间间隔分别为 $\Delta t_1'$ 和 $\Delta t_2'$，观察 $\Delta t_1$、$\Delta t_2$、$\Delta t_1'$ 和 $\Delta t_2'$ 的数据，若考虑

空气阻力的影响,滑块经过第一个光电门的时间间隔 $\Delta t_1$ 总是略小于经过第二个光电门的时间间隔 $\Delta t_2$(或者 $\Delta t'_1$ 总是略大于 $\Delta t'_2$),当 $(\Delta t_2 - \Delta t_1)/\Delta t_1 < 3\%$ 和 $(\Delta t'_1 - \Delta t'_1)/\Delta t'_1 < 3\%$ 同时满足时,就可认为导轨已调至水平.否则须根据实际情况调节导轨下面的底脚螺钉,反复观察,直至调平.

2. 测定速度

用游标卡尺测量 $\Delta x$.将计算机通用计数器的功能键置于"计时"挡,使滑块在气垫导轨上运动,计数器显示屏依次显示出滑块经过两光电门的时间间隔,用 (2.2-2)式计算出相应的速度 $v_1$ 和 $v_2$.

3. 测定加速度

(1) 根据图 2.2-2 所示的原理,用一细线经导轨一端的滑轮将滑块和砝码盘相连.估计线的长度,使砝码盘落地前滑块能顺利通过两光电门.根据实验要求向砝码盘上添加砝码.

(2) 将滑块移至远离滑轮的一端,静置然后自由释放.滑块在合外力 **F** 作用下做初速度为零的匀加速直线运动.计数器上依次显示滑块经过两光电门的时间间隔 $\Delta t_1$ 和 $\Delta t_2$,用(2.2-2)式、(2.2-3)式和(2.2-4)式分别计算出滑块经过两光电门的速度 $v_1$、$v_2$ 和加速度 $a$.

4. 验证牛顿第二定律

(1) 在滑块上加 5 个砝码,用上述方法测定滑块运动的加速度.再将滑块上的 5 个砝码分 5 次从滑块上移至砝码盘中.重复上述步骤,验证物体质量不变时,加速度大小与外力大小成正比.

*(2) 保持滑块所受外力不变,使砝码盘中的砝码质量不变,测定滑块运动的加速度.将 5 个砝码逐次加至滑块上改变滑块的质量,验证物体所获得的加速度与物体的质量成反比.

5. 在倾斜的气垫导轨上测定重力加速度

(1) 从附着于气垫导轨的米尺上读出两底脚螺钉刻线的位置,求得其间的距离 $L$.

(2) 用游标卡尺测得垫块的厚度 $h$.将单块垫块放在导轨底脚螺钉的下面,使导轨倾斜.分别测出滑块在导轨下滑的加速度 $a_{下}$ 和上滑的加速度 $a_{上}$,重复三次.

(3) 将两块垫块放在导轨底脚螺钉的下面,重复步骤(2).

【数据与结果】

1. 列表记录动态调平数据,得出气垫导轨已调平的结论

2. 测滑块系统的加速度,验证牛顿第二定律

（1）设计表格，记录实验数据（当系统质量一定时）.

（2）比较实验测量值 $a$ 与由牛顿第二定律计算得到的 $a_{理}$ ［由 $mg=(m'+m)a_{理}$ 求得］；求出其相对误差 $E=\dfrac{|a_{理}-a|}{a_{理}}\times100\%$.

（3）以 $F$ 为横坐标，以 $a_{理}$ 和 $a$ 为纵坐标，在同一方格纸上作出 $a_{理}-F$ 和 $a-F$ 曲线.

3. 在倾斜的气垫导轨上测重力加速度

设计表格，记录实验数据并在表格中体现相关物理量的计算.

**【思考题】**

1. 判断气垫导轨是否水平的依据是什么？

2. 滑块的初速度不同是否会影响加速度的测定？

3. 测量重力加速度还有哪些方法？

4. 在倾斜的导轨上测量重力加速度时，如何消除空气阻力的影响？

**【附录】**

1. 气垫导轨

NOTE

气垫导轨是一种力学实验仪器，它是利用从导轨表面小孔喷出的压缩空气使安放在导轨上的滑块与导轨之间形成很薄的空气层，即所谓的"气垫"，促使滑块悬浮于导轨表面，从而避免了滑块与导轨表面之间的接触摩擦，仅有微小的空气层黏性阻力和周围空气的阻力. 因此，滑块的移动可近似视为"无摩擦"运动.

（1）气垫导轨的结构.

气垫导轨的结构如图 2.2–3 所示，它主要由导轨、滑块和光电门三部分组成.

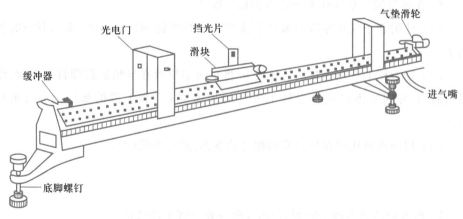

图 2.2–3　气垫导轨实物图

导轨:由一根平直的直角三角形铝合金管制成,长约 1.5 m.其两侧轨面上均匀分布着两排细小的气孔,导轨的一端封闭,另一端装有进气嘴,当空气从微型气泵经软管压入导轨后,就从小孔喷出气流而托起滑块.滑块被托起的高度一般仅为0.01~0.1 mm.为了避免碰伤,导轨两端及滑块上都装了缓冲器.导轨的一端装有滑轮.整个导轨装在横梁上,横梁下面有三个底脚螺钉,既作为支撑点,也用于调整导轨的水平状态,还可在螺钉下加放垫块,使导轨成为斜面.

滑块:由角铝制成,是导轨上的运动物体,其两侧内表面与导轨表面精密吻合.两端装有缓冲弹簧或尼龙搭扣,滑块上面安置测量用的 U 形或窄条挡光片.

光电门:导轨上设置两个光电门,光电门上装有光源(聚光小灯泡或红外发光管)和光敏管,光敏管的两极通过导线和计数器的光控输入端相接.当滑块上的挡光片经过光电门时,光敏管受到的光照发生变化,引起光敏两极间电压发生变化,由此产生电脉冲信号,使计时系统开始或停止计时.光电门可根据实验需要安置在导轨的适当位置,并由指针读出它的位置.

(2)注意事项.

实验对气垫导轨表面的平直度、光洁度要求很高.为了确保仪器精度,绝不允许其他东西碰撞、划伤导轨表面,要防止碰倒光电门损坏轨面.未通气时,不允许将滑块在导轨上来回滑动.实验完毕,应先将滑块从导轨上取下,再关闭气源.

滑块的内表面经过仔细加工,并与轨面紧密配合,两者是配套使用的,因此绝对不可将滑块与别的组调换.实验中对滑块必须轻拿轻放,严防碰伤变形.拿取滑块时,不要手持挡光片,以防滑块掉落摔坏.

气垫导轨表面或滑块内表面必须保持清洁,如有污物,可用纱布蘸少许酒精擦净.如导轨表面上小气孔堵塞,可用直径小于 0.6 mm 的细钢丝疏通.

实验结束后,应该用盖布将导轨遮好.

**2. MUJ–IIB 型计算机通用计数器**

(1)结构.

MUJ–IIB 型计算机通用计数器以 51 系列单片微处理机为中央处理器,编入与气垫导轨实验相适应的数据处理程序,并且备有多组实验的记忆存储功能.功能选择复位键用于输入指令,数值转换键用于设定所需数值,取数键用于提取记忆存储的实验数据,$P_1$、$P_2$ 光电门插口采集数据信号,由中央处理器处理,LED 数码管显示各种测量结果.

各部位名称请对照前面板图、后面板图(如图 2.2–4 所示).

(2)使用和操作.

根据实验需要选择所需光电门数量,将光电门线插入 $P_1$、$P_2$ 插口,按下电源开关,按功能选择复位键,选择所需的功能.注意:当光电门没挡光时,依面板排列顺序,每按键一次,依次转换一种功能,发光管显示对应的功能位置.如计时、加速度、碰撞等七种功能,当光电门挡光后,按下功能选择复位键,复位清零(例如重复测量)屏上显示"0".

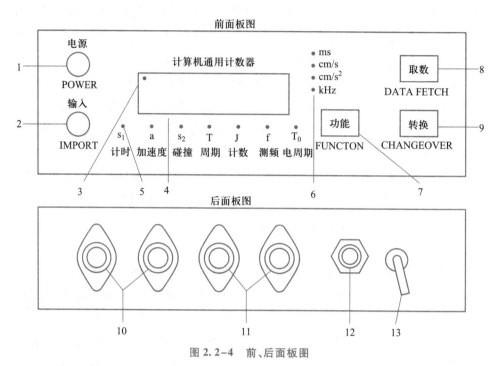

图 2.2-4　前、后面板图

1—电源开关;2—测频输入口;3—溢出指示;4—LED 显示屏;5—功能转换指示灯;

6—测量单位指示灯;7—功能选择复位键;8—取数键;9—数值转换键;

10—$P_1$ 光电门插口;11—$P_2$ 光电门插口;12—电源保险;13—电源线.

开机时,机内自动将挡光片宽度设定为 1.0 cm,周期自动设定为 10 次,若需要重新选择所需的挡光片宽度,例如设定挡光片宽度为 5.0 cm,其操作方法是:用手指按住数值转换键不放,屏上将依次显示 1.0 cm、3.0 cm、5.0 cm 和 10.0 cm.当显示到 5.0 cm 时,松开手指,挡光片宽度便被设定为 5.0 cm.当功能键选择设定周期时,同样用上述方法设定周期.

注意:计算机通用计数器的"加速度"等功能挡显示的数据只为挡光片宽度为 1.0 cm、3.0 cm、5.0 cm 和 10.0 cm 的情况而设置.如果挡光片的宽度 $\Delta x$ 与机内的设定宽度不匹配,那么只能用"计时"功能测得它经过光电门的时间间隔 $\Delta t$.

滑块在导轨上运动时,若连续经过几个光电门,显示屏上则依次连续显示所测时间或速度.滑块停止运动,显示屏上重复显示各数据,若需提取某数据,手指按住取数键,待显示出所需提取的数据时,松开手指即可记录.若按功能选择复位键,显示数据被清除.

计时:测量挡光片经 $P_1$ 或 $P_2$ 的两次挡光时间间隔,及滑块通过 $P_1$、$P_2$ 两个光电门的速度.

加速度:测量滑块通过每个光电门的速度及通过相邻光电门的时间或这段路程的加速度 $a\left(a=\dfrac{v_1-v_2}{\Delta t}\right)$.

碰撞:等质量、不等质量的碰撞.

周期($T$):测量完成 $1\sim100$ 个周期的简谐振动的时间.

计数:测量挡光次数.

测频:可测量正弦波、方波、三角波、调幅波的频率.

## 实验 2.3　用三线摆法测定物体的转动惯量

转动惯量是刚体转动惯性的量度,其重要性相当于平动物体的质量,它也是工程技术、航天、电力、机械、仪表等工业领域中的一个重要参量.在发动机叶片、飞轮、陀螺以及人造地球卫星的设计上,精确地测定转动惯量,都是十分必要的.

课件

转动惯量的大小除与物体质量有关外,还与转轴的位置和质量分布(即形状、大小和密度)有关.如果刚体形状简单,且质量分布均匀,我们可直接计算出它绕特定轴的转动惯量.但在工程实践中,我们常碰到大量形状复杂,且质量分布不均匀的刚体,其理论计算非常复杂,通常采用实验方法来测定.测量刚体转动惯量有多种方法,如三线摆法、扭摆法、转动惯量仪法等.本实验所用的三线摆法具有设备简单、直观、测试方便等优点.

视频

【实验目的】

1. 学会用三线摆法测定物体的转动惯量.
2. 学会用累积放大法测量周期运动的周期.
3. 验证转动惯量的平行轴定理.

【实验原理】

1. 测量圆环绕过质心且垂直于环面的 $OO'$ 轴的转动惯量 $I$

三线摆的结构如图 2.3-1 所示,上圆盘固定在横梁上,用三根对称分布的等长悬线将下圆盘悬挂,使两圆盘均处于水平状态.上圆盘在外力作用下可绕过中心的轴转动,带动下圆盘绕中心轴 $OO'$ 转动,而上圆盘保持不动.当下圆盘转动角度在 $5°$ 以内且忽略空气阻力时,三线摆的转动可近似视为简谐振动.根据能量守恒定律或刚体转

动定律均可导出物体绕中心轴 $OO'$ 的转动惯量为(推导过程见本实验附录 1)

$$I_0 = \frac{m_0 g R r}{4\pi^2 H_0} T_0^2 \qquad (2.3-1)$$

式中各物理量的意义如下：$m_0$ 为下圆盘的质量，$r$、$R$ 分别为上下悬点与各自圆盘中心的距离，$H_0$ 为平衡时上下盘间的垂直距离，$T_0$ 为下圆盘做简谐振动的周期，$g$ 为重力加速度.

将质量为 $m$ 的待测物体放在下圆盘上，并使待测物体的转轴与 $OO'$ 轴重合. 测出此时下圆盘运动周期 $T_1$ 和上下圆盘间的垂直距离 $H$. 同理可求得待测物体和下圆盘对中心轴 $OO'$ 的总转动惯量为

$$I_1 = \frac{(m_0+m) g R r}{4\pi^2 H} T_1^2 \qquad (2.3-2)$$

若不计因重量变化而引起的悬线伸长，则有 $H \approx H_0$. 那么，待测物体绕中心轴 $OO'$ 的转动惯量为

$$I = I_1 - I_0 = \frac{g R r}{4\pi^2 H}\left[ (m+m_0) T_1^2 - m_0 T_0^2 \right] \qquad (2.3-3)$$

因此，通过长度、质量和时间的测量，便可求出刚体绕某轴的转动惯量.

2. 验证转动惯量的平行轴定理

用三线摆法还可以验证平行轴定理. 若质量为 $m$ 的物体绕过其中心轴的转动惯量为 $I_c$，当转轴平行移动距离 $x$ 时(如图 2.3-2 所示)，则此物体对新轴 $OO'$ 的转动惯量为 $I_{OO'} = I_c + mx^2$. 这一结论称为转动惯量的平行轴定理.

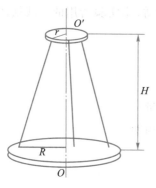
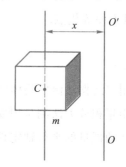

图 2.3-1　三线摆实验装置图　　　　图 2.3-2　平行轴定理

本实验将两个相同的圆柱砝码(质量均为 $m'$)放置在下圆盘对称的小孔上，使下圆盘做简谐振动，测出其绕中心轴 $OO'$ 的转动周期 $T_x$，则可得出每个圆柱砝码对中心轴 $OO'$ 的转动惯量为

$$I_x = \frac{1}{2}\left[ \frac{(m_0+2m') g R r}{4\pi^2 H} T_x^2 - I_0 \right] \qquad (2.3-4)$$

由平行轴定理可得到每个圆柱砝码对中心轴 $OO'$ 的转动惯量的理论值为

$$I'_x = m'x^2 + \frac{1}{2}m'R_x^2 \qquad (2.3-5)$$

其中 $x$ 为圆柱砝码的质心与下圆盘中心之间的距离，$R_x$ 为小圆柱砝码的半径。比较 $I_x$ 与 $I'_x$ 的大小，以验证平行轴定理。

【实验仪器】

三线摆（包含米尺、游标卡尺、物理天平以及待测物体）和 FB213 型光电计时仪。

【实验内容】

1. 测量准备

（1）三线摆底座水平的调节。

调节三线摆底座支撑螺钉，使底座水平仪气泡居中。

（2）三线摆下圆盘水平的调节。

调节上圆盘悬线固定螺钉，改变悬线长度，使下圆盘水平仪气泡居中。

（3）光电门位置的调节。

三线摆下圆盘边缘上有一根小小的金属杆，称为遮光杆。调节光电门位置，使三线摆绕竖直轴 $OO'$（见图 2.3-1）做简谐振动时，遮光杆能来回顺利通过光电门，从而测量三线摆振动的周期。注意：光电门探测的小孔要对准静止状态下的遮光杆（即三线摆的平衡位置）。

（4）熟悉仪器的操作。

正式记录数据前先熟悉仪器的操作。轻拨上圆盘的长杆螺钉以带动下圆盘绕轴 $OO'$ 做简谐振动，目测其转动振幅角度在 5° 以内。观察 2~3 个周期后可开始计时。当遮光杆经过光电门小孔（即平衡位置）时按下计时按钮，开始计时，累积测量 20 个周期后，计时仪自动停止计时，显示结果。FB213 型光电计时仪可以储存 10 组实验数据，测量后通过查询键调取数据（详见本实验附录 2）。

2. 测量圆环绕质心且垂直于环面中心转轴 $OO'$ 的转动惯量 $I$

（1）测量下圆盘绕轴 $OO'$ 做简谐振动的周期 $T_0$。

用累积放大法测三线摆下圆盘绕中心转轴 $OO'$ 做 20 个周期简谐振动的时间，重复 5 次，取平均值。

（2）测量圆环与下圆盘共同绕轴 $OO'$ 做简谐振动的周期 $T_1$。

将待测圆环放置在下圆盘上，必须使两者重心重合。按照上述方法测定它们共同绕轴 $OO'$ 做简谐振动的周期 $T_1$。

（3）其他物理量的测量。

为了计算圆环的转动惯量,本实验还需测量三线摆下圆盘和圆环的质量,悬线孔距,上、下盘高等数据.用米尺测出上、下圆盘三悬点之间的距离 $a$ 和 $b$,以算出悬点到中心的距离 $r$ 和 $R$(等边三角形外接圆半径);用米尺测出上、下圆盘之间的垂直距离 $H_0$;用游标卡尺测出待测圆环的内、外直径 $D_2$、$D_1$;记录下圆盘和圆环的质量.可设计表格记录数据.

根据(2.3-1)式计算下圆盘的转动惯量 $I_0$.用(2.3-3)式计算圆环的转动惯量的实验值 $I$.

3. 用三线摆验证平行轴定理

将一对质量均为 $m'$ 的圆柱砝码对称放置在下圆盘上(砝码质心与中心轴距离为 $x$),用累积放大法测量其与下圆盘共同做简谐振动的周期 $T_x$(测量 5 次),测量圆柱砝码的直径 $2R_x$.将圆柱砝码放置于不同的对称位置 $x$,对每个位置 $x$ 重复上述对周期 $T_x$ 的测量,参考(2.3-4)式和(2.3-5)式中的物理量,自行设计表格记录数据.

计算砝码放在下圆盘各位置上三线摆绕轴 $OO'$ 的转动惯量的理论值和实验值,求其相对误差,讨论本实验是否能验证平行轴定理.

【数据与结果】

1. 测量圆环绕轴 $OO'$ 的转动惯量 $I$

(1)列表记录下圆盘绕轴 $OO'$ 做 20 次简谐振动的时间,求出周期 $T_0$.

(2)列表记录测量圆环与下圆盘共同绕轴 $OO'$ 做 20 次简谐振动的时间,求出周期 $T_1$.

(3)列表记录其他物理量的测量数据.

(4)计算圆环的转动惯量的实验值 $I$ 以及不确定度.

2. 平行轴定理的验证

设计表格记录数据,将实验值与理论计算值比较,计算相对误差,判断本次实验能否验证刚体的平行轴定理(杭州地区 $g = 9.793 \ \mathrm{m/s^2}$).

【思考题】

1. 用三线摆测刚体转动惯量时,为什么必须保持下圆盘水平?

2. 在测量过程中,若下圆盘出现晃动,对周期测量有影响吗? 如有影响,应如何避免?

3. 三线摆上放有待测物后,其摆动周期是否一定比空盘的转动周期大? 为什么?

4. 测量圆环的转动惯量时,若圆环的转轴与下圆盘转轴不重合,对实验结果有何影响?

5. 如何利用三线摆测定任意形状的物体绕某轴的转动惯量?

6. 三线摆在摆动中受空气阻力,振幅越来越小,它的周期是否会变化? 这对测量结果影响大吗? 为什么?

【附录1】转动惯量测量式的推导

当下盘做扭转振动,其转角 $\theta$ 很小时,其扭动是一个简谐振动,其运动方程为

$$\theta = \theta_0 \sin \frac{2\pi}{T_0} t \tag{2.3-6}$$

当摆离开平衡位置最远时,其重心升高 $h$,根据能量守恒定律有

$$\frac{1}{2} I \omega_0^2 = mgh \tag{2.3-7}$$

即

$$I = \frac{2mgh}{\omega_0^2} \tag{2.3-8}$$

而

$$\omega = \frac{\mathrm{d}\theta}{\mathrm{d}t} = \frac{2\pi\theta_0}{T} \cos \frac{2\pi}{T} t \tag{2.3-9}$$

$$\omega_0 = \frac{2\pi\theta_0}{T_0} \tag{2.3-10}$$

将(2.3-10)式代入(2.3-8)式得

$$I = \frac{mghT^2}{2\pi^2\theta_0^2} \tag{2.3-11}$$

从图2.3-3中的几何关系中可得

$$(H-h)^2 + R^2 - 2Rr\cos\theta_0 = l^2 = H^2 + (R-r)^2$$

化简得

$$Hh - \frac{h^2}{2} = Rr(1-\cos\theta_0)$$

略去 $\frac{h^2}{2}$,且取 $1-\cos\theta_0 \approx \theta_0^2/2$,则有

$$h = \frac{Rr\theta_0^2}{2H}$$

代入(2.3-11)式得

$$I = \frac{mgRr}{4\pi^2 H} T^2 \tag{2.3-12}$$

即得(2.3-1)式.

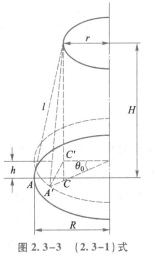

图 2.3-3 (2.3-1)式
推导示意图

【附录2】光电计时仪

光电计时仪由主机和光电传感器两部分组成.主机采用单片机作为控制系统,

用于测量物体转动周期(计时)和旋转物体的转速.主机能自动记录、存储多组实验数据,并能精确地计算多组数据的平均值;光电传感器主要由红外发射管和红外接收管组成,它将光信号转变为脉冲电信号并送入主机,控制单片机工作.

仪器使用方法简介:

1. 调节光电传感器在固定支架上的高度,使待测物体上的遮光杆能自由地通过光电门,再将光电传感器的信号传输线插入主机输入端(位于主机背面).

2. 开启主机电源."摆动"指示灯亮(按功能键,可选择"摆动""转动"两种计时功能,开机或复位默认值为"摆动"),参量指示为"$P_1$",数据显示为"－－－－".若情况异常(如死机),可按复位键,即可恢复正常,或关机重新启动.

3. 本机默认累积计时的周期数为 10,也可根据需要重新设定计时的周期数,方法为:按置数键,显示"$n=10$",按"上调"键,周期数依次加 1,按下调键,周期数依次减 1,调至所需的周期数后,再按置数键确认,显示"$F_1$ end"(表明扭摆周期数预置值确定)或"$F_2$ end"(表明转动周期数预置值确定),周期数只能在 1～20 范围内做任意设定.对于更改后的周期数,仪器不具有记忆功能,一旦关机或按复位键,周期数便恢复至原来的默认周期数,面板图如图 2.3-4 所示.

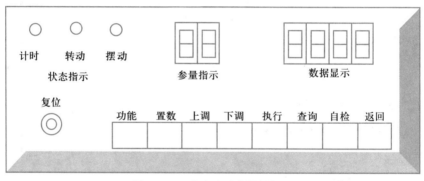

图 2.3-4　光电计时装置面板图

4. 按执行键,数据显示为"000.0",表示仪器处在等待测量状态,当待测物体上的遮光杆第一次通过光电门时开始计时,完成仪器所设置的周期数时,便自动停止计时,由数据显示窗给出累积的时间,同时仪器自行计算摆动周期 $T_1$ 并将数据存储,以供查询和多次测量求平均值,至此 $P_1$(第一次测量)测量完毕.

5. 按执行键,"$P_1$"变为"$P_2$",数据显示又回到"000.0",仪器处于第二次待测状态.本机设定的重复测量次数为 5 次,即($P_1$,$P_2$,$P_3$,$P_4$,$P_5$).通过查询键可得知各次测量的周期值 $T_i$($i=1\sim5$)和它们的平均值 $\overline{T_i}$,以及当前的周期数 $n$,若显示"NO"表示没有数据.

6. 按自检键,仪器应显示"N-1""N-1""SC GOOD",并自动复位到"$P_1$－－－－",单片机工作正常.

7. 按返回键,系统将无条件地回到初始状态,清除当前状态的所有执行数据,但预置的周期数不改变.

8. 按复位键,实验所得数据全部清除,所有参量恢复初始默认值.

### 实验 2.4　用扭摆法测定物体的转动惯量

扭摆是动态测量刚体转动惯量的仪器之一,其关键器件是螺旋弹簧.根据胡克定律,当固定在扭摆上的螺旋弹簧发生形变时便产生弹力,螺旋弹簧的转角越大,弹力也越大.弹力提供了扭摆做机械振动的回复力,当且仅当螺旋弹簧的弹性系数为常量时,扭摆做简谐振动,于是通过测量扭摆简谐振动的周期和该系统的其他固有参量,可以得到其转动惯量.

课件

视频

在中国技术发展史上,春秋战国时期设计制作弓箭的工艺被记录在《周礼·考工记·弓人》中.书中记载了测试弓力的实验:"量其力,有三均."东汉的经学家和教育家郑玄(127—200)为该书做注解时表述了力与形变的正比关系:"若干胜一石,加角而胜二石,被筋而胜三石,引之中三尺……弛其弦,以绳缓摆之,每加物一石,则张一尺."英国物理学家胡克发现了胡克定律并发表了论文,因此,有学者认为胡克定律应称为"郑玄–胡克定律".胡克定律是弹性力学和材料力学的基础.

【实验目的】

1. 用扭摆测定弹簧的扭转常量 $K$.
2. 用扭摆法测定几种不同形状物体的转动惯量,并与理论值进行比较.
3. 验证平行轴定理.

【实验原理】

1. 扭摆的简谐振动

(1)扭摆的结构.

扭摆的结构如图 2.4–1 所示,由支架、垂直轴 1、螺旋弹簧 2、底脚螺钉 3 和水平仪 4 组成.垂直轴 1 处装有一根螺旋弹簧 2 以产生回复力矩,垂直轴 1 与支架之间装有轴承以减小摩擦力矩,垂直轴 1 上方可以装上各种待测刚体.可调节底脚螺钉 3 使垂直轴 1 与水平面垂直,支架上有一水平仪 4,用于判断系统是否调至水平.

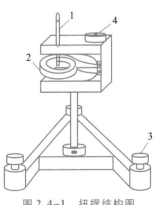

图 2.4–1　扭摆结构图

（2）扭摆的简谐振动.

将套在垂直轴 1 上的刚体在水平面内转过角度 $\theta$ 后释放,在螺旋弹簧 2 的回复力矩作用下,刚体开始绕垂直轴 1 做往返扭转运动.根据胡克定律,弹簧因扭转而产生的回复力矩 $M$ 与所转过的角度 $\theta$ 成正比,即

$$M = -K\theta \tag{2.4-1}$$

式中 $K$ 为弹簧的扭转常量.根据转动定律

$$M = I\beta \tag{2.4-2}$$

式中 $I$ 为转动惯量,$\beta$ 为角加速度,忽略轴承的摩擦力矩,由（2.4-1）式与（2.4-2）式得

$$\beta = -\frac{K}{I}\theta = -\omega^2\theta$$

其中 $\omega^2 = \dfrac{K}{I}$,可得扭摆系统的动力学方程为

$$\frac{\mathrm{d}^2\theta}{\mathrm{d}t^2} + \omega^2\theta = 0 \tag{2.4-3}$$

需要注意弹簧的扭转常量 $K$ 不是固定的常量,它与摆角 $\theta$ 的大小略有关系,摆角在 $40° \sim 90°$ 之间时 $K$ 基本相同.为了减少实验的系统误差,在测定各种物体的摆动周期时,摆角应保持在同一个范围内.以此为条件便可将扭摆的转动视为角简谐振动,其运动方程为

$$\theta = \theta_0\cos(\omega t + \phi) \tag{2.4-4}$$

式中 $\theta_0$ 为简谐振动的角振幅,$\phi$ 为初相位,$\omega$ 为角频率.扭摆系统做简谐振动的周期为

$$T = \frac{2\pi}{\omega} = 2\pi\sqrt{\frac{I}{K}} \tag{2.4-5}$$

（2.4-5）式的意义在于人们可以通过测量扭摆简谐振动的周期 $T$ 和扭转常量 $K$ 得到扭摆系统中绕垂直轴转动的刚体的转动惯量 $I$.

2. 绕垂直轴 1 转动的刚体的转动惯量

刚体系统的转动惯量等于各刚体转动惯量的代数和,即

$$I_{系统} = \sum_{i=1}^{N} I_i \tag{2.4-6}$$

其中 $N$ 是扭摆系统中包含载物盘在内的所有刚体的个数.如果系统中只有载物盘,则通过测量其在扭摆上做简谐振动的周期 $T_0$,便可得到它的转动惯量 $I_0 = \dfrac{KT_0^2}{4\pi^2}$;若在载物盘上加某刚体 1,则测量它们在该扭摆上做简谐振动的周期 $T_1$,便能得到该系统的转动惯量 $I_{系统1} = I_0 + I_1 = \dfrac{KT_1^2}{4\pi^2}$,由此可以得到刚体 1 的转动惯量为

$$I_1 = \frac{KT_1^2}{4\pi^2} - I_0 \tag{2.4-7}$$

本实验中要先测定扭摆的扭转常量 $K$ 和载物盘的转动惯量 $I_0$,然后才能逐一测定放置在扭摆上的各刚体的转动惯量.

3. 测定扭转常量 $K$

选择一个可用积分 $I = \int r^2 \mathrm{d}m$ 公式得到转动惯量理论值的刚体,如密度均匀的塑料圆柱,其绕垂直轴 1(穿过质心)的转动惯量的理论值为

$$I_1' = \frac{1}{8}mD^2 \tag{2.4-8}$$

其中 $m$ 为圆柱质量, $D$ 为圆柱直径.令 $I_1 = I_1'$,将 $I_1$ 和 $I_0 = \frac{KT_0^2}{4\pi^2}$ 代入(2.4-7)式,可求得扭转常量 $K$:

$$K = 4\pi^2 \frac{I_1'}{T_1^2 - T_0^2} = \frac{\pi^2}{2}\frac{mD^2}{T_1^2 - T_0^2} \tag{2.4-9}$$

因此,测出 $T_0$、$T_1$、$m$ 和 $D$,便可得到扭转常量 $K$ 的值.

4. 测量各刚体的转动惯量

在已知扭转常量 $K$ 的前提下,先测量金属载物盘绕扭摆垂直轴 1 的简谐振动周期 $T_0$,计算出其转动惯量 $I_0 = \frac{KT_0^2}{4\pi^2}$,然后分别测量各刚体在扭摆垂直轴 1 上做简谐振动的周期,代入(2.4-7)式,便可得到刚体的转动惯量.

5. 平行轴定理

本实验也能验证平行轴定理,其原理参见实验 2.3.

如图 2.4-2 所示,质量为 $m$、长度为 $l$、内外直径分别为 $d_1$ 和 $d_2$ 的小滑块(空心金属圆柱),绕 $OO'$ 轴的转动惯量为

$$I_s = \frac{1}{16}m(d_1^2 + d_2^2) + \frac{1}{2}ml^2 \tag{2.4-10}$$

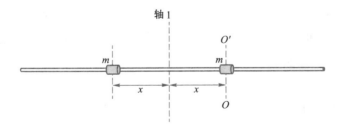

图 2.4-2 平行轴定理验证

根据平行轴定理,滑块加细杆绕转轴 1 的转动惯量为

$$I' = I_{\text{杆}} + 2mx^2 + 2I_s \qquad (2.4-11)$$

比较实验测量出的金属细杆加滑块的转动惯量 $I$ 与根据平行轴定理计算得到的转动惯量 $I'$,从而验证平行轴定理. 在本实验中,已知 $2I_s = 8.09 \times 10^{-5}$ kg·m$^2$.

【实验仪器】

TH-2 型转动惯量测试仪(含扭摆、光电计时装置)、待测刚体(空心金属圆柱、实心塑料圆柱、木球)、验证转动惯量平行轴定理的细金属杆(杆上有两块可以自由移动的金属滑块)、游标卡尺、天平或电子秤.

【实验内容】

1. 测量前的准备

为了确保测量结果正确,测量前必须检查扭摆底座是否水平和光电门能否正常记录 20 个以上扭摆简谐振动的周期. 若没达到要求必须调整,其方法如下:

(1)三线摆底座水平的调整.

调节扭摆底脚螺钉,使水平仪气泡居中.

(2)光电门位置的调整.

金属载物盘边缘上有一个细小的金属杆,为遮光杆. 扭摆绕垂直轴 1 做简谐振动时,光电计时装置通过测定遮光杆来回经过光电门的时间间隔测量扭摆简谐振动的周期 $T_0$. 光电门探测的小孔要对准静止状态下的遮光杆(即扭摆螺旋弹簧的平衡位置),并且让载物盘绕垂直轴 1 做简谐振动时遮光杆能反复地顺利通过,持续时间大于 20 个周期. 有的待测刚体自带遮光杆,其光电门调节方法类似.

(3)熟悉仪器的操作.

正式记录数据前应先熟悉扭摆的构造、使用方法,掌握 TH-2 型转动惯量测试仪的正确操作要领. 为了让扭摆做近似简谐振动,测定各种物体的摆动周期时,摆角应在 40°~90°范围内(摆角在 40°~90°间扭摆常量 $K$ 可视为常量),每次测量时摆角初始角度保持一致以减少实验的系统误差,如将扭摆的初始角度拉至 90°. 观察 2~3 个周期后可开始计时. 当遮光杆经过光电门小孔(即平衡位置)时按下计时按钮,开始计时,测量 20 个周期后,光电计时装置自动停止计时,显示结果. 光电计时装置可以储存 10 组实验数据,通过查询键调取.

(4)被测刚体的安装.

在安装待测物体时,其支架必须全部套入扭摆的主轴,并且将止动螺钉旋紧,否则扭摆不能正常工作.

2. 测定扭摆螺旋弹簧的扭转常量 $K$ 和载物盘绕其轴的转动惯量 $I_0$

(1)装上金属载物盘,调节光电探头的位置,使载物盘上的遮光杆处于光电探头的中央,且能遮住发射和接收红外线的小孔,测定其摆动周期 $T_0$.

(2) 将塑料圆柱垂直放在载物盘上,测定摆动周期 $T_1$. 然后用游标卡尺和天平分别测出塑料圆柱的质量和直径,根据(2.4-9)式计算扭摆的扭转常量 $K$.

(3) 根据计算公式 $I_0 = \dfrac{KT_0^2}{4\pi^2}$,测出载物盘绕其轴的转动惯量 $I_0$.

3. 测定空心金属圆柱、木球与金属细杆的转动惯量

(1) 用空心金属圆柱代替塑料圆柱,测定摆动周期 $T_2$.

(2) 取下载物金属盘,装上木球,测定摆动周期 $T_3$.

(3) 取下木球,装上金属细杆(细杆中心必须与转轴中心重合),测定摆动周期 $T_4$.

(4) 根据理论计算转动惯量的需要,用天平和游标卡尺分别测出待测物体的质量和必要的几何尺寸,计算其转动惯量,并将测量值与理论值进行比较,求相对误差.

\*4. 验证转动惯量的平行轴定理

将滑块对称地放置在金属细杆两边的凹槽内,使滑块质心与转轴的距离分别为 5.00 cm、10.00 cm、15.00 cm、20.00 cm、25.00 cm,分别测定细杆加滑块的摆动周期 $T_5$. 根据理论计算转动惯量的需要,用游标卡尺和天平分别测出待测物体的质量和必要的几何尺寸,并与理论值进行比较,求相对误差,得出结论.

【数据与结果】

1. 扭转常量 $K$ 和载物盘绕其轴的转动惯量 $I_0$ 的测量

根据(2.4-9)式自拟表格记录测量扭摆螺旋弹簧的扭转常量 $K$ 所需的物理量,计算出扭转常量 $K$.

2. 测定各刚体绕垂直轴 1 的转动惯量

根据(2.4-7)式自拟表格记录测量待测刚体的转动惯量,比较其理论值和实验值,求出相对误差.

值得注意的是,在固定木球和细杆时拆去了载物盘,而用了支座和夹具,因此,(2.4-7)式中的 $I_0$ 要用相应的实验值来替代.本实验中,已知球支座转动惯量的实验值 $I_0' = 1.79 \times 10^{-5}\ \mathrm{kg \cdot m^2}$,细杆夹具转动惯量的实验值为 $I_0'' = 2.32 \times 10^{-5}\ \mathrm{kg \cdot m^2}$.

\*3. 验证转动惯量的平行轴定理

自拟表格记录验证转动惯量的平行轴定理所需的物理量,比较其理论值和实验值,求出相对误差,得出相应结论.

【思考题】

1. 实验中为什么要测量 20 个周期?

2. 如何用转动惯量测试仪测定任意形状物体绕特定轴的转动惯量?

## 实验 2.5　金属丝杨氏模量的测定

课件

视频

杨氏模量(Young modulus)是表征在弹性限度内物质材料抗拉或抗压性能的物理量,它是沿纵向的弹性模量,也是材料力学中的名词,1807 年因英国医生兼物理学家托马斯·杨所得到的结果而命名.根据胡克定律,在物体的弹性限度内,应力与应变成正比,比值被称为材料的杨氏模量,是一个表征材料性质的物理量,其大小标志着材料的刚性,杨氏模量越大,越不容易发生形变,它是工程技术设计中常用的参量.

测量杨氏模量的方法一般有拉伸法、梁弯曲法、振动法、内耗法等,还出现了利用光纤位移传感器、莫尔条纹、电涡流传感器和波动传递技术(微波或超声波)等测量杨氏模量的实验技术和方法.本实验采用静态拉伸法测量金属丝的杨氏模量.

### 【实验目的】

1. 掌握用光杠杆镜测量微小长度变化的原理.

2. 学会用对称测量法消除系统误差.

3. 学习如何依据实际情况对各个测量量进行不确定度估算.

4. 练习用逐差法、作图法处理数据.

### 【实验原理】

1. 杨氏模量的定义

物体在外力作用下或多或少都要发生形变,当形变不超过某一限度时,撤走外力之后形变能随之消失,这种形变叫弹性形变,发生弹性形变时物体内部将产生恢复原状的内应力.

设有一截面积为 $S$、长度为 $L_0$ 的均匀棒状(或线状)材料,受拉力 $F$ 拉伸时,伸长了 $\Delta L$,其单位面积上所受到的拉力 $\dfrac{F}{S}$ 称为胁强,而单位长度的伸长量 $\dfrac{\Delta L}{L}$ 称为胁变.根据胡克定律,在弹性形变范围内,棒状(或线状)固体胁变与它所受的胁强成正比:

$$\frac{F}{S} = E \frac{\Delta L}{L_0}$$

其比例系数 $E$ 取决于固体材料的性质,反映了材料形变和内应力之间的关系,称为

杨氏模量,由上式得到

$$E = \frac{FL_0}{S\Delta L} \qquad (2.5-1)$$

本实验测定某一种型号金属丝的杨氏模量,其中 $F$ 可以由所挂砝码的重量求出,截面积 $S$ 可以用螺旋测微器测量金属丝的直径后计算得出,$L_0$ 可用米尺等常规的测量器具测量,但由于 $\Delta L$ 非常微小,用常规的测量方法很难精确测量.本实验将用光杠杆镜(放大法)来测定这一微小的长度改变量 $\Delta L$.

2. 用光杠杆镜放大测量微小伸长量

图 2.5-1 是光杠杆镜的实物示意图,平面镜 M 由位于同一水平面上的构成等腰三角形的三只脚 $P$、$Q$ 和 $R$ 支撑,其高 $|OR|$ 称为光杠杆镜短臂杆长,用 $b$ 表示,可以调节.如何用光杠杆镜测量微小伸长量呢?其原理就是把杠杆原理与光的反射定律结合起来.如图 2.5-2 所示,左侧曲尺状物为光杠杆镜,M 是反射镜,$b$ 为光杠杆镜短臂的杆

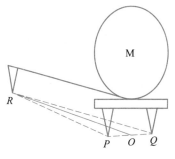

图 2.5-1　光杠杆镜

NOTE

长,支撑脚 $R$ 随着测金属丝的伸长、缩短而下降、上升(即随待测金属丝伸长量 $\Delta L$ 变化),从而改变 M 镜法线的方向.设想在 M 镜正前方有一束激光垂直射向 M,光线原路返回照射到标尺上,此时读数为 $n_1$,当 M 转过一个角度 $\theta$ 时,其法线也转过 $\theta$,反射光线照射在标尺读数为 $n_2$ 处.这样,当金属丝微小伸长量为 $\Delta L$ 时,对应的标尺读数变化为 $\Delta n = n_2 - n_1$.从图 2.5-2 中用几何方法可以得出

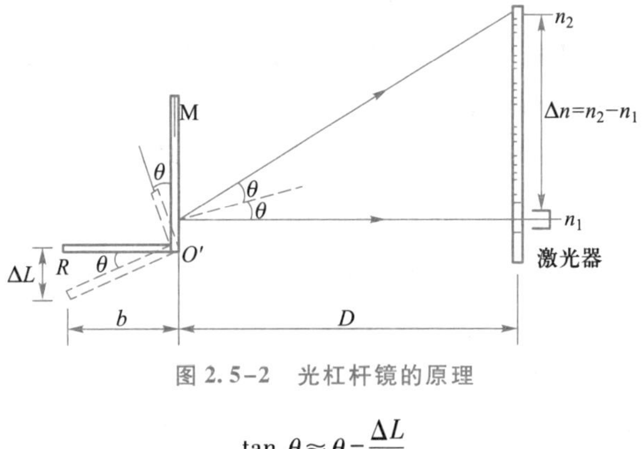

图 2.5-2　光杠杆镜的原理

$$\tan \theta \approx \theta = \frac{\Delta L}{b} \qquad (2.5-2)$$

$$\tan 2\theta \approx 2\theta = \frac{|n_2 - n_1|}{D} = \frac{\Delta n}{D} \qquad (2.5-3)$$

将(2.5-2)式和(2.5-3)式联立后得

$$\Delta L = \frac{b}{2D}\Delta n \qquad (2.5-4)$$

其中 $D$ 为 M 镜与标尺间的垂直距离,相当于光杠杆镜的长臂,式中 $\Delta n = |n_2 - n_1|$,相当于长臂端的位移,而 $\Delta L$ 相当于光杠杆镜短臂端的位移,$\beta = \dfrac{\Delta n}{\Delta L} = \dfrac{2D}{b}$ 称为光杠杆镜的放大倍数,由于 $D \gg b$,所以 $\Delta n \gg \Delta L$,从而获得对微小量的线性放大,大大提高了 $\Delta L$ 的测量精度.

这种测量方法被称为放大法. 由于该方法具有性能稳定、精度高、线性放大等优点,所以在设计各类测试仪器时有着广泛的应用.

3. 杨氏模量测量公式

一般可将待测金属丝视为一圆柱,测得其直径 $d$,便可得到待测金属丝的截面积:

$$S = \pi d^2 / 4 \tag{2.5-5}$$

将(2.5-4)式和(2.5-5)式代入(2.5-1)式,得到用静态拉伸法测金属丝杨氏模量的公式:

$$E = \frac{8 F_{\mathrm{T}} L_0 D}{\pi d^2 b \Delta n} \tag{2.5-6}$$

其中 $\Delta n$ 为拉力为 $F_{\mathrm{T}}$ 时对应的标尺读数的变化值.因此,通过光杠杆放大法测量出相应拉力的 $\Delta n$ 以及一些其他长度量,便可得到金属丝的杨氏模量.

4. 弹性滞后效应及消除

值得注意的是,金属丝受外力作用时存在弹性滞后效应,如图 2.5-3 所示,也就是说金属丝受到拉力作用时,并不能立即伸长到应有的长度 $L_i (L_i = L_0 + \Delta L_i)$,而只能伸长到 $(L_i - \delta L_i)$,其中 $\delta L_i$ 为滞后量.同样,当金属丝受到的拉力突然减小时,也不能马上缩短到应有的长度 $L_i$,仅缩短到 $(L_i + \delta L_i)$.因此实验时测出的并不是金属丝应有的伸长或收缩的实际长度.为了消除弹性滞后效应引起的系统误差,测量中应包括增大拉力以及对应地减少拉力这一对称测量过程,实验时可以采用增加和减少砝码的办法实现.只要在增减砝码时,将金属丝伸缩量取平均,就可以消除滞后量 $\delta L_i$ 的影响,即

$$\overline{L_i} = \frac{1}{2}(L_{增} + L_{减}) = \frac{1}{2}\left[(L_0 + \Delta L_i - \delta L_i) + (L_0 + \Delta L_i + \delta L_i)\right] = L_0 + \Delta L_i$$

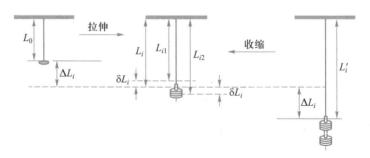

图 2.5-3　弹性滞后效应

【实验仪器】

杨氏模量仪、螺旋测微器、游标卡尺、钢卷尺、米尺、望远镜(附标尺).

【实验内容】

1. 实验装置调节

(1)平台水平调节.

将 2 kg 砝码挂在金属丝下端拉直金属丝,调节杨氏模量仪底盘下的 3 个底脚螺钉,同时观察放在平台上的水平仪,直至平台处于水平状态为止,如图 2.5-4 所示.

图 2.5-4 平台水平调节

(2)光杠杆镜调节.

将光杠杆镜放在平台上,两前脚 $P$、$Q$ 放在平台横槽内,后脚 $R$ 放在固定金属丝下端的圆柱形套管上(注意一定要放在套管上面,不能放在缺口的位置),并使光杠杆镜的镜面基本垂直于平台,如图 2.5-5 所示.

(3)望远镜调节(先粗调,后细调,再消除视差).

将望远镜置于距光杠杆镜 2 m 左右处,松开望远镜固定螺钉,上下移动使得望远镜和光杠杆镜的镜面基本等高.从望远镜镜筒上方沿镜筒轴线瞄准光杠杆镜的镜面,移动望远镜固定架位置,直至可以看到光杠杆镜中标尺的像(粗调),如图 2.5-6 所示.然后再从目镜观察,先调节目镜使十字叉丝清晰,最后缓缓旋转调焦手轮,使物镜在镜筒内伸缩,直至从望远镜里可以看到清晰的标尺刻度(细调),如图 2.5-7 所示.若上下或左右移动眼睛,发现标尺的像与十字叉丝有相对位移,则说明存在读数视差,需要进一步调节目镜和物镜,直至标尺的像与十字叉丝无相对运动(消除视差).

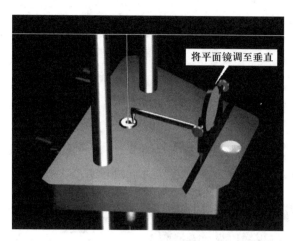

图 2.5-5 光杠杆镜的放置方式

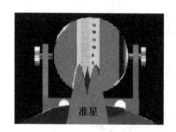

图 2.5-6

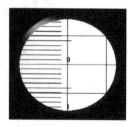

图 2.5-7

### 2. 金属丝伸长量的放大测量

以金属丝下挂 2 kg 砝码时的读数作为初始读数 $n_0$(即 $m_0$ 一般取 2 kg),然后每加上 1 kg 砝码,读取一次数据,这样依次可以得到 $n_0$、$n_1$、$n_2$、$n_3$、$n_4$、$n_5$、$n_6$、$n_7$,这是金属丝拉伸过程中的读数变化.紧接着再每撤掉 1 kg 砝码读取一次数据,依次得到 $n_7'$、$n_6'$、$n_5'$、$n_4'$、$n_3'$、$n_2'$、$n_1'$、$n_0'$,这是金属丝收缩过程中的读数变化.将测量数据记录在表格中.

注意:加减砝码时,应轻拿轻放,避免金属丝产生较大幅度振动.加减砝码后,金属丝会有一个伸缩的微振动,要等金属丝趋于平稳后再读数.为更好消除弹性滞后效应引起的系统误差,加减砝码的过程要保持对称.

### 3. 其他物理量的测量

(1)光杠杆镜镜面到望远镜所附标尺的距离 $D$.用钢卷尺量出光杠杆镜镜面到望远镜所附标尺的距离,进行单次测量,(想一想,为何进行单次测量?)并估算出单次测量的不确定度.(想一想:能用钢卷尺的分度值 1 mm 作为距离 $D$ 的单次测量不确定度吗?)

（2）光杠杆镜后脚与两前脚连线的垂直距离 $b$. 把光杠杆镜的三只脚在白纸上压出凹痕，用米尺画出两前脚的连线，再用游标卡尺量出后脚到该连线的垂直距离.（想一想：能否用分度值为 1.0 mm 的米尺测量？采用单次测量还是多次测量？）

（3）金属丝直径. 用螺旋测微器在金属丝的不同部位测 6~9 次，取其平均值. 测量前要注意记下螺旋测微器的零点误差.

（4）金属丝原长 $L_0$，测量一次.（想一想：测量的起点和终点各在哪里？测量不确定度是多少？）

## 【数据与结果】

1. 设计表格，记录增减砝码时金属丝的伸长量，求出对应拉力（如 $F_T = 9.8$ N）作用下金属丝伸长量 $\Delta L$ 对应的放大值 $\Delta n = \overline{\Delta n} \pm \Delta_{\Delta n}$.

2. 设计表格，记录光杠杆镜短臂长 $b$、长臂长 $D$ 和金属丝原长 $L_0$ 三个单次测量量，并估算其不确定度，得到三个量的结果表示，即 $(b \pm \Delta_b)$、$(D \pm \Delta_D)$ 和 $(L_0 \pm \Delta_{L_0})$.

3. 设计表格，记录多次测量的金属丝直径的数据，求出 $d = \overline{d} \pm \Delta_d$.

4. 计算实验结果 $E = \overline{E} \pm \Delta_E$（N/m²）.

5. 分析产生误差的主要原因.

## 【思考题】

1. 本实验应用的光杠杆镜放大法与力学中杠杆原理有哪些异同点？

2. 在操作中，我们是否能同时看清楚平面镜与标尺的虚像？为什么？

3. 如果某同学将光杠杆镜的后脚置于支架的平台上，那么他的读数记录有什么特点？

4. 只给一把钢卷尺，能否估算出该光杠杆镜的放大倍数？指出应测量哪些物理量，并表示出最后结果.

## 【注意事项】

1. 金属丝的两端一定要夹紧，一来减小系统误差，二来避免砝码加重后拉脱而砸坏实验装置.

2. 在测读伸长量变化的整个过程中，不能移动望远镜及其安放的桌子，否则须重新开始测读.

3. 待测金属丝一定要保持平直，以免误将金属丝拉直过程中的测量量当成伸长量，导致测量结果错误.

4. 增减砝码时要注意砝码的质量是否都是 1 kg，并且不能碰到光杠杆镜.

5. 望远镜有一定的调焦范围,不能过分用力拧动调焦旋钮.

## 实验 2.6 气体比热容比 $C_{p,m}/C_{V,m}$ 的测定

课件

视频

气体的比热容比也称为泊松比,是一个重要的热力学参量,气体的突然膨胀或压缩以及声音在气体中的传播等都与比热容比有关.测定比热容比在绝热过程的研究中有许多应用,在研究物质结构、确定相变、鉴定物质纯度等方面起着重要的作用,在处理热力学过程及热力学方程中也经常用到.

18 世纪初,欧洲的工业比较发达,蒸汽机的研制和使用、化工、铸造等都涉及热量问题,但当时人们对温度和热量这两个基本概念还混淆不清,往往把温度看成热量,因而阻碍了热学的发展.英国化学家、内科医生和物理学家布莱克(Black)是最早研究热本质的人之一.他主张将热和温度两个概念分别称为"热的量"和"热的强度".他在研究热传导时发现,同质量而不同温度的两种物质混合在一起时,它们的温度变化是不同的.他把物质在改变相同温度时的热量变化称为这些物质"对热的亲和性""接收热的能力",并由此提出比热容的概念.后来他的学生引入了热容的概念.

气体比热容比的测量方法主要有振动法、共振法、声速法、绝热膨胀或压缩法等.本实验将采用振动法来测量气体比热容比.

### 【实验目的】

1. 观测热力学过程中状态的变化及现象中蕴含的基本物理规律.

2. 测定空气(双原子分子)的摩尔定压热容与摩尔定容热容之比.

### 【实验原理】

气体的摩尔定压热容 $C_{p,m}$ 与摩尔定容热容 $C_{V,m}$ 之比称为气体的比热容比,即 $\gamma = C_{p,m}/C_{V,m}$,它在热力学过程特别是绝热过程中是一个很重要的参量,测定的方法有好多种.这里介绍一种较新颖的方法,通过测定物体在特定容器中的振动周期来计算 $\gamma$ 值.实验基本装置如图 2.6-1 所示,振动物体(钢球)的直径比玻璃管直径仅小 0.01 ~ 0.02 mm,它能在此精密的玻璃管中上下移动.在瓶子的壁上有一小口 C,此处插入一根细管,各种气体可以通过它注入烧瓶中.

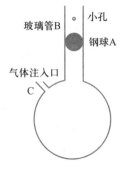

图 2.6-1 比热容 测定仪

钢球 A 的质量为 $m$,半径为 $r$(直径为 $d$),当瓶内压强 $p$

满足 $p = p_L + \dfrac{mg}{\pi r^2}$ 时,钢球 A 处于受力平衡状态.为了补偿空气阻力引起的振动钢球 A 振幅的衰减,通过 C 口持续注入一个小压强的气流,在精密玻璃管 B 的中央开设一个小孔.当钢球 A 处于小孔下方的半个振动周期时,注入气体使瓶内压强增大,引起钢球 A 向上移动.而当钢球 A 处于小孔上方的半个振动周期时,容器内的气体将通过小孔流出,使钢球下沉.以后重复上述过程,只要适当控制注入气体的流量,钢球 A 便能在玻璃管 B 的小孔上下做简谐振动,振动周期可利用计时装置来测得.

若钢球偏离平衡位置一个较小距离 $x$,则容器内的压强变化 $\mathrm{d}p$,钢球的运动方程为

$$m \frac{\mathrm{d}^2 x}{\mathrm{d}t^2} = \pi r^2 \mathrm{d}p \tag{2.6-1}$$

因为钢球振动过程相当快,所以可看成绝热过程,绝热方程为

$$pV^\gamma = 常量 \tag{2.6-2}$$

对(2.6-2)式求导数得

$$\mathrm{d}p = -\frac{p\gamma \mathrm{d}V}{V}, \quad \mathrm{d}V = \pi r^2 x \tag{2.6-3}$$

将(2.6-3)式代入(2.6-1)式得

$$\frac{\mathrm{d}^2 x}{\mathrm{d}t^2} + \frac{\pi^2 r^4 p\gamma}{mV} x = 0 \tag{2.6-4}$$

(2.6-4)式表明钢球 A 做简谐振动,其振动频率为

$$\omega = \sqrt{\frac{\pi^2 r^4 p\gamma}{mV}} = \frac{2\pi}{T}$$

得

$$\gamma = \frac{4mV}{T^2 p r^4} = \frac{64mV}{T^2 p d^4} \tag{2.6-5}$$

式中各量均可方便测得,因而可算出 $\gamma$ 值.

由气体动理论可以知道,$\gamma$ 值与气体分子的自由度有关.单原子气体分子(如氩)只有 3 个平动自由度;双原子气体分子(如氢)除上述 3 个平动自由度外还有 2 个转动自由度;多原子气体分子则具有 3 个转动自由度.比热容比 $\gamma$ 与自由度 $i$ 的关系为 $\gamma = \dfrac{i+2}{i}$.理论上我们可得出:

单原子气体分子(Ar,He)　　　$i = 3$,　$\gamma = 1.67$

双原子气体分子($N_2, H_2, O_2$)　　$i = 5$,　$\gamma = 1.40$

多原子气体分子（$CO_2$，$CH_4$）            $i = 6$，    $\gamma = 1.33$

且与温度无关.

本实验装置主要由玻璃制成，且对玻璃管的要求特别高，钢球的直径仅比玻璃管内径小 0.01 mm 左右，因此钢球表面不允许有擦伤. 平时它停留在玻璃管的下方（用弹簧托住）. 若要将其取出，只需在它振动时，用手指将玻璃管壁上的小孔堵住，稍稍加大气流量，钢球便会上浮到管子上方开口处，就可以方便地取出，也可将此管由瓶上取下，将球倒出来.

振动周期采用可预置测量次数的数字计时仪（分 50 次、100 次两挡），采用多次测量、累积测量的方式.

钢球直径采用螺旋测微器测出，质量用电子天平称量，烧瓶容积由实验室给出，大气压强由气压表自行读出，并将单位换算成 N/m²（760 mmHg = $1.013 \times 10^5$ N/m²）.

## 【实验仪器】

比热容测定仪、气泵、数字计时仪、电子天平等.

## 【实验内容】

1. 接通电源，调节橡皮塞上的针形调节阀和气泵上的气量调节旋钮，使钢球在玻璃管中以小孔为中心上下振动. 注意，气流过大或过小会造成钢球不以玻璃管上小孔为中心上下振动，调节时需要用手挡住玻璃管上方，以免气流过大将钢球冲出管外造成钢球或瓶子损坏.

2. 打开数字计时仪，次数选择 50 次，按下复位按钮后即可自动记录振动 50 次所需的时间.

3. 若不计时或不停止计时，可能是光电门位置不正确，造成钢球上下振动时未挡光，或者是外界光线过强，此时需适当挡光.

4. 重复以上步骤 5～6 次（本实验容器体积 $V = 2\ 640$ cm³）.

5. 用螺旋测微器和电子天平分别测出钢球的直径 $d$ 和质量 $m$，其中直径重复测 6 次，质量测量 1 次.

## 【数据与结果】

1. 测量钢球的有关参量，计算不确定度.

2. 用累积测量法测量振动周期.

3. 在忽略容器体积 $V$、大气压强 $p_L$ 测量误差的情况下估算空气的比热容比及其不确定度，即得出结果 $\gamma = \bar{\gamma} \pm \Delta_\gamma$.

【思考题】

1. 注入气体量的多少对钢球的运动情况有没有影响?

2. 仪器为精密仪器,钢球的直径仅比玻璃管内径小 0.01 mm 左右,若钢球运动时与玻璃管之间有擦碰的声音,而实验者没有注意直接使用了实验数据,请分析将对实验结果造成什么影响.

3. 实际测量中,若外界大气压强随着气温高低变化,实验结果会有什么变化?为什么?

## 实验 2.7　固体导热系数的测量

热传导是热量交换的基本方式之一.热传导性能取决于材料的微观结构,热量依靠原子、分子绕平衡位置的振动以及自由电子的迁移进行传递,在导电材料中电子流动起主导作用,在绝缘体和大部分半导体中则以晶格振动起主导作用.导热系数(又称热导率)是宏观反映材料热传导性质的物理量,其大小与材料种类、杂质含量及其所处的温度、压强有关.其测量的依据是傅里叶定律.

课件

视频

傅里叶在 1822 年出版了《热的解析理论》一书,解决了热在非均匀加热的固体中分布、传播的问题.该书用数学公式将基本物理原理表述得极为清晰和详尽,开创了数学物理研究的新篇章,对数学和理论物理学的发展都有深远影响.

测定导热系数的方法比较多,但可以归并为两类基本方法:一类是稳态法,另一类为动态法.用稳态法时,先用热源对测试样品进行加热,并在样品内部形成稳定的温度分布,然后进行测量,在动态法中,待测样品中的温度分布是随时间变化的,例如按周期性变化等.本实验采用稳态法进行测量.

### 【实验目的】

1. 初步学习用热电偶进行温度测量的方法.

2. 掌握用稳态法测定热的不良导体的导热系数的方法,并与理论值进行比较.

*3. 掌握用稳态法测定金属良导体的导热系数的方法,并与理论值进行比较.

### 【实验原理】

根据傅里叶导热方程,在物体内部,取两个垂直于热传导方向、彼此相距 $h$、温度分别为 $T_1$ 和 $T_2$(设 $T_1 > T_2$)的平行平面,若平面面积均为 $\Delta S$,则在 $\Delta t$ 时间内通过面积 $\Delta S$ 的热量 $\Delta Q$ 满足下述表达式:

$$\frac{\Delta Q}{\Delta t} = \lambda \cdot \Delta S \cdot \frac{T_1 - T_2}{h} \qquad (2.7-1)$$

式中 $\lambda$ 即为该物质的导热系数. 由此可知, 导热系数是一个表示物质热传导性能的物理量, 其数值等于两个相距 1 m 的平行平面上, 当温度相差 1 K 时, 在单位时间内垂直通过单位面积的热量, 其单位为 W/(m·K). 材料的结构变化与杂质多寡对导热系数都有明显的影响; 同时, 导热系数一般随温度而变化, 所以, 实验时对材料成分、温度等都要一并记录.

本实验使用的 TC-3 型固体导热系数测定仪, 就是采用稳态法测量热的不良导体(橡胶)、良导体(金属)等多种材料导热系数的一体化实验仪器, 由五大部分组成(具体结构如图 2.7-1 所示):

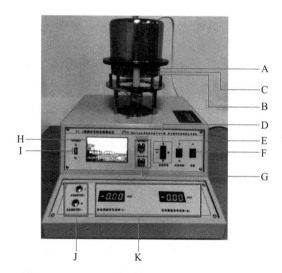

**图 2.7-1  TC-3 型固体导热系数测定仪结构图**

A—加热盘; B—散热盘; C—样品盘; D—加热控制; E—风扇开关; F—电源开关;
G—温度测量接线插口; H—触控屏; I—USB 数据接口; J—热电偶插口; K—热电偶电势显示屏.

(1) 加热组件: 电热板和加热盘.

(2) 测试样品组件: 支架、散热盘、样品盘、风扇.

(3) 测温组件: 热电偶、双路集成电路温度数据采集仪、温度(电势)显示毫伏表.

(4) 数字计时秒表: 计时范围为 0 ~ 99 999 s(自动量程转换), 分辨率为 0.01 s.

(5) PID 自动温度控制装置: 控制精度为 ±1 ℃, 分辨率为 0.1 ℃.

在支架上先放上散热盘 B, 在 B 的上面放上待测样品 C(圆盘形的热的不良导体), 再把带电热板的加热盘 A 放在 C 上. 电热板通电后, 热量从 A 盘传到 C 盘, 再传到 B 盘, 由于 A、B 盘都是热的良导体, 其温度即可以代表 C 盘上、下表面的温度

$T_1$ 和 $T_2$，$T_1$、$T_2$ 分别由插入 A、B 盘边缘小孔的热电偶 Ⅰ、Ⅱ 来测量，该型仪器内部自带冰点温度数据补偿电路，热电偶测温时不需要把冷端放入冰水混合物中（保持 0 ℃）. 由于数字电压表的读数与温度 $T$ 成正比，电压表的示数可视为温度来处理. 由（2.7-1）式可以知道，单位时间内通过待测样品 C 任一圆截面的热流量 $\dfrac{\Delta Q}{\Delta t}$ 为

$$\frac{\Delta Q}{\Delta t} = \lambda \, \frac{T_1 - T_2}{h_C} \pi R_C^2 \qquad (2.7\text{-}2)$$

式中 $R_C$ 为样品盘的半径，$h_C$ 为样品盘的厚度. 当热传导达到稳定状态时，$T_1$ 和 $T_2$ 的值不变，于是通过样品盘 C 上表面的热流量与由散热盘 B 向周围环境散热的速率相等，因此，可通过 B 盘在稳定温度 $T_2$ 时的散热速率来求出热流量 $\dfrac{\Delta Q}{\Delta t}$. 为了测 $\dfrac{\Delta Q}{\Delta t}$ 值，在读得稳定时的 $T_1$、$T_2$ 后，即可将 C 盘移去，而使 A 盘的底面与 B 盘直接接触. 当 B 盘的温度上升到比稳定状态时的值 $T_2$ 高若干摄氏度（或 0.2 mV）后，再将 A 盘移开，让 B 盘自然冷却. 观察其温度 $T_2$ 随时间 $t$ 变化的情况，然后由此求出 B 盘在 $T_2$ 的冷却速率 $\dfrac{\Delta T}{\Delta t}\Big|_{T=T_2}$，而

$$\frac{\Delta Q}{\Delta t} = m_B c \, \frac{\Delta T}{\Delta t}\Big|_{T=T_2}$$

（$m_B$ 为 B 盘的质量，$c$ 为铜的比热容），就是 B 盘在温度为 $T_2$ 时的散热速率. 但要注意：这样求出的 $\dfrac{\Delta T}{\Delta t}\Big|_{T=T_2}$ 是铜盘的全部表面暴露于空气中的冷却速率，其散热表面积为 $(2\pi R_B^2 + 2\pi R_B h_B)$（其中 $R_B$ 与 $h_B$ 分别为 B 盘的半径与厚度）. 然而，在观察测试样品 C 的稳态传热时，B 盘的上表面（面积为 $\pi R_B^2$）是被样品覆盖着的. 考虑到物体的冷却速率与它的表面积成正比，稳态时铜盘 B 散热速率的表达式应做如下修正：

$$\frac{\Delta Q}{\Delta t} = m_B c \, \frac{\Delta T}{\Delta t}\Big|_{T=T_2} \times \frac{\pi R_B^2 + 2\pi R_B h_B}{2\pi R_B^2 + 2\pi R_B h_B} \qquad (2.7\text{-}3)$$

将（2.7-3）式代入（2.7-2）式，得

$$\lambda = m_B c \, \frac{\Delta T}{\Delta t}\Big|_{T=T_2} \times \frac{R_B + 2h_B}{(2R_B + 2h_B)(T_1 - T_2)} \times \frac{h_C}{\pi R_C^2} \qquad (2.7\text{-}4)$$

【实验仪器】

TC-3 型固体导热系数测定仪、橡胶样品、电子天平、游标卡尺.

使用时请注意：

（1）使用前将加热盘 A 与散热盘 B 擦干净，将样品两端面擦干净，以保证接触

良好.

（2）实验过程中,如需触及电热板,应先关闭电源,戴好手套,以免烫伤.

（3）实验结束后,应切断电源,小心放置测量样品,不要将样品两端面划伤而影响实验的正确性.

**【实验内容】**

1. 测量热的不良导体(硅橡胶材料)的导热系数

（1）把橡胶盘 C 放入加热盘 A 和散热盘 B 之间,调节散热盘 B 下方的三颗螺钉,使得橡胶盘 C 与加热盘 A 和散热盘 B 紧密接触,必要时涂上导热硅胶以保证接触良好.

（2）将两支热电偶的热端(金属棒)分别插入加热盘 A 和散热盘 B 侧面的小孔中,由于仪器内部自带冰点温度数据补偿电路,本实验中热电偶不需要外设冷端.将温差电动势输出的插头分别插到仪器面板的热电偶插口 I 和 II 上.

（3）在测量导热系数前应先打开电源开关,通过触控屏设置按钮将温度的上限设为 100 ℃(仪器一般已经预设好),加热打到高挡,在触控屏上点击"启动",加热盘 A 开始加热(加热指示灯亮),参见图 2.7-2.

图 2.7-2　TC-3 型固体导热系数测定仪触控屏

应注意,加热盘 A 的侧面和散热盘 B 的侧面都有供安插热电偶的小孔,安放两个盘时小孔应与热电偶在同一侧,以免线路错乱.热电偶插入小孔时,可抹上一些导热硅胶,并插到小孔底部,保证接触良好.实验选用的铜-康铜热电偶,温差为 100 ℃时,温差电动势约为 4.3 mV.

（4）高挡加热到 100 ℃,使 A 盘温度维持在 100 ℃.此时,传感器 I 的温度 $T_1$ 约为 4.3 mV.散热盘 B 接收传导的热量温度缓慢升高,随着散热盘 B 温度升高,向环境辐射的热量增加,当吸热与散热逐步达到平衡时散热盘 B 温度不再升高,温度稳定分布即达到稳态.这时每间隔 2 min 测量并记录 $T_1$ 和 $T_2$ 的值(传感器 I、II 的数值),数值不变(或变化小于 0.03 mV)即可认为已达到稳定状态.

说明:对一般热电偶来说,温度变化范围不太大时,其温差电动势值(单位:mV)与待测温度值的比是一个常量,因此,在用(2.7-4)式计算导热系数时,可以直接用温差电动势值取代温度值.

（5）测量散热盘 B 在稳态温度值 $T_2$ 附近的散热速率 $\frac{\Delta T}{\Delta t}\big|_{T=T_2}$. 戴好手套（以免烫伤），移开 A 盘，取下 C 盘，并使 A 盘的底面与 B 盘直接接触，当 B 盘的温度上升到高于稳态的值 $T_2$ 若干 K（0.2 mV 左右）后，关掉加热器开关，将 A 盘移开（注意：此时不再放上 C 盘），让 B 盘自然冷却，记录 $T_2$ 共 6 ~ 8 次，每隔 30 s 一次（注意：记录的数据必须保证温度稳态值 $T_2$ 在其测量范围以内）.

（6）关掉电源开关.

（7）其他量测量. 用游标卡尺对散热盘 B 和待测样品盘 C 的直径、厚度进行测量，各测一次；用天平称出 B 盘的质量.

*2. 测量金属良导体的导热系数

（1）在金属圆筒两面涂上导热硅胶，然后置于加热盘 A 和散热盘 B 之间，调节散热盘 B 下方的三颗螺钉，使金属圆筒与加热盘 A 及散热盘 B 紧密接触.

（2）将热电偶的热端分别插入金属圆筒侧面上、下的小孔中，并分别将热电偶的接线连接到固体导热系数测定仪的传感器 Ⅰ、Ⅱ 上.

（3）接通电源，将加热开关置于高挡，当传感器 Ⅰ 的温度 $T_1$ 对应的温差电动势约为 3.5 mV 时，再将加热开关置于低挡保持温度稳定.

（4）待达到稳态时（$T_1$ 与 $T_2$ 对应的温差电动势的数值在 5 min 内的变化小于 0.03 mV），每隔 2 min 记录一次 $T_1$ 和 $T_2$，共记录 5 次.

（5）测量散热盘 B 在达稳态值 $T_2$ 附近的散热速率 $\frac{\Delta T}{\Delta t}\big|_{T=T_2}$：移开加热盘 A，取下金属圆筒，再将 $T_2$ 的测温热端插入散热盘 B 侧面的小孔，并使加热盘 A 与散热盘 B 直接接触，当散热盘 B 温度对应的温差电动势上升到比稳态 $T_2$ 时的温差电动势值约高 0.2 mV 时，再将加热盘 A 移开，让散热盘 B 自然冷却，每隔 30 s 记录此时的 $T_2$ 值.

（6）用游标卡尺测量金属圆筒的直径和厚度.

（7）记录散热盘 B 的直径、厚度、质量.

【数据与结果】

1. 记录室温，测量散热盘的直径、厚度、质量，橡胶盘的直径、厚度等基本数据. 已知铜的比热容：$c = 385.06$ J/(kg·K).

2. 实验数据.

（1）自拟表格，记录稳态时 $T_1$、$T_2$ 的数据（每隔 2 min 记录一次）；

（2）自拟表格，记录散热盘在 $T_2$ 温度附近时的数据，用作图法求得散热速率.

3. 根据实验结果，计算出热的不良导体的导热系数 $\lambda$. 硅橡胶的导热系数由于材料的特性不同,范围为 0.072 ~ 0.165 W/(m·K),铝合金导热系数的理论参考值为 130 ~ 150 W/(m·K).

**【思考题】**

1. 本实验对环境条件有什么要求?室温对实验结果有没有影响?

2. 试定量估计用温差电动势代替温度所带来的误差.

3. 分析本实验的主要误差来源.

**【附录】铜-康铜热电偶分度表**

| 温度 /℃ | 温差电动势/mV | | | | | | | | | |
|---|---|---|---|---|---|---|---|---|---|---|
| | 0 | 1 | 2 | 3 | 4 | 5 | 6 | 7 | 8 | 9 |
| 0 | 0.000 | 0.039 | 0.078 | 0.117 | 0.156 | 0.195 | 0.234 | 0.273 | 0.312 | 0.351 |
| 10 | 0.391 | 0.430 | 0.470 | 0.510 | 0.549 | 0.589 | 0.629 | 0.669 | 0.709 | 0.749 |
| 20 | 0.789 | 0.830 | 0.870 | 0.911 | 0.951 | 0.992 | 1.032 | 1.073 | 1.114 | 1.155 |
| 30 | 1.196 | 1.237 | 1.279 | 1.320 | 1.361 | 1.403 | 1.444 | 1.486 | 1.528 | 1.569 |
| 40 | 1.611 | 1.653 | 1.695 | 1.738 | 1.780 | 1.882 | 1.865 | 1.907 | 1.950 | 1.992 |
| 50 | 2.035 | 2.078 | 2.121 | 2.164 | 2.207 | 2.250 | 2.294 | 2.337 | 2.380 | 2.424 |
| 60 | 2.467 | 2.511 | 2.555 | 2.599 | 2.643 | 2.687 | 2.731 | 2.775 | 2.819 | 2.864 |
| 70 | 2.908 | 2.953 | 2.997 | 3.042 | 3.087 | 3.013 | 3.176 | 3.221 | 3.266 | 2.312 |
| 80 | 3.357 | 3.402 | 3.447 | 3.493 | 3.538 | 3.584 | 3.630 | 3.676 | 3.721 | 3.767 |
| 90 | 3.813 | 3.859 | 3.906 | 3.952 | 3.998 | 4.044 | 4.091 | 4.137 | 4.184 | 4.231 |
| 100 | 4.277 | 4.324 | 4.371 | 4.418 | 4.465 | 4.512 | 4.559 | 4.607 | 4.654 | 4.701 |
| 110 | 4.749 | 4.796 | 4.844 | 4.891 | 4.939 | 4.987 | 5.035 | 5.083 | 5.131 | 5.179 |

### 实验 2.8　表面张力系数的测定

课件

视频

　　液体的表面张力系数是表征液体性质的一个重要参量.作用于液体表面,使液体表面积缩小的力,称为液体的表面张力.它产生的原因是液体跟气体接触的表面存在一个薄层,称为表面层(液面下厚度约为分子引力有效作用距离的一层液体),表面层里的分子比液体内部稀疏,分子间的距离比液体内部大一些,分子间的相互作用表现为引力,就像把弹簧拉开,弹簧就会因拉力表现出收缩的趋势.因为表面张力的存在,所以日常生活中我们经常看到水滴悬挂枝头而不落、水面高出杯口而不溢、毛细现象和小昆虫在水面上行走等.

　　表面张力系数与物质种类密切相关(分子或原子间的作用力大,则相应的值大),相同种类物质也受到温度、压强、杂质含量、相邻物质的化学性质的影响.液体表面张力的测定方法分静力学法和动力学法,静力学法包括毛细管上升法、拉脱法、悬滴法、滴体积法、最大气泡压强法等,动力学法包括振荡射流法、毛细管法等,本实验采用拉脱法.

【实验目的】

1. 用拉脱法测量室温下液体的表面张力系数.
2. 学习力敏传感器的定标方法.

【实验原理】

作用于液体表面,使液体表面积缩小的力,称为液体的表面张力.如液面被长度为 $L$ 的直线分成两部分,这两部分相互之间的拉力 $F$ 垂直于直线 $L$,并与表面相切,定义 $\sigma = \dfrac{F}{L}$ 为液体的表面张力系数,它表示液体表面相邻两部分间单位长度的相互牵引力.

表面张力一般比较小,如何测出长为 $L$ 的表面所受到的表面张力呢? 本实验通过测量一个已知周长的金属片从待测液体表面脱离时需要的力(即表面张力),求得该液体的表面张力系数,这样的实验方法称为拉脱法.若金属片为环状吊片时,考虑一级近似,我们可以认为脱离时需要的力为表面张力系数乘上脱离表面的周长,即

$$F = \sigma \cdot \pi (D_1 + D_2) \tag{2.8-1}$$

式中,$F$ 为脱离时需要的力,$D_1$、$D_2$ 分别为圆环的外径和内径.

硅压阻式力敏传感器由弹性梁和贴在梁上的传感器芯片组成,其中芯片由四个硅扩散电阻集成一个非平衡电桥,当外界压力作用于金属梁时,在压力作用下,电桥失去平衡,此时将有电压信号输出,输出电压大小与所加外力成正比,即

$$\Delta U = K \cdot F \tag{2.8-2}$$

式中,$F$ 为外力的大小,$K$ 为硅压阻式力敏传感器的灵敏度,$\Delta U$ 为传感器输出电压的大小. 所以,测出输出电压,即可得到力 $F$.

联立(2.8-1)式和(2.8-2)式,得

$$\sigma = \frac{\Delta U}{\pi K (D_1 + D_2)} \tag{2.8-3}$$

【实验仪器】

力敏传感器、数字电压表、支架、游标卡尺、表面皿等,示意图见图 2.8-1.

83

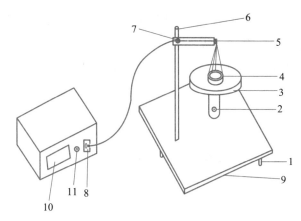

图 2.8-1　用拉脱法测表面张力的仪器

1—调节螺钉;2—升降螺钉;3—玻璃表面皿;4—吊环;5—力敏传感器;

6—支架;7—固定螺钉;8—插头;9—底座;10—数字电压表;11—调零旋钮.

## 【实验内容】

*NOTE*

1. 力敏传感器的定标

每个力敏传感器的灵敏度都有所不同,在实验前,应先对其定标,步骤如下:(1)打开仪器电源开关,将仪器预热;(2)在传感器梁的端头小钩中,挂上砝码盘,调节电子组合仪上的补偿电压旋钮,使数字电压表显示为零;(3)在砝码盘上分别加 $0.5\,g$、$1.0\,g$、$1.5\,g$、$2.0\,g$、$2.5\,g$、$3.0\,g$ 等质量的砝码,记录在相应砝码的重力作用下数字电压表的读数值 $U$;(4)用最小二乘法进行直线拟合,求出传感器灵敏度 $K$.

2. 环的测量与清洁

(1)用游标卡尺测量金属吊环的外径 $D_1$ 和内径 $D_2$.

(2)环的表面状况与测量结果有很大的关系,实验前应将金属吊环在 NaOH 溶液中浸泡 $20\sim30\,s$,然后用清水洗净.

3. 液体的表面张力系数

(1)将金属吊环挂在传感器的小钩上,调节升降台,将液体升至靠近吊环的下沿,观察吊环下沿与待测液面是否平行,如果不平行,将金属吊环片取下后,调节吊环上的细丝,使吊环与待测液面平行.

(2)调节容器下的升降台,使其渐渐上升,将吊环的下沿部分全部浸没于待测液体,然后反向调节升降台,使液面逐渐下降,这时,金属吊环和液面间形成一环形液膜,继续下降液面,测出环形液膜即将拉断前一瞬间数字电压表的读数值 $U_1$ 和液膜拉断后一瞬间数字电压表的读数值 $U_2$.

$$\Delta U = U_1 - U_2$$

(3)将实验数据代入(2.8-3)式,求出液体的表面张力系数,并与纯水的标准值进行比较(表 2.8-1),计算相对误差.

**【数据与结果】**

1. 传感器灵敏度的测量

测量 6 组数据,用最小二乘法进行线性拟合,求出传感器灵敏度.

2. 水的表面张力系数的测量

(1)重复测量 5 次,设计表格记录实验数据和环境温度.

(2)求出多次测量的算术平均值.

(3)从本实验附录中查出相应温度下水的表面张力系数,计算相对误差,并分析误差的主要来源.

**【思考题】**

1. 请结合表面张力产生的原理思考,如果将水换成酒精、乙醚、丙酮等液体,表面张力系数会有怎样变化?为什么?

2. 温度对实验结果有没有影响?如果水中含有无机盐杂质,对实验结果会有什么影响?

3. 实验中,若吊环下沿与液面不平行,会对实验结果有什么影响?

**【附录】不同温度下水的表面张力系数**

表 2.8-1　不同温度下水的表面张力系数

| 水温 $t/℃$ | 10 | 15 | 20 | 25 | 30 |
|---|---|---|---|---|---|
| $\sigma/(N \cdot m^{-1})$ | 0.074 22 | 0.073 22 | 0.072 25 | 0.071 79 | 0.071 18 |

## 实验 2.9　电学元件伏安特性的测量

意大利物理学家伏打(Volta)发明了伏打电堆.1775 年,伏打发明了用来产生静电的仪器(起电盘).18 世纪 90 年代,他开始用金属实验,发现产生电流并不需要动物组织.这个发现引起了动物生电派和金属生电派的很多争论.直到 1800 年前后,伏打展示了他的第一块电池,才取得了决定性的胜利.伏打电堆为人们获得稳定持续的电流提供了一种方法,同时也是世界上最早的电学元件之一,它的发明对电学研究具有深远的意义.后人为了纪念伏打在电学上的贡献,将电压的单位以他的姓氏命名为伏特(Volt,少字母 a).

课件

视频

在实验中电学元件的主要特性是用所加电压与流过的电流的关系(又称为伏安特性)来表征的.电流随外加电压的变化关系曲线称为伏安特性曲线.电学元件可分为线性元件与非线性元件.若一个元件两端的电压与通过的电流成正比,则伏安特性曲线为一直线,这类元件称为线性元件.若伏安特性曲线为一曲线,这类元件称为非线性元件.电路中有各种电学元件,如线性电阻、半导体二极管和三极管,以及光敏、热敏和压敏元件等.伏安特性是电学元件最基本的电学特性,知道这些元件的伏安特性,就能知道其导电性能,这对正确地使用它们是至关重要的.

【实验目的】

1. 了解分压电路的调节特性.

2. 验证欧姆定律.

3. 掌握测量伏安特性的基本方法.

4. 学会直流电源、滑线变阻器、电压表、电流表、电阻箱等仪器的正确使用方法.

【实验原理】

1. 分压电路及其调节特性

(1) 分压电路的接法.

NOTE

如图 2.9-1 所示,将变阻器 $R$ 的两个固定端 $A$ 和 $B$ 接到直流电源 $E$ 上,而将滑动端 $C$ 和任一固定端($A$ 或 $B$,图中为 $B$)作为分压的两个输出端接至负载 $R_L$.图中 $B$ 端电势最低,$C$ 端电势较高,$C$、$B$ 间的分压大小 $U$ 随滑动端 $C$ 的位置改变而改变,$U$ 值可用电压表来测量.滑线变阻器的这种接法通常称为分压接法.分压器的安全位置一般是 $B$ 端,这时分压为零.

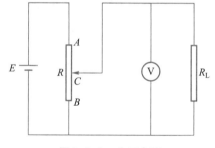

图 2.9-1　分压电路

(2) 分压电路的调节特性.

如果电压表的内阻大到可忽略它对电路的影响,那么根据欧姆定律很容易得出分压为

$$U = \frac{R_{BC}R_L}{RR_L + (R - R_{BC})R_{BC}}E \tag{2.9-1}$$

从(2.9-1)式可见,因为电阻 $R_{BC}$ 可以从零变到 $R$,所以分压 $U$ 的调节范围为零到 $E$,分压曲线与负载电阻 $R_L$ 的大小有关.理想情况下,即当 $R_L \gg R$ 时,$U = ER_{BC}/R$,分压 $U$ 与阻值 $R_{BC}$ 成正比,亦即随着滑动端 $C$ 从 $B$ 滑至 $A$,分压 $U$ 从零到 $E$ 线性地增大.

当 $R_L$ 不是比 $R$ 大得多时,分压电路输出电压就不再与滑动端的位移成正比了. 实验研究和理论计算都表明, 分压与滑动端位置之间的关系如图 2.9-2 的曲线所示. $R_L/R$ 越小, 曲线越弯曲, 这就是说若滑动端从 $B$ 端开始移动, 在很大一段范围内分压增加很小, 接近 $A$ 端时分压急剧增大, 这样调节起来不太方便. 因此用于分压电路的变阻器通常要根据外接负载的大小来选择. 必要时, 我们还要同时考虑电压表内阻对分压的影响.

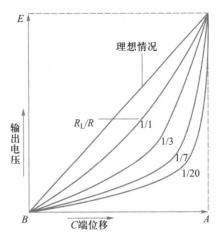

图 2.9-2 分压电路输出电压
与滑动端位置的关系

2. 电学元件的伏安特性

在某一电学元件两端加上直流电压, 在元件内就会有电流通过, 通过元件的电流与端电压之间的关系称为电学元件的伏安特性. 在欧姆定律 $U = IR$ 中, 电压 $U$ 的单位为 V, 电流 $I$ 的单位为 A, 电阻 $R$ 的单位为 Ω. 以电压为横坐标、电流为纵坐标作出的元件的电压-电流关系曲线, 称为该元件的伏安特性曲线.

对于碳膜电阻、金属膜电阻、线绕电阻等电学元件, 在通常情况下, 通过元件的电流与加在元件两端的电压成正比关系, 即其伏安特性曲线为一直线. 这类元件称为线性元件, 如图 2.9-3 所示. 半导体二极管、稳压管等元件, 通过元件的电流与加在元件两端的电压不成线性关系, 其伏安特性为一曲线. 这类元件称为非线性元件, 如图 2.9-4 所示为某非线性元件的伏安特性曲线.

在设计测量电学元件伏安特性的电路时, 必须了解待测元件的规格, 使加在它上面的电压和通过的电流均不超过额定值. 此外, 还必须了解测量时所需其他仪器的规格(如电源、电压表、电流表、滑线变阻器等的规格), 也不得超过其量程或使用范围. 根据这些条件所设计的电路, 可以将测量误差减到最小.

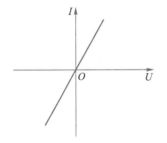

图 2.9-3 线性元件的伏安特性

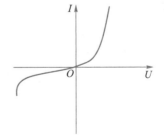

图 2.9-4 非线性元件的伏安特性

3. 实验电路的比较与选择

在测量电阻 $R$ 的伏安特性的电路中, 常有两种接法, 即图 2.9-5(a) 中的电流表内接法和图2.9-5(b)中的电流表外接法.电压表和电流表都有一定的内阻(分别设为$R_V$和$R_A$).简化处理时直接用电压表读数$U$除以电流表读数$I$来得到待测电阻值$R$,即$R=U/I$,这样会引进一定的系统误差.当电流表内接时,电压表读数比电阻端电压值大,即有

$$R = \frac{U}{I} - R_A \qquad (2.9-2)$$

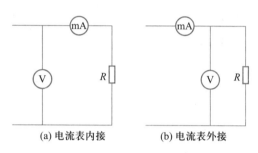

(a) 电流表内接　　　　　　(b) 电流表外接

图2.9-5　伏安特性电路中常用的两种接法

当电流表外接时,电流表读数比电阻$R$中流过的电流大,这时有

$$\frac{1}{R} = \frac{I}{U} - \frac{1}{R_V} \qquad (2.9-3)$$

在(2.9-2)式和(2.9-3)式中,$R_A$和$R_V$分别代表电流表和电压表的内阻.比较电流表的内接法和外接法,显然,如果简单地用$U/I$值作为待测电阻值,电流表内接法的结果偏大,而电流表外接法的结果偏小,这两种接法都有一定的系统误差.除了需要做这样简化处理的实验场合,为了减少上述系统误差,测量电阻的电路方案可以粗略地按下列办法来选择:

(1) 当$R \ll R_V$,且$R$较$R_A$大得不多时,宜选用电流表外接.

(2) 当$R \gg R_A$,且$R_V$和$R$相差不多时,宜选用电流表内接.

(3) 当$R \gg R_A$,且$R \ll R_V$时,则必须先用电流表内接法和外接法测量,然后再比较电流表的读数变化大还是电压表的读数变化大,根据比较结果再决定选择电流表内接法还是外接法,具体方法见本实验的实验内容2的第(3)点.

如果要得到待测电阻的准确值,则必须测出电表内阻并按(2.9-1)式和(2.9-2)式进行修正,本实验不进行这种修正.

【实验仪器】

直流电源、滑线变阻器、电压表、电流表、510 Ω 的电阻、39 Ω 的保护电阻、二极管、单刀双掷开关及导线若干.

【实验内容】

1. 指针式电表参量认识

指针式电压表、电流表左下角(或其他位置)有许多电表参量的符号,仔细阅读实验附录,理解这些参量的含义.

2. 定性观察分压电路的调节特性

根据电磁学实验接线规则(认真阅读本实验附录 2)按图 2.9-1 接线(按回路接线),以电阻箱作为外接负载 $R_L$,根据变阻器和负载 $R_L$ 的额定电流(或功率),选择电源输出电压挡和电压表的量程.当 $R_L/R$ 取不同比值时,定性观察输出电压随滑动端位置变化的情况(只定性观察,不作曲线).

3. 测一线性电阻的伏安特性,并作出伏安特性曲线,从图上求出电阻值

(1)按图 2.9-6 接线,其中 $R_L$ 为 510 Ω 的电阻.

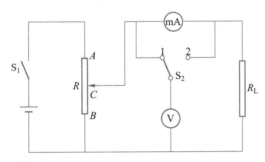

图 2.9-6　电流表内、外接判断法

(2)将电源的输出电压挡选为 15 V,电流表和电压表的量程分别为 30 mA 和 20 V,将分压输出滑动端 $C$ 置于 $B$ 端.(为什么?注意本实验中 $B$ 端皆指接于电源负极的公共端.)复核电路无误后,继续实验.

(3)选择测量电路.将 $S_2$ 置于位置 1 并合上 $S_1$,调节分压输出滑动端 $C$,使电压表(可设置电压值 $U_1 = 5.00$ V)和电流表有一合适的示值,记下这时的电压值 $U_1$ 和电流值 $I_1$,然后将 $S_2$ 置于位置 2,记下 $U_2$ 和 $I_2$.将 $U_1$、$I_1$ 与 $U_2$、$I_2$ 进行比较,若电流表示值有显著变化(增大),$R$ 便为高阻(相对电流表内阻而言),则采用电流表内接法.若电压表有显著变化(减小),$R$ 即为低阻(相对电压表内阻而言),则采用电流表外接法.按照系统误差较小的连接方式接通电路(即确定电流表内接还是外接).若无论电流表内接还是外接,电流表示值和电压表示值均没有显著变化,则采用任何一种连接方式均可.(为什么会产生这样的现象?)

(4)选定测量电路后,取合适的电压变化值(如从 3.00 V 变化到 10.00 V,变化步长取为 1.00 V),改变电压选取 8 个测量点,将对应的电压与电流值记录列表,

以便作图.

4. 测定二极管正向伏安特性,并作出伏安特性曲线

(1)连线前,先记录所用晶体管型号和主要参量(即最大正向电流和最大反向电压),然后用万用表欧姆挡测量其正、反向阻值,从而判断晶体二极管的正、负极(指针式万用表处于欧姆挡时,负笔为正电势,正笔为负电势,数字式万用表则相反).

想一想如何利用万用表判别二极管的正、负极?还有其他判别二极管极性的办法吗?在本实验中,我们可以直接根据在二极管元件上的标志来判断其正、反向(正、负极).

(2)测晶体二极管正向伏安特性:因为二极管正向电阻小,可用图 2.9-7 所示的电路,图中 $R$ 为保护电阻,用于限流.接通电源前应调节电源 $E$,使其输出电压为 1.5 V 左右,并将分压输出滑动端 $C$ 置于 $B$ 端(这与图 2.9-6 是一样的).然后缓慢地增加电压,如取 0.00 V,0.10 V,0.20 V,…(到电流变化大的地方,如对于硅管,在 0.6~0.8 V 处可适当减小测量间隔),读出相应电流值,将数据记入相应表格.最后关闭电源.(此实验中,硅管电压范围在 1 V 以内,电流应小于最大正向电流,可据此选择电表量程.表格上方应注明各电表量程及相应误差.)

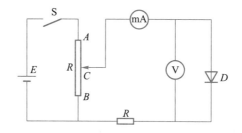

图 2.9-7  测晶体二极管正向伏安特性的电路

预习本实验时,请务必细心阅读本实验后的附录 1 和附录 2.

【数据与结果】

1. 电表参量记录

自拟表格,记录电表量程、电表准确度等级、电表摆放方式等.

2. 电流表内外接判别

按实验内容 3 的步骤(1)、(2)、(3),记录电流表内接和外接时的电压、电流,由 $U_1$、$I_1$ 与 $U_2$、$I_2$ 直接计算 $R_1$、$R_2$ 并进行比较,判断应采用电流表内接法还是外接法.

3. 线性电阻伏安特性测定

按实验内容要求自拟表格,记录电压、电流数据,数据处理要求如下:

(1)对数据进行等精度作图(复习等精度作图规则).以自变量 $U$ 为横坐标,

以因变量 $I$ 为纵坐标,根据等精度原则选取作图比例尺.

(2)从 $U$-$I$ 图上求电阻 $R$. 在 $U$-$I$ 图上选取两点 $A$ 和 $B$. (不要与测量点数据相同,且尽可能相距远些,为什么? 请思考.)由(2.9-4)式求出 $R$ 值.

$$R = \frac{U_B - U_A}{I_B - I_A} \tag{2.9-4}$$

4. 二极管正向伏安特性曲线测定

按实验内容要求自拟表格,记录电压、电流数据,数据处理要求:对数据进行等精度作图,画出二极管正向伏安特性曲线.

【思考题】

1. 电表的准确度等级是怎样定义的? 怎样确定电表读数的示值误差和读数的有效数字?(参阅本实验附录 1.)

2. 实验接线的基本原则是什么? 电学实验的基本操作规程是什么?

3. 滑线变阻器在电路中主要有几种基本接法? 它们的功能分别是什么? 在图 2.9-8 和图 2.9-6 所示的电路中滑线变阻器各起什么作用? 在图 2.9-8 中,当滑动端 $C$ 移至 $A$ 或 $B$ 时,电压表读数的变化与图 2.9-6 中移动 $C$ 端时的变化是否相同?

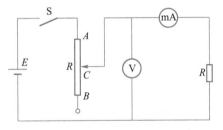

图 2.9-8  变阻器的限流接法

4. 有一个 0.5 级、量程为 100 mA 的电流表,它的分度值一般应是多少? 最大绝对误差是多少? 当读数为 50.0 mA 时,相对误差是多少? 若电表还有 200 mA 的量程,以上各项分别是多少?

5. 在电表的表盘上常标有下列各种符号,试说明它们表示的意义.

0.5    ⌒    ☐Ⅱ    ⊓

【附录1】电磁学实验基本仪器

电磁学实验是物理实验的重要组成部分,电磁测量方法和测量技术在现代生产、科研和教学领域应用非常广泛.除了直接对电磁量进行测量外,还可以通过各种能量转化器件把一些非电学量(例如温度、压强等)转换成电学量进行测量.在物理实验中,熟练掌握电磁学基本仪器的性能指标、基本原理和使用方法,对深入理解电磁学实验原理和方法,掌握实验操作技术是非常重要的.

1. 电源

(1)交流电源.

实验室常用的交流电源由电网和变电所提供,交流电源以符号 AC 表示.一种是单相交流电源,电压为220 V,频率为50 Hz,分为零线和相线(火线),主要用于室内外照明和小型电器;另一种是三相交流电源,电压为380 V,频率为50 Hz,由三条相线组成,主要为机器提供动力用电.

实验室通常采用单相交流调压器获得0～270 V连续可调的交流电,以供某些仪器的使用.单相交流调压器原理如图2.9-9所示.

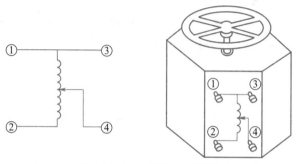

图 2.9-9　单相交流调压器

使用单相交流调压器时,需注意接线前应断开电源开关,严格按"输入""输出"接线,待电路接好并检查无误后再接通电源.使用前应将调压器输出调为0 V,从0 V开始逐渐增大电压值.使用过程中切勿触碰调压器的输入、输出接线端,使用完毕后应先切断电源开关再拆去电路,严禁带电操作,以免造成触电,危及生命安全.

（2）直流电源.

直流电源分为化学电源和直流稳压电源,以符号 DC 表示.

① 化学电源.

化学电源是将化学能转化成电能的装置,亦称化学电池,化学电池有干电池和蓄电池之分.干电池有一定的使用寿命,其化学物质被消耗后不能再恢复,电源电动势下降,内阻升高,不能继续使用,例如常用的锌锰电池.蓄电池是一种可通过充电方式反复使用的直流电源,常用的蓄电池有铅蓄电池和镉镍蓄电池等.蓄电池的优点是使用时间长,端电压在放电电流较小时能长时间保持稳定;缺点是体积大、重量较重、充电不方便、易污染、维护麻烦等,所以大部分蓄电池已被直流稳压电源所代替.

② 直流稳压电源.

直流稳压电源具有体积小、重量轻、内阻小、电压稳定性好、输出连续可调、使用方便等优点,在生产、科研和教学中普遍使用.

直流稳压电源种类繁多,根据不同的使用要求可选用适当的型号.实验室常用的稳压电源多为直流 5 A 以下,单路、双路或三路输出型,具体详见直流稳压电源有关说明书.

NOTE

2. 电表

电表的种类很多,按其测量机构的工作原理不同可分为磁电式、电磁式、电动式、热电式、感应式等.每种类型的电表特性不同,用途不同,物理实验中用到的电表多数为磁电式.这种电表具有较高的灵敏度和准确度,功耗小,刻度均匀,读数方便,一般用于直流测量.如果用于交流测量,需另加整流装置.

磁电式电表的测量机构为磁电式电流计,如图 2.9-10 所示.其基本结构由永久磁铁、极掌、圆柱形铁芯、线圈、指针、游丝、转轴、调零螺杆、平衡锤等组成.永久磁铁的两极上连有带圆筒孔腔的极掌,极掌间装有圆柱形铁芯,铁芯的作用是增强极掌与铁芯间空隙的磁场,并使磁场均匀地沿径向分布.极掌与铁芯间装有长方形线圈,线圈长轴方向上装有转轴,轴尖被支承在轴承上,使线圈中通电后可自由转动.轴上固定有一根轻质指针,指针指向刻度盘,供读数使用,线圈上固定有游丝.

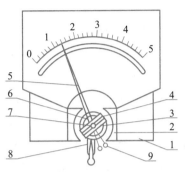

图 2.9-10 磁电式电流计

1—永久磁铁;2—极掌;3—圆柱形铁芯;

4—线圈;5—指针;6—游丝;

7—转轴;8—调零螺杆;9—平衡锤.

磁电式电流计的工作原理如下:通电线圈在极掌与铁芯间的磁场中受到磁力矩的作用发生偏转,由于磁感应强度、线圈面积和匝数一定,偏转角度与通电线圈的电流成正比,偏转至磁力矩与游丝弹性回复力矩平衡时,指针停留在某一确定位置,可由刻度盘的刻度读出相应数值.

磁电式电流计所能允许通过的电流较小,它可直接用于检验电路中有无电流流过,这种用法的电流计称为灵敏电流计.对于较小的电流,也可以直接进行测量.对于大电流和电压的测量,必须采用分流、分压的方法将磁电式电流计组装成不同的电流表、电压表,其基本测量原理相同.

(1)直流电表.

实验室常用的直流电表(电压表和电流表)是表头经过串、并联电阻改装并校准过的基本电路测量仪器(详见电表的改装实验).

直流电表的主要指标是指量程、准确度等级和内阻.量程指电表可测的最大电流或电压值.电表内阻一般在仪表说明书上已给出,或由实验室测出.设计电路和使用电表时必须了解电表的规格.

电表的误差是其主要技术特性,可分为基本误差和附加误差两部分.电表的基本误差是由其内部特性和质量方面的缺陷等引起的.电表的基本误差 $\gamma$ 用它的绝对误差 $\Delta A$ 和量程 $A_m$ 之比来表示,即

$$基本误差 \ \gamma = \frac{绝对误差 \ \Delta A}{量程 \ A_m} \times 100\%$$

国家标准规定,如果电表的准确度等级为 $K$,在一定条件下,基本误差极限不大于 $\pm K\%$.电表的附加误差在大学物理实验中考虑起来比较困难.

本书的实验中,一般只考虑基本误差的影响,我们可按下式简化误差的计算:

$$|\Delta A| \leqslant A_m \times K\% = \Delta A$$

国家标准规定:电表一般分 7 个准确度等级,即 0.1、0.2、0.5、1.0、1.5、2.5、5.0.电表出厂时一般已将准确度等级标在表盘上.

读取电表示值时,可能产生一定的读数误差.要尽量减小读数误差这一附加误差,就要准确读数,眼睛要正对指针.1.0 级以上的电表都配有镜面,读数时要使眼睛、指针及指针的像三者成一直线,以尽量减少由于读数而引起的附加误差.要使估计位的读数误差不大于 $(1/5 \sim 1/3)\Delta A$.一般读到仪表分度值的 $1/10 \sim 1/4$,这样就可以使读数的有效数字位数符合电表准确度等级的要求.

待测量 $A$ 一定时,为了减小 $\Delta A/A$ 的值,使用电表时应让指针偏转尽量接近满量程.此外,使用直流电表时还要注意电表的极性,正端应接在高电势处,负端应接在低电势处;在电路中电流表应串联,电压表则应并联.若接错,将会损坏仪表.

电表表盘上常用一些符号表明电表的技术性能和规格,例如:

| ⌒ | 磁电式 | — | 直流 | ☆ | 绝缘实验电压 500 V |
|---|---|---|---|---|---|
| ⊓ | 水平放置 | ⌣ | 交直流两用 | Ⅱ | Ⅱ 级防外磁场 |
| ⊥ | 竖立放置 | 0.5 | 准确度等级 | Ω/V | 内阻表示法 |

数字式电表的量程、准确度、输入电阻等都在仪器说明书或有关实验说明中写出.使用前应先阅读这些材料.

(2) 数字式电表.

由于数字式电表具有内阻大(大约在 MΩ 数量级)、精度高(一般均在三位半以上)和自动过载保护电路等优点,现在已经具有取代指针式电表的趋势而被广泛应用于各种电路测量场合.它的使用方式基本上等同于指针式电表的使用方式,具体技术指标见使用说明书.

3. 电阻器

在实验中,常使用电阻器来调节电路中的电压和电流,或组成特定电路,实验室常用的电阻器是滑线变阻器和直流电阻箱.

(1) 滑线变阻器.

滑线变阻器的外形和结构如图 2.9-11 所示.把电阻丝(如镍铬丝)绕在瓷筒上,然后将电阻丝两端和接线柱 $A$、$B$ 相连,因此 $A$、$B$ 之间的电阻即为总电阻.在瓷筒上方的滑动端 $C$ 可在粗铜棒上移动,它的下端在移动时始终和瓷筒上的电阻丝接触.铜棒的一端(或两端)装有接线柱 $C'$ 和 $C''$,它们与 $C$ 等电势,可代替 $C$ 以利于连线.改变滑动端 $C$ 的位置,就可以改变 $A$、$C$ 之间和 $B$、$C$ 之间的电阻.

不同规格的滑线变阻器,其总电阻($A$、$B$ 间的电阻)不同,额定电流(即允许通过

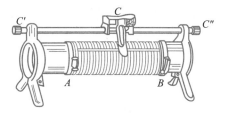

图 2.9-11 滑线电阻器

的最大电流)亦不同,使用时应注意.此外使用变阻器时,还应考虑其阻值与负载电阻的配比问题.

滑线变阻器在电路中有两种不同用法,其接线方法也不同.

① 限流.用滑线变阻器调节电路中电流的接法如图 2.9-12(a)所示,当滑动端 $C$ 沿金属棒向 $A$ 端或 $B$ 端滑动时,$A$、$C$ 间电阻变化,达到调节电路中电流大小的目的.

② 分压.用滑线变阻器调节电路中某部分电路电压时的接法如图 2.9-12(b) 所示,当滑动端 $C$ 向 $A$ 端或 $B$ 端滑动时,$A$、$C$ 间的电压相应地发生变化.

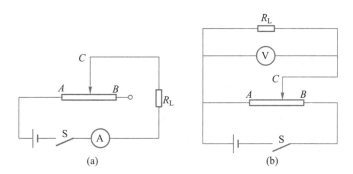

图 2.9-12 滑线变阻器的接线方法

(2) 直流电阻箱.

电阻箱是由若干个准确的固定电阻元件,按照一定的组合方式接在特殊的变换开关装置上构成的.利用电阻箱可以在电路中准确调节电阻值.准确度等级高的电阻箱还可作为任意取值的电阻标准量具.图 2.9-13 是一种电阻箱的内部电路和面板示意图.在电阻箱面板上有六个旋钮和四个接线柱,每个旋钮的边沿上都标有数字 0,1,2,3,…,9,靠旋钮边缘的面板上刻有标志,并有×0.1、×1、…、×10 000 等字样,称为倍率.当某个旋钮上的数字旋钮对准倍率处所示的"△"时,用倍率乘以旋钮上的数字,即为所对应的电阻.如图中电阻箱面板上每个旋钮所对应的电阻分别为 3×0.1 Ω、4×1 Ω、5×10 Ω、6×100 Ω、7×1 000 Ω、8×10 000 Ω,总电阻为(3×0.1+ 4×1+5×10+6×100+7×1 000+8×10 000) Ω = 87 654.3 Ω.四个接线柱上标有 0、0.9 Ω、9.9 Ω、99 999.9 Ω 等字样,表示 0 与 0.9 Ω 两接线柱的阻值调整范围为 0 ~ 9× 0.1 Ω,0 与 9.9 Ω 两接线柱的阻值调整范围为 0 ~ 9×(0.1+1) Ω,0 与 99 999.9 Ω

NOTE

两接线柱的阻值调整范围为 $0 \sim 9 \times (0.1 + 1 + 10 + 100 + 1\,000 + 10\,000)\ \Omega$. 在使用时, 如只需要 $0.1 \sim 0.9\ \Omega$ 或 $9.9\ \Omega$ 的阻值变化, 则将导线接到 0 和 $0.9\ \Omega$ 或 $9.9\ \Omega$ 接线柱上. 这种接法可以避免电阻箱其余部分的接触电阻和接线电阻对低阻值带来不可忽略的误差. 电阻箱各挡允许通过的电流是不同的. 如 ZX21 型电阻箱各挡允许通过的电流如表 2.9–1 所示.

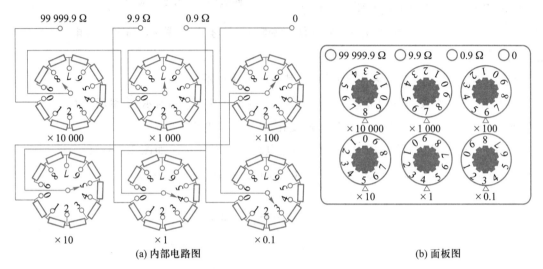

(a) 内部电路图　　　　　　　　　　　(b) 面板图

图 2.9–13　电阻箱内部电路及面板图

表 2.9–1　ZX21 型电阻箱各挡允许通过的电流

| 旋钮倍率 | ×0.1 | ×1 | ×10 | ×100 | ×1 000 | ×10 000 |
|---|---|---|---|---|---|---|
| 允许的负载电流/A | 1.5 | 0.5 | 0.15 | 0.05 | 0.015 | 0.005 |

**【附录 2】电磁学实验仪器使用注意事项**

(1) 电磁学实验仪器使用前应大致了解仪器基本构造、工作原理、技术特性、使用条件和注意事项等, 做到心中有数.

(2) 根据测量要求选择精度等级适合的仪器. 选择精度过高时会造成仪器低效能使用, 选择精度过低时又达不到测量要求.

(3) 合理使用仪器量程. 一般情况下, 被测值应达到仪器量程的三分之二以上, 但不能超量程使用.

(4) 接线时应断开电源开关、仪器开关和电路内部开关, 经检查确认无误后再从电源端闭合开关.

(5) 接通电源后要做瞬态实验, 根据仪器仪表指示判断有无异常情况, 若有异常应立即断电进行检查.

（6）使用完毕应依次切断电路内部开关、仪器开关及电源开关,然后再拆去线路,严防电源、仪器出现短路.

### 【附录3】电磁学实验接线规则

电磁测量是现代生产和科研中应用很广的一种实验方法和技术.除了测量电磁量外,许多非电学量亦可转换为电学量进行测量.这里我们将介绍常用的电磁学测量仪器的布置、连接和安全操作规则.

要获得正确的测量结果,实验仪器的布置和电路的正确连接是非常重要的.仪器布置不当,容易造成接线混乱的情况,不便于检查电路,也不便于操作,甚至会造成事故.因此需要学习仪器布置、接线和安全操作的技能.

第一,接线时必须了解电路图中每个符号代表的意思,弄清楚各个仪器的作用,然后按照"走线合理、操作方便、易于观察、实验安全"的原则布置仪器.因此仪器不一定按照电路中的位置排列,一般将经常要调整或者要读数的仪器放在近处,当使用几种电源时,高压电源要远离人身.

第二,要注意从电源正极开始按回路接线.当电路复杂时,可将电路分成几个回路,而后逐个将回路一一连接.接线时应充分利用电路中的等电势点,避免在一个接线柱上集中过多的导线接线片（最好不超过三个）.

第三,在实验中还必须遵守"先接电路,后接电源;先断电源,后拆电路"的操作原则.按电路图接好电路后,先自行仔细检查,再请教师复查,经教师认可后,才能接通电源.接电源时,必须全面观察电路上的所有仪器,如发现不正常现象（如指针超出电表的量程、指针反偏、有焦臭味等）,应立即切断电源,重新检查,分析原因.若电路正常,可用较小的电压或电流先观察实验现象,然后再开始测读数据.为便于记忆,这一操作规程可概括为"手合电源,眼观全局,先看现象,再读数据".

测得实验数据后,应当用理论知识来判断数据是否合理,有无遗漏,是否达到了预期目的.在确认无疑又经教师复核后,方可拆除电路,并整理好仪器用具.

### 实验 2.10　电表改装及校准

欧姆（Ohm）是德国物理学家,他以1821年施魏格尔和波根多夫发明的一种原始电流计为基础,巧妙地利用电流的磁效应设计了一个电流扭秤.他在一根扭丝上挂了一个磁针,让通电的导线与这个磁针平行放置,当导线中有电流通过时,磁针就偏转一定的角度,由此可以判断导线中电流的强弱,这也是最早的磁电式仪表.同时,欧

课件

姆总结并提出了欧姆定律.人们为纪念他,以他的姓氏"欧姆"作为电阻的单位.

在实验中我们经常使用磁电式仪表来测量电压和电流,其测量机构称为表头,一个未改装的表头所能通过的电流值很小,只有 $10^{-6}$ A 左右,满足不了实际上的需要,若想测量较大的电压或电流,则需对电表进行改装,根据分压和分流原理,将表头与适当电阻并联或串联,使表头的示数反映不同的电流值或电压值,并用高精度的校准表校准后,可改装成不同量程、不同精度的电流表、电压表.若将一只微安表头改装成不同量程的电压表、电流表、欧姆表等,并把它们有机地组装在一起,便组成了我们常用的万用表.如果加上整流元件和电源,还可以改装成交流电表和交直流两用电表.还有一些测量非电学量的温度表、压力表、流量表和速度表等也可由表头经过设计改装而成,学习电表改装和校准技术对我们了解电表性能及使用电表是很重要的.

**【实验目的】**

1. 电表改装的原理和方法.
2. 掌握电表校准方法并绘制校准曲线.

**【实验原理】**

用来改装电表的表头,实际上是一只微安表.表头的灵敏度 $I_g$ 和内阻 $R_g$ 对它而言是重要的物理参量,也是改装电表的

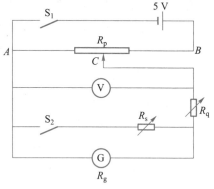

两个重要依据. $I_g$ 指的是表头指针从零到满刻度时通过表头的电流,该电流越小,电表灵敏度越高. $R_g$ 是指磁电式表头线圈的电阻.知道 $I_g$ 和 $R_g$ 就可依据欧姆定律进行电表改装的设计.

1. 表头灵敏度 $I_g$ 和内阻 $R_g$ 的测量

一般采用半值法进行测量,测量电路如图 2.10-1 所示,其中 $R_s$、$R_q$ 为标准电阻

图 2.10-1 测量电路

箱.当 $S_2$ 开路时,调节 $R_q$ 使其大于 10 kΩ,调节滑线变阻器的 $C$ 端,使表头 G 指针满偏,此时流经 G 的电流为 $I_g$.再闭合 $S_2$,保持 $R_q$ 和 $U_{AC}$ 不变,调节 $R_s$ 使 G 指针指向半偏,则 $R_g = R_s$.由于 $R_q \gg R_g$,有

$$U_g = U_s$$

即

$$\frac{1}{2}I_g R_g = \frac{1}{2}I_g R_s$$

故
$$R_g = R_s$$

灵敏度 $I_g$ 可以通过测出 $U_{AC}$ 和读出 $R_q$ 值,计算得到即 $I_g = \dfrac{U_{AC}}{R_g + R_q}$. 也可以将表头与标准表串联,测出表头灵敏度 $I_g$. 本实验表头的灵敏度 $I_g = 100\ \mu A$ 为已知,不需要测量和计算.

2. 电流表的改装

未经改装的表头,只能测小于 $I_g$ 的电流.欲扩大其量程,只需并联一只分流电阻,使流经表头的电流只是总电流的一部分,如图 2.10-2 所示.已知表头的灵敏度为 $I_g$,内阻为 $R_g$,欲将电流表量程扩大至 $I$,分流电阻 $R_p$ 可根据欧姆定律求得,
$$U_{AB} = I_g R_g = I_s R_p \tag{2.10-1}$$
又
$$I = I_g + I_s$$
$$I_s = I - I_g \tag{2.10-2}$$
将(2.10-2)式代入(2.10-1)式得
$$I_g R_g = (I - I_g) R_p \tag{2.10-3}$$
故
$$R_p = \frac{I_g}{I - I_g} R_g \tag{2.10-4}$$

可见,电流表量程扩展越大,分流电阻 $R_p$ 越小.取不同的 $R_p$ 值,可以制成多量程的电流表.

3. 电压表的改装

未经改装的表头本身就是量程为 $U_g = I_g R_g$ 的电压表.一般地讲 $R_g$ 的数值不会太大,电压的量程有限.欲扩大电压表的量程,只需串联一只分压电阻 $R_s$ 即可,如图 2.10-3 所示.

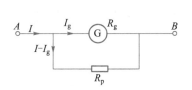

图 2.10-2　电流表改装

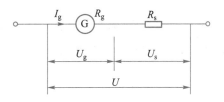

图 2.10-3　电压表改装

已知表头的灵敏度为 $I_g$,内阻为 $R_g$,欲扩大的电压为 $U$,分压电阻为 $R_s$,可求得
$$U_s = I_g R_s = U - U_g \tag{2.10-5}$$
则

$$R_s = \frac{U - U_g}{I_g} = \frac{U}{I_g} - R_g \tag{2.10-6}$$

可见,电压表量程扩展越大,分压电阻 $R_s$ 的阻值越大.取不同的 $R_s$ 值,可制成多量程的电压表.

4. 电表的校准

改装好的电表必须经过校准才能使用,所谓校准是使待校电表与标准电表(其准确度等级要比待校电表高一级以上)同时测量一定的电流(或电压),看其指示值与相应的标准值(从标准电表读得)相符的程度.校准的目的是:

(1)评定该表在改装后是否仍符合原表头准确度的等级;

(2)绘制校准曲线,以便用改装后的电表准确读数.

准确度等级是国家为电表规定的质量指标,它以数字标明在电表的表盘上.共有七个等级,它们是 0.1、0.2、0.5、1.0、1.5、2.5、5.0 等.

设待校电表的指示值为 $I_x$(或 $U_x$),标准表的读数为 $I_s$(或 $U_s$),则当我们对待校电表的整个刻度上等间隔的 $n$ 个校准点进行校准时,便可获得一组相应的数据 $I_{xi}$ 和 $I_{si}$(或 $U_{xi}$ 和 $U_{si}$)($i = 1, 2, 3, \cdots, n$),以及每个校准点的校准值 $\delta I_i = I_{si} - I_{xi}$(或 $\delta U_i = U_{si} - U_{xi}$).如果将 $n$ 个 $\delta I_i$(或 $\delta U_i$)中绝对值最大的一个作为最大绝对误差,则待校电表的标定误差(或称基本误差)为

$$标定误差 = \frac{最大绝对误差}{量程} \times 100\%$$

根据标定误差的大小,即可定出待校电表的准确度等级.如标定误差在 0.2% ~ 0.5% 之间,则该表就定为 0.5 级.

电表的校准结果除用准确度等级表示外,还常用校准曲线表示,即以待校表的指示值(如 $I_x$)为横坐标,以校准值(如 $\delta I_x$)为纵坐标,根据校准数据 $I_{xi}$ 和 $\delta I_i$(或 $U_{xi}$ 和 $\delta U_i$)作出呈折线状的校准曲线,在使用时用于读数修正.

【实验仪器】

标准电流表一只、标准电压表一只、表头一只、直流稳压电源一只、滑线变阻器一只、标准电阻箱两只、单刀开关两只等.

【实验内容】

1. 测表头内阻 $R_g$ 和灵敏度 $I_g$

按图 2.10-1 连接电路,用半值法进行测量.

2. 把量程为 100 μA 的表头改装成量程为 15 mA 的电流表,并进行校准

(1)计算 $R_p$:用电阻箱作为 $R_p$,并按图 2.10-4 接线.

（2）校准量程：将电阻箱旋钮拨至 $R_p$ 的理论值.调节滑线变阻器 $R$,使标准表示数为 15 mA,此时表头示数正好是满刻度值.如果有所偏离,可适当调节 $R_p$,使电表量程符合设计值,记下 $R_p$ 的实际值.

（3）校准刻度值：保持 $R_p$ 不变,调节变阻器 $R$,使改装表的电流从小到大均匀地取五个刻度值,读出与之对应的标准表示数 $I_s$,然后,再调节 $R$,使电流从大到小,重复测一遍.

（4）作校准曲线 $I_x$-$\delta I_x$：以 $I_x$ 为横坐标,$\delta I_x = I_s - I_x$ 为纵坐标,各点之间以直线连接.

3.把量程为 100 μA 的表头改装成量程为 1 V 的电压表,并进行校准

（1）计算 $R_s$：用电阻箱作为 $R_s$,并按图 2.10-5 接线.

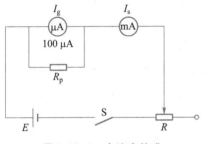

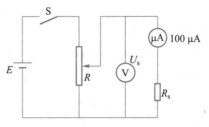

图 2.10-4　电流表校准　　　　图 2.10-5　电压表校准

（2）校准电压表：与校准电流表步骤一样,先校准量程,后校准刻度值.校准时,应使电压单调上升和下降各一次,将标准表两次读数的平均值作为 $U_s$,计算各校准点的校准值 $\delta U_x = U_s - U_x$.

（3）作校准曲线 $U_x$-$\delta U_x$.

【数据与结果】

1.电流表改装

（1）自拟表格,记录表头的准确度等级、内阻 $R_g$、满偏电流 $I_g$、拟扩程后的量程,并计算出分流电阻 $R_p$.

（2）自拟表格,记录改装电流表的校准数据.

2.电压表改装

自拟表格,要求同上.

3.分别绘制改装后电表的校准曲线,并求改装后电表的准确度等级.

【思考题】

1.把一只量程为 100 μA、内阻为 100 Ω 的表头,改装成能测量 10 V 和 10 mA

的电表,画出电表改装电路图,并定出各附加电阻的阻值.

2. 用半值法测电阻时,为什么 $R_p$ 必须远大于 $R_g$?

3. 能否缩小电表的量程?

4. 扩展多量程电流表时,有几种连接电路的方式? 比较其优劣.

5. 试另外设计出一种测表头内阻 $R_g$ 的方法.

## 实验 2.11　用电桥法测电阻

课件

视频

电桥是一种用电势比较法进行测量的仪器,被广泛用来精确测量许多电学量和非电学量,在自动控制测量中也是常用的仪器之一.电桥的基本原理是通过桥式电路来测量电阻,从而得到引起电阻变化的其他物理量,如温度、压力、形变等.电桥按其用途,可分为平衡电桥和非平衡电桥;按其使用的电源又可分为直流电桥和交流电桥;按其结构可分为单臂电桥(惠斯通电桥)和双臂电桥(又称开尔文电桥).

单臂电桥(惠斯通电桥)是 1843 年由惠斯通(Wheatstone)改进及推广的一种测量工具,借助于变阻器和电桥,惠斯通用一种新的方法测量了电阻和电流,为各实验室所广泛应用.开尔文(Lord Kelvin)是英国著名物理学家、发明家,原名汤姆孙(Thomson).开尔文研究范围广泛,在热学、电磁学、流体力学、光学、地球物理、数学、工程应用等方面都做出了贡献.

本实验介绍的是用直流电桥测量电阻.电阻按阻值的大小大致可分为三类:待测电阻值在 1 MΩ 以上的为高值电阻;在 1 Ω 至 1 MΩ 之间的为中值电阻,可用单臂电桥(惠斯通电桥)测量;阻值在 1 Ω 以下的为低值电阻,必须使用双臂电桥(开尔文电桥)来进行测量.

### 【实验目的】

1. 掌握用直流电桥测电阻的原理和方法.

2. 学习并掌握用双臂电桥测低值电阻的方法.

### 【实验原理】

用伏安法测电阻时,由于电表精度的制约和电表内阻的影响,测量结果准确度较低.于是人们设计了电桥,它是通过平衡比较来测量的,而表征电桥是否平衡,用的是检流计示零法.只要检流计的灵敏度足够高,其示零误差即可忽略.

用电桥测电阻的误差主要来自比较,而比较是在待测电阻和标准电阻间进行的,标准电阻越准确,用电桥法测电阻的精度就越高.

1. 单臂（惠斯通）电桥的工作原理

单臂电桥的原理如图 2.11-1 所示，待测电阻 $R_x$ 与三个已知电阻 $R_1$、$R_2$、$R_N$ 连成电桥的四个臂. 四边形的一条对角线接有检流计，称为"桥"，另一条对角线上接电源 $E$，称为电桥的电源对角线. 电源接通，电桥电路中各支路均有电流通过.

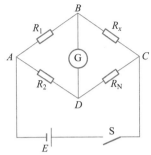

图 2.11-1 单臂电桥原理图

当 $B$、$D$ 两点之间的电势相等时，"桥"中的电流 $I_g = 0$，检流计指针指向零点，这时电桥处于平衡状态. 此时 $V_B = V_D$，于是

$$\frac{R_x}{R_N} = \frac{R_1}{R_2} \tag{2.11-1}$$

根据电桥的平衡条件，若已知其中三个臂的电阻，就可以计算出另一个桥臂的电阻，因此，用电桥测电阻的计算式为

$$R_x = \frac{R_1}{R_2} R_N \tag{2.11-2}$$

电阻 $R_1$、$R_2$ 为电桥的比率臂，$\dfrac{R_1}{R_2}$ 称为倍率 $k$，可调标准电阻 $R_N$ 为比较臂.

2. 双臂电桥测低值电阻的原理

用图 2.11-1 所示的单臂电桥测电阻时，其中比率臂电阻 $R_1$、$R_2$ 可用较高的电阻，因此，与 $R_1$、$R_2$ 相连的接线电阻和接触电阻可以忽略不计. 如果待测电阻 $R_x$ 是低值电阻，$R_N$ 也应该用低值电阻，因此与 $R_x$、$R_N$ 相连的四根导线和几个接触点的电阻对测量结果的影响就不能忽略. 为减少它们的影响，人们在单臂电桥中做了两处明显的改进，就发展成双臂电桥.

（1）待测电阻 $R_x$ 和标准电阻 $R_N$ 均采用四端接法. 四端接法示意图见图 2.11-2，图中 $C_1$、$C_2$ 是电流端，通常接电源回路，从而将这两端的接线电阻和接触电阻折合到电源回路的其他串联电阻中；$P_1$、$P_2$ 是电压端，通常接测量电压用的高值电阻回路或电流为零的补偿回路，从而使这两端的接线电阻和接触电阻对测量的影响大为减小. 采用这种接法的电阻称为四端电阻.

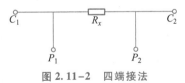

图 2.11-2 四端接法

（2）把低值电阻的四端接法用于双臂电桥电路，如图 2.11-3 所示，其中增设了电阻 $R_2$、$R_4$，构成另一臂，其阻值较高. 这样，电阻 $R_x$ 和 $R_N$ 的电压端附加电阻由于和高阻值桥臂串联，其影响就大大减少了；两个靠外侧的电流端附加电阻串联在电源回路中，对电桥没有影响；两个内侧的电流端接触电阻和接线电阻总和为 $R_r$，只要适当调节 $R_1$、$R_2$、$R_3$、$R_4$ 的阻值，就可以消除 $R_r$ 对测量结果的影响. 调节 $R_1$、

$R_2$、$R_3$、$R_4$,使流过检流计 G 的电流为零,电桥达到平衡,于是得到以下三个回路方程:

$$\begin{cases} I_1 R_3 = I_3 R_x + I_2 R_4 \\ I_1 R_1 = I_2 R_2 + I_3 R_N \\ I_2 (R_2 + R_4) = (I_3 - I_2) R_r \end{cases} \qquad (2.11-3)$$

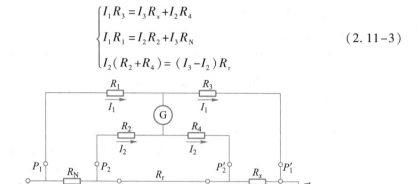

图 2.11-3　双臂电桥原理图

上式中各量如图 2.11-3 所示,由方程(2.11-3)式可得

$$R_x = \frac{R_3}{R_1} R_N + \frac{R_r R_2}{R_3 + R_2 + R_r} \left( \frac{R_3}{R_1} - \frac{R_4}{R_2} \right) \qquad (2.11-4)$$

从(2.11-4)式可以看出,双臂电桥的平衡条件与单臂电桥平衡条件(2.11-2)式的差别在于多出了第二项,如果满足以下辅助条件:

$$\frac{R_3}{R_1} = \frac{R_4}{R_2} \qquad (2.11-5)$$

则(2.11-4)式中第二项为零,$R_r$ 对测量结果的影响被消除了,于是得到双臂电桥的平衡条件为

$$R_x = \frac{R_3}{R_1} R_N \qquad (2.11-6)$$

可见,根据电桥平衡原理测电阻时,双臂电桥与单臂电桥具有完全相同的表达式.

为了保证 $\dfrac{R_3}{R_1} = \dfrac{R_4}{R_2}$ 在电桥使用过程中始终成立,我们通常将电桥做成一种特殊结构,即 $R_3$、$R_4$ 采用同轴调节的十进制六位电阻箱.其中每位的调节转盘下都有两组相同的十进制电阻,因此无论各个转盘位置如何,都能保持 $R_3$ 和 $R_4$ 相等.$R_1$ 和 $R_2$ 采用能依次改变一个数量级的四挡电阻箱($10\ \Omega$、$10^2\ \Omega$、$10^3\ \Omega$、$10^4\ \Omega$),只要调节到 $R_1 = R_2$,则(2.11-5)式要求的条件就得到了满足.

在这里必须指出,在实际的双臂电桥中,很难做到 $\dfrac{R_3}{R_1}$ 与 $\dfrac{R_4}{R_2}$ 完全相等,所以电阻 $R_r$ 越小越好,因此 $C_2$ 和 $C_2'$ 间必须用短粗导线连接.

3. QJ-36 型电桥

本实验使用的 QJ-36 型电桥的实际电路图如图 2.11-3 所示,图 2.11-4 是作为双臂电桥使用时的面板接线图. $R_3$、$R_4$ 由 6 个十进制转盘同轴调节. 对应于面板图上 Ⅰ-Ⅵ 6 个旋钮，$R_1$、$R_2$ 为依次改变一个数量级的四挡（10 Ω、$10^2$ Ω、$10^3$ Ω、$10^4$ Ω）电阻箱，作为双臂电桥使用时，要始终保持 $R_1 = R_2$，电路图中各部分与面板图一一对应. 先将 $S_1$（粗调）闭合，检流计支路串联有高阻值的保护电阻，以便在电桥未平衡时限制通过检流计的电流，人为降低检流计的灵敏度，有利于把电桥粗调到平衡状态；随后闭合 $S_2$（细调），保护电阻被短路，检流计的灵敏度恢复，此时可精确调节使电桥平衡；对于指针式检流计，闭合 $S_3$（短路）时，检流计两端被短路，$S_3$ 是个阻尼开关，可使检流计指针迅速停止摆动. 对于数字式检流计，可以不用 $S_3$. $S_4$ 是作为单桥使用时的电源开关.

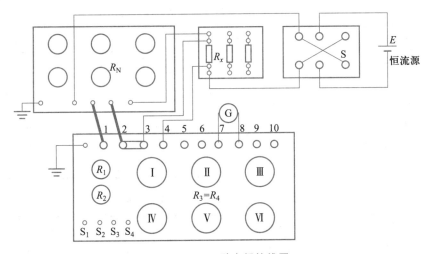

图 2.11-4　双臂电桥接线图

QJ-36 型电桥作为单臂电桥使用时，要将 1、2 端短路，把待测电阻接到 5、6 端，电源接 9、10 端，其面板接线图为图 2.11-5. 此时 $R_1$、$R_2$ 为比率臂电阻，Ⅰ—Ⅵ 为比较臂的旋钮. 电桥平衡时 $R_x = \dfrac{R_1}{R_2} R_3$，$R_1$、$R_2$、$R_3$ 均能从面板上读出.

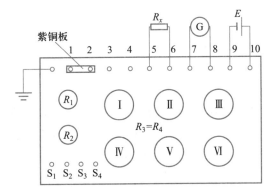

图 2.11-5　QJ-36 型电桥作为单臂电桥使用时的接线图

QJ-36 型电桥准确度等级为 0.02 级,适用于在环境温度(20±8)℃、相对湿度≤80% 的条件下工作.

QJ-36 型电桥作为单臂电桥使用时,依据测量范围按表 2.11-1 选择比率臂电阻值和电源电压;作为双臂电桥使用时,依据测量范围按表 2.11-2 选择标准电阻、比率臂电阻和电源电压,但当待测电阻的阻值小于标准电阻值,如表 2.11-2 中 $R_x$ 在 $10^{-6} \sim 10^{-3}$ Ω 范围时,应将 $R_x$ 和 $R_N$ 调换位置再测量,即 1、2 端接 $R_x$,3、4 端接 $R_N$,此时待测量的计算公式为

$$R_x = \frac{R_3}{R_1} R_N \quad 或 \quad R_x = \frac{R_4}{R_2} R_N \tag{2.11-7}$$

表 2.11-1　单臂电桥的数据选择范围

| 待测电阻 | 比率臂电阻 | | 电源电压 |
|---|---|---|---|
| $R_x/\Omega$ | $R_1/\Omega$ | $R_2/\Omega$ | $U/\text{V}$ |
| $10^0 \sim 10^2$ | 10 | $10^3$ | 1.0 |
| $>10^2 \sim 10^3$ | $10^2$ | $10^3$ | 1.0 |
| $>10^3 \sim 10^4$ | $10^3$ | $10^3$ | 1.0 |
| $>10^4 \sim 10^5$ | $10^3$ | $10^2$ | 1.0 |
| $>10^5 \sim 10^6$ | $10^4$ | $10^2$ | 1.0 |

表 2.11-2　双臂电桥的数据选择范围

| 待测电阻 | 标准电阻 | 比率臂电阻 | 电源电压 |
|---|---|---|---|
| $R_x/\Omega$ | $R_N/\Omega$ | $R_1(=R_2)/\Omega$ | $U/\text{V}$ |
| $10^1 \sim 10^2$ | $10^1$ | $10^3$ | |
| $>10^0 \sim 10^1$ | $10^0$ | | |
| $>10^{-1} \sim 10^0$ | $10^{-1}$ | $10^3$ | 1.0 |
| $>10^{-2} \sim 10^{-1}$ | $10^{-2}$ | | |
| $>10^{-3} \sim 10^{-2}$ | $10^{-3}$ | | |
| $>10^{-4} \sim 10^{-3}$ | $10^{-3}$ | $10^3$ | |
| $>10^{-5} \sim 10^{-4}$ | $10^{-3}$ | $10^2$ | 1.0 |
| $>10^{-6} \sim 10^{-5}$ | $10^{-3}$ | 10 | |

### 4. 数字式检流计

数字式检流计前面板如图 2.11-6 所示.使用时先闭合仪器后面板上的电源开关,将衰减调节 $R$ 旋钮顺时针旋到底($R=0$ Ω),将待测信号接到检流计标有"G"的两接线柱上,根据待测信号大小,旋转量程选择按钮,选择合适量程,对应挡位指示灯亮,改变灵敏度后要在无测试或断开检流计一个接线柱上的连线的情况下及时调零.将信号接入电路中,LED 数码管即显示待测电流值.测量时先选灵敏度较低

的挡位,在实验过程中再逐步提高检流计灵敏度,这样既给实验操作带来方便,又有利于保护高灵敏度的检流计.当数码管显示溢出符号"1"时,表示待测值已大于该量程的测量范围,应选择大一挡量程.当置于灵敏度最低的 $1 \times 10^{-6}$ 挡时,还显示"1"(溢出),可以逆时针旋转衰减调节 $R$ 旋钮($R$ 最大值为 $100\ \Omega$),降低检流计灵敏度,扩展量程.使用完毕,关闭后面板上的开关.

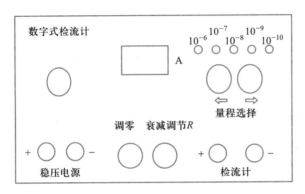

图 2.11-6　数字式检流计前面板示意图

**【实验仪器】**

QJ-36 型电桥、检流计、标准电阻箱、恒流源、钢棒(电阻)等.

**【实验内容】**

1. 用 QJ-36 型电桥(单臂电桥)测已知标称值的中值电阻

(1) 按图 2.11-5 所示连接线路.

(2) 接入待测电阻 $R_x$,根据阻值大小选择合适的倍率 $k$(参见表 2.11-1,即尽量使 $R_N$ 的第一位数值在 1~9 之间),计算 $R_N$ 的初始值(粗略值),将 $R_N$ 设置为相应的粗略值.

(3) 按下 $S_4$(电源开关)并旋转锁定,给电桥供电.如果用指针式检流计,按下 $S_3$(短路)(不要旋转锁定),观察指针,若示数不为零,需用检流计调零旋钮进行调零.如果用数字式检流计,不使用 $S_3$ 键.

(4) 按下 $S_1$(粗调)(不要锁定),调节 $R_N$ 使电桥基本平衡,放开 $S_1$.按下 $S_2$(细调)(不要锁定),仔细调节 $R_N$ 使电桥完全达到平衡,检流计读数为零,记录 $R_N$ 及 $k$ 值.

注意:在调节 $R_N$ 时若检流计读数显示溢出标志"1",要及时断开开关 $S_1$ 或 $S_2$.

2. 用 QJ-36 型电桥(双臂电桥)测已知标称值的低值电阻

(1) 按图 2.11-4 所示连接线路.标准电阻 $R_N$ 和待测电阻 $R_x$ 的电压端接线电

NOTE

107

阻和接触电阻之和 $R_r$ 应尽可能小,故常用短粗导线或紫铜片来连接,并使各接头清洁,接触良好,使 $R_r$ 阻值减小到 $10^{-3}$ Ω 以内.

(2)检流计的零点调节.将检流计的灵敏度置于所需挡,调节调零旋钮使指针指零.每次换挡必须调零.使用时根据需要选择量程,一般情况下选用 $10^{-8}$ 灵敏度就足够了.

(3)选择恒压源的电压为 1 V,将换向开关 S 打至任一侧.

(4)依 $R_x$ 的范围(参见表 2.11-2,即尽量使 $R_3$ 或 $R_4$ 的第 I 转盘有读数),选择标准电阻 $R_N$ 及 $R_1$、$R_2$ 的阻值,并依 $R_x = \dfrac{R_3}{R_1} \cdot R_N$ 大致估计 $R_3$(或 $R_4$)应放置的位置.

(5)粗调双臂电桥.检流计量程置于较低挡($10^{-8} \sim 10^{-6}$),按下 $S_1$(粗调),接通 S,调节 $R_3$ 使电桥平衡(检流计示零).

(6)细调双臂电桥.检流计量程置于 $10^{-9}$ 或 $10^{-10}$ 挡,松开 $S_1$,按下 $S_2$(细调),调节 $R_3$ 再使检流计示数为零.记下 $R_3$ 的第一次读数值 $R_{3,1}$.

(7)拨动换向开关 S,使通过 $R_x$ 及 $R_N$ 的电流改变方向,照上述步骤(6)测得 $R_{3,2}$,则 $R_3 = \dfrac{R_{3,1}+R_{3,2}}{2}$,得 $R_x = \dfrac{R_3}{R_1}R_N$(通过换向测量取平均可以减小因电源回路中的热电势的影响而产生的系统误差).

(8)本实验应注意以下几点:

① 测低值电阻时通过待测电阻的电流较大,在测量过程中通电时间应尽量短暂,即换向开关 S 只在调节电桥平衡时接通,一旦调节完毕,即刻断开,以避免待测电阻和导线发热造成测量误差.

② 用双臂电桥测电阻时,应按照表 2.11-2 的规定,在选择 $R_N$ 及 $R_1$、$R_2$ 时,尽可能用第 I 转盘读出待测电阻值 $R_x$ 的第一位数字,从而保证测量值有较多的有效数字位数,并可减小电阻元件的功率消耗.

③ 当测量环境湿度较低(即较干燥)时,若发生静电干扰,可将电桥和检流计仪上的接地端钮连接后接地,即可消除干扰.

*3. 测量一根钢棒的电阻率

测量步骤同前,只要测出钢棒的电阻 $R$、截面积 $S$ 和长度 $L$,便可由 $R = \rho \dfrac{L}{S}$ 得到 $\rho = \dfrac{RS}{L}$.

【数据与结果】

1. 记录用 QJ-36 型电桥测电阻的有关数据($R_N$ 及 $R_1$、$R_2$ 以及 $R_3'$、$R_3''$ 的值).并

计算测量结果 $R_x$.

2. 确定电阻测量结果的不确定度

$$\Delta R_x = 准确度等级\% \times R_{max}$$

QJ-36 型电桥准确度等级是 0.02. $R_{max}$ 是比率臂电阻为 $R_1$、$R_2$，标准电阻为 $R_N$ 条件下的最大可测电阻值. 最后把实验结果记为 $R_x \pm \Delta R_x(\Omega)$.

【思考题】

1. 双臂电桥与单臂电桥相比做了哪些改进？双臂电桥是怎样避免接线电阻和接触电阻对测量结果的影响的？

2. 双臂电桥的平衡条件是什么？

3. QJ-36 型电桥作为单臂电桥使用时，如何根据待测电阻 $R_x$ 估计值选择比率臂电阻 $R_1$、$R_2$ 的阻值？请大致估计 $R_3$ 应放置的位置.

4. QJ-36 型电桥中开关 $S_1$、$S_2$、$S_3$、$S_4$ 的作用是什么？如何使用？

5. 数字式检流计的作用是什么？如何调零？与一般检流计的机械调零有何不同？

## 实验 2.12　电势差计的调节和使用

电势差计是一种精密测量电势差（电压）的仪器，它的原理是使待测电压和一已知电压相互补偿（即达到平衡），其特点是待测电路在平衡时无电流通过，即不从测量对象支取电流，因此不改变待测对象原来的状态或负载特性，减小了通常电表的分流或分压作用对待测电路的影响，测量结果准确可靠，其误差可小于 0.001%. 它的应用十分广泛，可以用来测量电动势、电压、电流、电阻等电学量. 在科学研究和工程技术中，电势差计在非电学量（如温度、压力、位移和速度等）测量方面也得到广泛应用. 本实验用电势差计来测量热电偶的温差电动势.

德国物理学家泽贝克（Seebeck）发明了热电偶. 19 世纪 20 年代初期，泽贝克通过实验方法研究了电流与热的关系，1821 年，泽贝克将两种不同的金属导线连接在一起，构成一个电流回路，他将两条导线首尾相连形成一个回路，他突然发现，如果把其中的一个接点加热到很高的温度而另一个接点保持低温的话，当热量施加于两种金属构成的一个接点时会有电流产生，这种现象被称为温差电效应. 这种不同的金属导线连接在一起的装置称为热电偶.

课件

视频

【实验目的】

1. 掌握用补偿法测电动势的基本原理.

2. 用 UJ31 型直流低电势电势差计测定热电偶的电动势.

3. 掌握热电偶温度计的定标及用热电偶温度计测温的原理.

**【实验原理】**

1. 补偿法原理

补偿法是一种准确测量电动势(电压)的有效方法. 如图 2.12-1 所示,设 $E_0$ 为一连续可调的标准电源电动势(电压),而 $E_x$ 为待测电动势,调节 $E_0$ 使检流计 G 示零(即回路电流 $I=0$),则 $E_0=E_x$. 上述过程的实质是:不断地将已知标准电动势(电压)与待测的电动势(电压)进行比较,当检流计指示电路中的电流为零时,电路达到平衡补偿状态,此时待测电动势与标准电动势相等,这种方法称为补偿法. 这和用一把标准的米尺来与待测物体进行比较,测出其长度的基本思想一样. 但其比较判别的手段有所不同,补偿法用示值为零来判定.

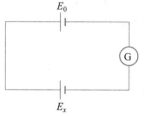

图 2.12-1 补偿法原理图

但电动势连续可调的标准电源很难找到,那么怎样才能简单地获得连续可调的标准电动势(电压)呢? 简单的设想是:让一阻值连续可调的标准电阻上流过一恒定的工作电流,则该电阻两端的电压便可作为连续可调的标准电动势.

2. 电势差计原理

电势差计就是一种用补偿法思想设计的测量电动势(电压)的仪器.

图 2.12-2 是一种直流电势差计的原理简图. 它由三个基本回路构成:

(1)工作回路,由工作电源 $E$、限流电阻 $R_P$、标准电阻 $R_{N0}$ 和 $R_{x0}$ 组成.

(2)校准回路,由标准电池 $E_N$、检流计 G、标准电阻 $R_N$ 组成.

(3)测量回路,由待测电动势 $E_x$、检流计 G、标准电阻 $R_x$ 组成. 通过以下两个测量未知电动势 $E_x$ 的操作步骤,我们可以清楚地了解电势差计的原理.

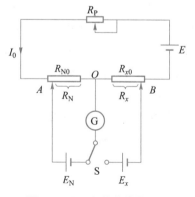

图 2.12-2 电势差计原理图

① 校准.图中开关 S 拨向标准电动势 $E_N$ 一侧,取 $R_N$($O$、$A$ 间的电阻值)为一预定值(由标准电势值 $E_N$ 决定),调节 $R_P$ 使检流计 G 示零,使工作回路内的 $R_x$ 中流过一个已知的"标准"电流 $I_0$,且 $I_0 = \dfrac{E_N}{R_N}$.

② 测量.将开关 S 拨向未知电动势 $E_x$ 一侧,保持 $I_0$ 不变,调节滑动头 $B$(即改变 $O$、$B$ 间的电阻值 $R_x$),使检流计示零,则 $E_x = I_0 R_x = \dfrac{R_x}{R_N} E_N$.待测电压与补偿电压极性相反且大小相等,因而互相补偿(平衡).这种测 $E_x$ 的方法称为补偿法.补偿法具有以下优点:

1)电势差计是一电阻分压装置,它将待测电动势 $E_x$ 和一标准电动势直接比较.$E_x$ 的值仅取决于 $\dfrac{R_x}{R_N}$ 及 $E_N$,因而测量准确度较高.

2)在上述校准和测量两个步骤中,检流计两次示零,表明测量时既不从校准回路内的标准电池中获取电流,也不从测量回路中获取电流.因此,不改变测量回路的原有状态及电压等参量,同时可避免测量回路导线的电阻及标准电池的内阻等对测量准确度的影响,这是用补偿法测量准确度较高的另一个原因.

3. 热电偶测温原理

热电偶(亦称温差电偶)是利用热电效应制成的温度传感器.如图 2.12-3 所示,它是由 A、B 两种不同材料的金属丝的端点彼此紧密接触而组成的.当两个接点处于不同温度时,在回路中就有直流电动势产生,该电动势称为温差电动势或热电势.当组成热电偶的材料一定时,

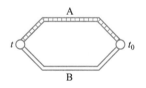

图 2.12-3 热电偶原理图

温差电动势 $E_x$ 仅与两接点处的温度有关,并且两接点的温差在一定的温度范围内满足如下近似关系式:

$$E_x = \alpha(t - t_0) \qquad (2.12\text{-}1)$$

式中 $\alpha$ 称为温差电系数,对于不同金属组成的热电偶,$\alpha$ 是不同的,其数值就等于两接点温差为 1 ℃ 时所产生的电动势.

为了测量温差电动势,就需要在图 2.12-3 的回路中接入测量仪器,本实验选用的是铜和康铜组成的热电偶(铜-康铜热电偶在低温下的使用较为普遍,测量范围为 -200 ~ +200 ℃).由于其中有一根金属丝和引线材料一样,都是铜,因此没有影响热电偶原来的性质,即没有影响它在一定的温差($t - t_0$)下应有的电动势 $E_x$ 值.如图 2.12-4 所示,把铜与康铜的两个接点

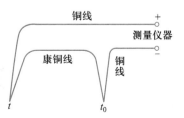

图 2.12-4 热电偶测温原理图

一端置于待测温度处(热端),另一端作为冷端(一般置于冰水混合物中),将铜线截断后与测量仪器相连,这样就组成一个热电偶温度计.只要测得相应的温差电动势,再根据事先校准的曲线或数据就可求出待测温度.热电偶温度计的优点是热容小,灵敏度高,反应迅速,测温范围广,还能直接把非电学量——温度转换成电学量.因此,在自动测温、自动控温等系统中热电偶温度计得到广泛应用.

## 【实验仪器】

UJ31 型直流低电势电势差计、FB203 型多挡恒流智能控温实验仪、FB204 型标准电势与待测低电势、YJ24-A 型直流稳压电源、ZGD$_{2-C}$ 型平衡指示仪(检流计).

## 【实验内容】

1. UJ31 型直流低电势电势差计的使用

熟悉 UJ31 型直流低电势电势差计各旋钮的功能,面板如图 2.12-5 所示,掌握测量电动势的基本要领和操作步骤(详见表 2.12-1).

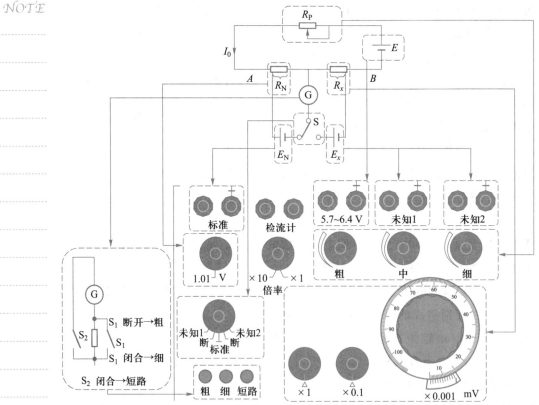

按下"粗",S$_1$断开,进行粗调;按下"细",S$_1$闭合,进行细调;按下"短路",S$_2$闭合,检流计被短路

图 2.12-5　UJ31 型直流低电势电势差计面板旋钮的功能

表 2.12-1 操作注意事项

| 图标及名称 | | | 操作注意事项 |
|---|---|---|---|
| 校准 | $R_N$:标准电动势补偿盘 | $R_N$ | 校准前根据仪器提供的标准电动势 $E_N$ 的值(1.018 6 V),将 $R_N$ 盘旋至对应位置.由于回路电流 $I_0 = 10.000$ mA,$R_N$ 盘直接表示成电压(1.018 6 V),相当于 $R_N$ 值为 101.86 Ω. |
| | 工作电流调节盘 | $R_{P_1}$、$R_{P_2}$、$R_{P_3}$ | 将 $S_2$ 置"标准"位置,先按"粗"按钮,调节粗($R_{P_1}$)、中($R_{P_2}$)调节盘,使检流计示零;再按"细"按钮,调节中($R_{P_2}$)、细($R_{P_3}$)调节盘,使检流计再示零. |
| 测量 | 倍率选择开关 | $S_1$ | 未知电压=测量盘读数×倍率(1 或 10),本实验中倍率选 1 |
| | Ⅰ、Ⅱ、Ⅲ:测量盘 | $R_x$ | 将 $S_2$ 置于"未知 1"或"未知 2"位置,先按"粗"按钮,调节Ⅰ、Ⅱ测量盘,使检流计示零,再按"细"按钮,调节Ⅱ、Ⅲ测量盘,使检流计再示零(测量未知电压用的是Ⅰ、Ⅱ、Ⅲ测量盘,下方分别标有×1、×0.1、×0.01,已按倍率×1 时的 mV 电压值分度,可直接读数) |

2. 热电偶温差电动势的测量

(1) 如图 2.12-6 所示,用专用导线将加热装置(加热炉)上的相应插口与 UJ31 型直流低电势电势差计(面板参考图 2.12-5)连接.对 FB203 型多挡恒流智能控温实验仪的介绍见本实验附录 1.

(2) 铜-康铜热电偶的测温端已固定在加热炉内的铜块上,冷端(自由端)插入杜瓦瓶内的冰水混合物中,确保 $t_0 = 0$ ℃.

(3) 连接时应将铜-康铜热电偶测温端一引线及冷端一引线接入 UJ31 型直流低电势电势差计的"未知 1"端或"未知"端.注意热电偶及各电源的正、负极的正确连接(参见图 2.12-6).

(4) 按 UJ31 型直流低电势电势差计的使用步骤,先接通检流计、电势差计工作电源、标准电源(或标准电池)并调好工作电流,即可进行电动势的测量.先将电势差计倍率选择开关置于"×1"挡,测出室温时热电偶的电动势,然后开启控温实验仪电源,给热端加温.每隔 10 ℃测一组($t, E_x$),直至 100 ℃为止.由于升温测量时,温度是动态变化的,故测量时可提前 2 ℃进行跟踪,以保证测量速度与测量精度,即测量时,测量盘Ⅱ、Ⅲ跟随温度的升高而旋转,使温度升高与检流计示零做到同步,一旦达到补偿状态应立即读取温度值和电动势值.然后再做一次降温测量(可开启风扇),即先升温至 100 ℃,然后每降低 10 ℃测一组($t, E_x$),再取升温、降温测量数据的平均值作为最后的测量值.加热时加热电流不宜过大,否则升温太快,测量盘难以跟上,增加测量误差.

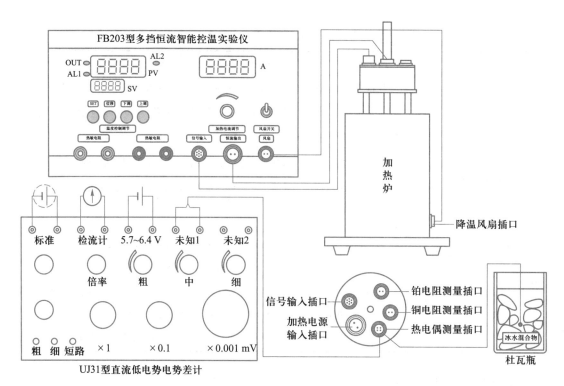

图 2.12-6　用电势差计测量热电偶温差电动势的线路

另外一种方法是设定需要测量的温度,等控温实验仪稳定后再测量这一温度下的温差电动势.这样可以使测量结果更准确一些,但需花费较长的实验时间.

3. 作出热电偶定标曲线

在毫米方格纸上建立坐标系,$t$ 为横坐标,$E_x$ 为纵坐标,将测量数据标注在坐标纸上,用直线将各个数据点连起即得定标曲线.定标曲线为不光滑的折线,相邻点应用直线相连,这样在两个校准点之间的变化关系用线性内插法予以近似,从而得到除校准点之外其他点的电动势和温度之间的关系.所以,作出了定标曲线,热电偶便可以作为温度计使用了.

4. 求铜-康铜热电偶的温差电系数 $\alpha$

在本实验温度范围内,$E_x$-$t$ 函数关系近似为线性,即 $E_x = \alpha(t-t_0)$. 所以,在定标曲线上可给出线性化后的平均直线,从而求得 $\alpha$. 在直线上取两点 $a(E_a, t_a)$,$b(E_b, t_b)$(不要取原来测量的数据点,并且两点间尽可能相距远一些),求出斜率

$$K = \frac{E_b - E_a}{t_b - t_a}$$

即为所求的 $\alpha$.

$\alpha$ 的理论值为 0.043 6 mV/℃,求测量结果的相对误差 $E$,并分析误差的主要来源.

注意:实验完毕应切断所有仪器电源,拆线时先拆含源器件和电源输出端的导线.

**【数据与结果】**

1. 设计表格,记录热电偶温差电动势测量数据.

2. 将测量数据标注在坐标纸上,并作出热电偶定标曲线.

3. 在同一坐标上对测量数据点进行线性近似,求铜-康铜热电偶的温差电系数 $\alpha$,并与理论值比较,计算相对误差 $E$,分析误差来源.

**【思考题】**

1. 补偿法的基本原理是什么? 从分析电势差计基本线路中三个回路的作用入手,说明补偿法的优点.

2. 直流电势差计校准的基本意义是什么?

3. 如何产生连续可调的标准电压? UJ31 型直流低电势电势差计是怎样实现这一要求的?

4. 校准(或测量)时,如果无论怎样调节工作电流调节盘(或测量盘),检流计指针总偏向一侧,可能有哪几种原因?

5. 测量电动势时,如何根据检流计的指针偏转方向确定 $R_x$ 的调节方向(减少或增加)?

6. 测量时为什么要估算并预置测量盘的电势差值? 接线时为什么要特别注意电压极性是否正确?

**【附录 1】FB203 型多挡恒流智能控温实验仪**

FB203 型多挡恒流智能控温实验仪采用 PID 控温,特点是温度控制精度高,使用方法简便,配合单臂电桥可做热敏电阻的温度特性曲线实验,配合电势差计可做热电偶温差电动势测量实验.

1. 主要技术指标

(1) 最大加热电流:1.5 A(电流调节过大温度会造成曲线俯冲过高,控温时间延长).

(2) 实验最高温度:120 ℃(因内有铜电阻);控温精度:±0.5 ℃.

(3) 升温时间(从室温加热至 120 ℃):小于 30 min;降温时间(风扇强制降温):小于 35 min.

(4) 使用环境温度:0 ~ 40 ℃;相对湿度:45% ~ 80%.

2. 控温实验仪温度设置步骤

（1）先长按设定键（SET）（连续按 5 s 进入菜单）.

（2）按位移键设置数位.

（3）按上调键或下调键设置所需温度值.

（4）再长按设定键（SET）（连续按 5 s 退出）.

（5）如果需要改变设置，只要重复以上步骤即可.

3. 使用说明

（1）仪器使用时，只要先把控温实验仪与加热炉各相应接口连接好，测量时，所需的温度越高加热电流就需越大，将电流从 0 调至 1.5 A. 电流越大，加热越快，但升温太快，会影响测量精度，一般以小电流加热较为合适. 如果测量过程需要恒温，则要预先对温度进行设置.（在控温时如果发现温度过低，不能达到实测温度值，则要调高加热电流.）

（2）本加热炉设有两种通风方式——自然通风和强制通风，由控温实验仪面板上的开关转换. 自然通风较为温和，降温时间较长，可作热敏电阻和热电偶降温时的温度特性曲线，特别在作热敏电阻降温时的温度特性曲线时重复性更好. 强制通风由加热炉底部的风扇完成，可使降温速度满足实验需要. 用户可根据实验时的实际情况选择使用哪种方式.

（3）因加热炉内铜电阻传感器加热温度上限为 120 ℃，所以加热温度不能超过该数值！（仪器出厂时已将温度上限设定为 120 ℃.）

（4）加热炉内附有半导体正温度系数热敏电阻（MZ11A）、负温度系数热敏电阻（MF53-1）、Cu50（铜电阻）、Pt100（铂电阻）、铜-康铜（热电偶）.

【附录2】铜-康铜热电偶分度表

表 2.12-2　铜-康铜热电偶分度表（供参考）

| 温度 | 热电势/mV | | | | | | | | | |
|---|---|---|---|---|---|---|---|---|---|---|
| t/℃ | 0 | 1 | 2 | 3 | 4 | 5 | 6 | 7 | 8 | 9 |
| 0 | 0 | 0.038 | 0.076 | 0.114 | 0.152 | 0.190 | 0.228 | 0.266 | 0.304 | 0.342 |
| 10 | 0.380 | 0.419 | 0.458 | 0.497 | 0.536 | 0.575 | 0.614 | 0.654 | 0.693 | 0.732 |
| 20 | 0.772 | 0.811 | 0.850 | 0.889 | 0.929 | 0.969 | 1.008 | 1.048 | 1.088 | 1.128 |
| 30 | 1.169 | 1.209 | 1.249 | 1.289 | 1.330 | 1.371 | 1.411 | 1.451 | 1.492 | 1.532 |
| 40 | 1.573 | 1.614 | 1.655 | 1.696 | 1.737 | 1.778 | 1.819 | 1.860 | 1.901 | 1.942 |
| 50 | 1.983 | 2.025 | 2.066 | 2.108 | 2.149 | 2.191 | 2.232 | 2.274 | 2.315 | 2.356 |
| 60 | 2.398 | 2.440 | 2.482 | 2.524 | 2.565 | 2.607 | 2.649 | 2.691 | 2.733 | 2.775 |

续表

| 温度 | 热电势/mV | | | | | | | | | |
|---|---|---|---|---|---|---|---|---|---|---|
| t/℃ | 0 | 1 | 2 | 3 | 4 | 5 | 6 | 7 | 8 | 9 |
| 70 | 2.816 | 2.858 | 2.900 | 2.941 | 2.983 | 3.025 | 3.066 | 3.108 | 3.150 | 3.191 |
| 80 | 3.233 | 3.275 | 3.316 | 3.358 | 3.400 | 3.442 | 3.484 | 3.526 | 3.568 | 3.610 |
| 90 | 3.652 | 3.694 | 3.736 | 3.778 | 3.820 | 3.862 | 3.904 | 3.946 | 3.988 | 4.030 |
| 100 | 4.072 | 4.115 | 4.157 | 4.199 | 4.242 | 4.285 | 4.328 | 4.371 | 4.413 | 4.456 |
| 110 | 4.499 | 4.543 | 4.587 | 4.631 | 4.674 | 4.707 | 4.751 | 4.795 | 4.839 | 4.883 |
| 120 | 4.527 | | | | | | | | | |

## 实验 2.13　用恒定电流场模拟静电场

模拟法是先设计出与某被研究现象或过程(即原型)相似的模型,然后通过模型,间接研究原型规律性的实验方法.

实际上,根据模型和原型之间的相似关系,模拟法可分为物理模拟(physical imitation)与数学模拟(mathematical imitation)两种.物理模拟的模型(model)与实体具有相同的物理本质,例如可用振动台模拟地震对建筑物的损坏.数学模拟的模型与实体本质是不同的,但是它们能以相同的数学方程及边界条件描述.例如静电场与恒定电流场本质是不同的,但它们能以形式相同的数理方程描述.因此可用电流场模拟静电场,直观地研究静电场的分布.用模拟法描绘静电场的分布,对真空管和电子显微镜等工程设计具有实际意义.

课件

视频

【实验目的】

1. 了解模拟法的适用条件.
2. 对于给定的电极,能用模拟法求出其电场分布.

【实验原理】

1. 模拟法

电场强度 $E$ 是一个矢量.因此,在电场的计算或测试中往往我们先研究电势的分布情况,因为电势是标量.我们可以先测得等势面,再根据电场线与等势面处处正交的特点,作出电场线,整个电场的分布就可以用几何图形清楚地表示出来了.有了电势 $U$ 值的分布,由

$$E = -\nabla U \qquad\qquad (2.13-1)$$

便可求出 $E$ 的大小和方向,整个电场就算确定了.

　　但实际上想利用磁电式电压表直接测定静电场的电势是不可能的,因为任何磁电式电表都需要有电流通过才能偏转,而静电场是无电流的.此外,任何磁电式电表的内阻都远小于空气或真空的电阻,若在静电场中引入电表,势必使电场发生严重畸变;同时,若将电表或其他探测器置于场中,则会引起静电感应,使原场源电荷的分布发生变化.人们在实践中发现,有些测量在实际情况下难以进行时,可以通过一定的方法,模拟实际情况而进行测量,这种方法称为模拟法.

　　2. 数学模拟

　　模拟法分为物理模拟和数学模拟,其中数学模拟要求两个类比的物理现象遵从的物理规律具有相同的数学表达式和相同的边界条件.由电磁学理论可知,导电介质中的恒定电流场与电介质(或真空)中的静电场之间就具有这种相似性.因为对于导电介质中的恒定电流场,电荷在导电介质内的分布与时间无关,其电荷守恒定律的积分形式为

$$\begin{cases} \oint_L \boldsymbol{j} \cdot \mathrm{d}\boldsymbol{L} = 0 \\[2mm] \int_S \boldsymbol{j} \cdot \mathrm{d}\boldsymbol{S} = 0 \end{cases} \quad (\text{在电源以外区域}) \qquad (2.13-2)$$

而对于电介质(或真空)内的静电场,在无源区域内,下列方程式同时成立.

$$\begin{cases} \int_L \boldsymbol{E} \cdot \mathrm{d}\boldsymbol{L} = 0 \\[2mm] \int_S \boldsymbol{E} \cdot \mathrm{d}\boldsymbol{S} = 0 \end{cases} \qquad (2.13-3)$$

由此可见导电介质中恒定电流场的 $\boldsymbol{j}$ 与电介质中的静电场 $\boldsymbol{E}$ 遵从的物理规律具有相同的数学表达式,在相同的边界条件下,两者的解亦具有相同的数学形式,所以这两种场具有相似性,实验时就用恒定电流场来模拟静电场,用恒定电流场中的电势分布模拟静电场的电势分布.实验中,将被模拟的电极系统放在填满均匀的电导远小于电极电导的电解液中或导电纸上,为电极系统加上恒定电压,再用检流计或高内阻电压表测出电势相等的各点,描绘出等势面,再由若干等势面确定电场的分布.

　　通常电场的分布是个三维问题,但在特殊情况下,适当地选择电场线分布的对称面便可以使三维问题简化为二维问题.实验中,我们通过分析电场分布的对称性,合理选择电极系统的剖面模型,将电极放置在电解液中或导电纸上,用电表测定该平面上的电势分布,从而推得空间电场的分布.

　　3. 同轴圆柱形电缆电场的模拟

　　图 2.13-1 是一圆柱形同轴电缆,内圆筒半径为 $r_1$,外圆筒半径为 $r_2$,所带电荷

线密度分别为$+\lambda$ 和$-\lambda$.

根据高斯定理,圆柱形同轴电缆电场的电位移为

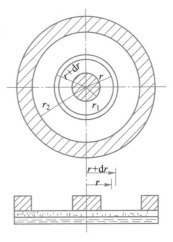

$$D = \frac{\lambda}{2\pi r}\frac{r}{r} \qquad (2.13-4)$$

电场强度为

$$E = \frac{\lambda}{2\pi\varepsilon r}\frac{r}{r} \qquad (2.13-5)$$

式中,$r$ 为场中任一点到轴的垂直距离.两极之间的电势差为

$$U_1 - U_2 = \int_{r_1}^{r_2}\frac{\lambda}{2\pi\varepsilon r}\mathrm{d}r = \frac{\lambda}{2\pi\varepsilon}\ln\frac{r_2}{r_1} \quad (2.13-6)$$

图 2.13-1 同轴电缆模型

设

$$U_2 = 0\text{ V}, \qquad U_1 = \frac{\lambda}{2\pi\varepsilon}\ln\frac{r_2}{r_1} \qquad (2.13-7)$$

任一半径 $r$ 处的电势为

$$U = \int_{r}^{r_2}\frac{\lambda}{2\pi\varepsilon}\mathrm{d}r = \frac{\lambda}{2\pi\varepsilon}\ln\frac{r_2}{r} \qquad (2.13-8)$$

把(2.13-7)式代入(2.13-8)式消去 $\lambda$,得

$$U = \frac{U_1}{\ln\dfrac{r_2}{r_1}}\ln\frac{r_2}{r} \qquad (2.13-9)$$

现在要设计一恒定电流场来模拟同轴电缆的圆柱形电场,使它们的电势分布具有相同的数学形式,其要求为:

(1) 设计的电极与圆柱形带电导体相似,尺寸与实际场成一定比例,保证边界条件相同.

(2) 导电介质用电阻率比电极大得多的材料,且各向同性均匀分布,相似于电场中的各向同性均匀分布的电介质.

如图 2.13-1 所示,当两个电极间加电压时,中间形成一恒定电流场.设径向电流为 $I$,则电流密度为 $j = \dfrac{I}{2\pi r}$,这里介质的厚度取单位长度.

根据欧姆定律的微分形式:

$$j = \sigma E$$

有

$$E = \frac{I}{2\pi\sigma r}$$

显然,场的形式与静电场相同,都是与 $r$ 成反比.因此两极间电势差与(2.13-7)式相同,电势分布与(2.13-9)式相同:

$$U = \frac{U_1}{\ln \dfrac{r_2}{r_1}} \ln \frac{r_2}{r} \tag{2.13-10}$$

由(2.13-10)式可得

$$r = r_2 \left( \frac{r_2}{r_1} \right)^{-\frac{U}{U_1}} \tag{2.13-11}$$

在本实验中,

$$r_1 = 3.0 \text{ mm}, \quad r_2 = 75.0 \text{ mm}$$
$$U_1 = 10.0 \text{ V}, \quad U_2 = 0.0 \text{ V}$$

4. 聚焦电极的电场分布

示波器的聚焦电场是由聚焦电极 $A_1$ 和加速电极 $A_2$ 组成的. $A_2$ 的电势比 $A_1$ 的电势高,电子经过此电场时,由于受到电场力的作用,被聚焦和加速.做模拟实验时,在如图 2.13-2 所示的两电极上加适当的电压,就能得到如图中所示的电场分布图.

5. 静电测绘方法

在实际测量中,由于测定电势(标量)比测定电场强度(矢量)容易实现,所以先测等势线,然后根据电场线和等势线的正交关系,绘出电场线,把电场形象化地反映出来.本实验用电压表法测绘电场,电路原理图如图 2.13-3 所示.为了测量准确,要求测量电势的仪表中基本无电流流过,一般采用高输入阻抗的晶体管(或电子管)电压表.用测笔 C 测量场中不同点,电压表显示不同数值,找出电势相同点,由各点画出等势线.

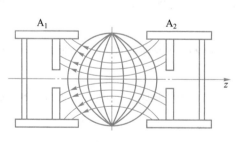

图 2.13-2 聚焦电极的电场分布

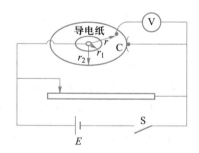

图 2.13-3 电压表法电路原理图

【实验仪器】

模拟装置(同轴电缆和电子枪聚焦电极)、直流稳压电源、电压表、测笔.

【实验内容】

1. 测绘同轴电缆电场的分布

自备记录纸放在模拟装置的上层导电纸处,用磁条压紧纸两边,如图 2.13−4 所示.

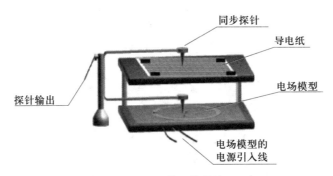

图 2.13−4 模拟装置简图

将电源的正、负极分别接到模拟装置的正、负极接线柱上,将测笔(探针)接到模拟装置的测笔接线柱上,接通电源使模拟装置两极的电压为 10.0 V.

选择恰当的测点间距,分别测 10.0 V、8.0 V、6.0 V、4.0 V、2.0 V、0.0 V 各电势的等势线.

2. 测绘电子枪聚焦电场的分布

把同轴电缆换成电子枪聚焦电极,分别测 10.0 V、9.0 V、7.0 V、5.0 V、3.0 V、1.0 V、0.0 V 等的等势线,一般先测 5.0 V 的等势线,因为这是电极的对称轴.

【数据与结果】

1. 绘出同轴电缆电场分布.根据一组等势点找出圆心,依次绘出各电势的等势线,并画出电场线(注意确定电场线的起止位置).

2. 用(2.13−11)式的理论公式算出各等势线的半径 $r_0$,用直尺量出实验等势线的半径 $r_m$,与 $r_0$ 比较,以 $r_0$ 为约定真值求各等势线半径的相对误差,进行分析并列表表示.

3. 绘出电子枪聚焦电场的等势线与电场线分布.

【思考题】

1. 通过本实验,你对模拟法有何认识?

2. 怎样由所测的等势线绘出电场线?电场线的方向如何确定?

3. 为什么在本实验中要求电极的电导远大于导电纸的电导?

4. 我们也可用检流计法测绘电场分布(电路如图 2.13-5 所示),$C$、$D$ 两端中间接一检流计 $G$,移动 $C$ 点,找 $G$ 的示数为 0 的点即为等势点.试比较检流计法与电压表法的优劣.

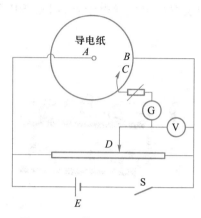

图 2.13-5  检流计法电路原理图

### 实验 2.14  用电磁感应法测磁场分布

课件

视频

春秋时期管仲创作的《管子·地数》中有"上有慈石者,其下有铜金"的记载,这是关于磁的最早记载.类似的记载在其后的《吕氏春秋》中也能够找到:"慈石召铁,或引之也."东汉高诱在《吕氏春秋注》中谈到:"石,铁之母也.以有慈石,故能引其子.石之不慈者,亦不能引也."

实验中,我们常用亥姆霍兹线圈产生磁场.亥姆霍兹线圈由德国物理学家亥姆霍兹(Helmholtz)发明.因为亥姆霍兹线圈是敞开的,很容易将其他仪器置入或移出,所以它被广泛应用于材料、化学、生物、电子、物理、航空航天等各个领域,用于产生标准磁场、抵消与补偿地球磁场、地磁环境模拟、磁屏蔽效果的判定、电磁干扰模拟、霍耳探头和各种特斯拉计的定标、生物磁场及物质磁特性的研究等,也常被作为弱磁场的计量标准.

测量磁的方法很多,如冲击电流法、霍耳效应法、核磁共振法、电磁天平法、电磁感应法等.本实验用电磁感应原理测磁场,探究载流圆线圈和亥姆霍兹线圈的磁场分布,具有测量原理简单、测量方法简便及测试灵敏度高等优点.

**【实验目的】**

1. 掌握用电磁感应法测交变磁场的原理和方法.

2. 测量载流圆形线圈和亥姆霍兹线圈的轴向磁场分布.

3. 了解载流圆形线圈(或亥姆霍兹线圈)的横向磁场分布情况.

4. 研究探测线圈平面的法线与载流圆形线圈(或亥姆霍兹线圈)的轴线成不同夹角时所产生的感应电动势的值的变化规律.

【实验原理】

1. 载流圆线圈沿轴线磁场的分布

根据毕奥–萨伐尔定律,可求得如图 2.14–1 所示的载流圆线圈在轴线(通过圆心并与线圈平面垂直的直线)上某点的磁感应强度为

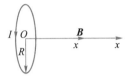

$$B = \frac{\mu_0 N_0 I R^2}{2 \left( R^2 + x^2 \right)^{\frac{3}{2}}} \qquad (2.14-1)$$

式中 $N_0$ 为线圈的匝数,$R$ 为线圈的平均半径,$x$ 为轴上某一点到圆心 $O$ 的距离,$I$ 为通过线圈的电流,$\mu_0 = 4\pi \times 10^{-7}$ H/m. 其磁感应强度随 $x$ 的分布如图 2.14–1 所示.

本实验中取 $N_0 = 400$ 匝,$I = 0.400$ A,$R = 0.107$ m,圆心 $O$ 处 $x = 0$,可算出磁感应强度为 $B = 9.40 \times 10^{-4}$ T,$B_m = \sqrt{2} B = 1.329 \times 10^{-3}$ T.

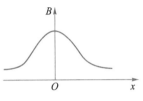

图 2.14–1 载流圆线圈磁感应强度的分布

2. 亥姆霍兹线圈

亥姆霍兹线圈是由一对相同的、彼此平行且共轴的载流圆线圈组成的,如图 2.14–2 所示.当通以同方向的电流 $I$,线圈间距 $d$ 等于线圈半径 $R$ 时,两线圈合磁场在轴线上(两线圈圆心连线)附近较大范围内是均匀的.由上述载流圆线圈的磁感应强度公式,可得亥姆霍兹线圈磁感应强度分布:

$$B = \frac{\mu_0 N_0 I R^2}{2 \left[ R^2 + \left( x - \frac{R}{2} \right)^2 \right]^{\frac{3}{2}}} + \frac{\mu_0 N_0 I R^2}{2 \left[ R^2 + \left( x + \frac{R}{2} \right)^2 \right]^{\frac{3}{2}}} \qquad (2.14-2)$$

当 $x$ 在 $\left[ -\dfrac{R}{2}, \dfrac{R}{2} \right]$ 区间内变化时,$B$ 基本不变.

这种均匀磁场在科学实验中应用十分广泛,例如,显像管中的行、场偏转线圈就是根据实际情况经过适当变形的亥姆霍兹线圈.

3. 用电磁感应原理测磁场

载有正弦交变电流的线圈将产生正弦交变的磁场,即

$$B = B_m \sin \omega t$$

其中 $B_m$ 为磁场的幅值,$\omega$ 为磁场的角频率.将探测线圈置于待测磁场中,其磁通

NOTE

量为

$$\Phi = NSB_{\mathrm{m}}\cos\theta\sin\omega t$$

式中, $N$ 为探测线圈的匝数, $S$ 为该线圈的截面积, $\theta$ 为 $\boldsymbol{B}$ 与线圈法线的夹角,如图 2.14-3 所示.线圈产生的感应电动势为

$$\mathscr{E} = -\frac{\mathrm{d}\Phi}{\mathrm{d}t} = -NS\omega B_{\mathrm{m}}\cos\theta\cos\omega t$$

$$= -\mathscr{E}_{\mathrm{m}}\cos\omega t$$

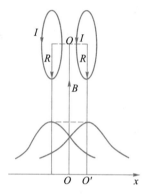

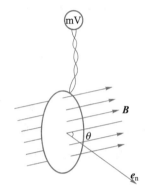

图 2.14-2  亥姆霍兹线圈的磁场分布 　　图 2.14-3  探测线圈在磁场中

式中 $\mathscr{E}_{\mathrm{m}} = NS\omega B_{\mathrm{m}}\cos\theta$ 是线圈法线和磁场成 $\theta$ 角时,感应电动势的幅值.当 $\theta = 0°$ 时, 感应电动势幅值最大,即 $\mathscr{E}_{\mathrm{max}} = NS\omega B_{\mathrm{m}}$.用内阻很大的数字式毫伏表可以测量出线 圈的电动势,当毫伏表的示数为 $U_{\mathrm{max}}$(有效值)时, $U_{\mathrm{max}} = \dfrac{\mathscr{E}_{\mathrm{max}}}{\sqrt{2}}$,则有

$$B_{\mathrm{m}} = \frac{\mathscr{E}_{\mathrm{max}}}{NS\omega} = \frac{\sqrt{2}\,U_{\mathrm{max}}}{NS\omega} \tag{2.14-3}$$

测出 $U_{\mathrm{max}}$,由(2.14-3)式可算出 $B_{\mathrm{m}}$.

　　4. 探测线圈的设计

　　实验中由于磁场的不均匀性,探测线圈又不可能做 得很小,否则将会影响测量灵敏度.一般设计的线圈长 度 $L$ 和外径 $D$ 应满足 $L = \dfrac{2}{3}D$ 的关系,线圈的内径 $d$ 与 外径 $D$ 满足 $d \leqslant \dfrac{D}{3}$(本实验室选取 $D = 0.012$ m, $N = 800$ 匝的线圈),见图 2.14-4.该探测线圈在磁场中的等效面 积,经理论计算,可用

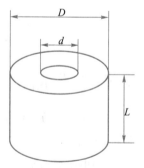

图 2.14-4  探测线圈外形

$$S = \frac{13}{108}\pi D^2 \tag{2.14-4}$$

表示. 这样的线圈测得的平均磁感应强度可以近似视为线圈中心点的磁感应强度.

本实验励磁电流由专用的交变磁场测试仪提供, 该仪器输出的交变电流的频率 $f$ 可以在 $20 \sim 200$ Hz 之间连续调节, 如选择 $f = 50$ Hz, 则 $\omega = 2\pi f = 100\pi$ s$^{-1}$, 将 $D$、$N$ 及 $\omega$ 值代入 (2.14-3) 式得

$$B_{\mathrm{m}} = 0.103 U_{\mathrm{max}} \times 10^{-3} \quad （\text{SI 单位}） \tag{2.14-5}$$

【实验仪器】

FB201A 型交变磁场实验仪、FB201 型交变磁场测试仪.

【实验内容】

1. 测量载流线圈轴线上磁场的分布

（1）连接电路, 选定实验参量.

按图 2.14-5 接好线路, 调节交变磁场测试仪的励磁电流调节旋钮, 使励磁电流有效值为 $I = 0.400$ A, 调节交变磁场测试仪的频率调节旋钮, 使励磁电流的频率 $f = 50$ Hz.

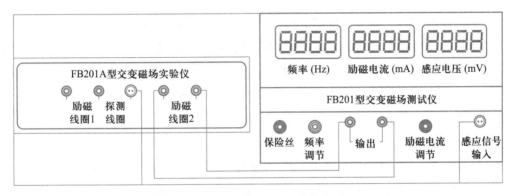

图 2.14-5　载流线圈磁场测量接线图

（2）对称测量载流线圈轴线上磁感应强度的大小.

以载流线圈中心为坐标原点, 向左右两边每间隔 10.0 mm 测一次 $U_{\mathrm{max}}$ 值. 从理论上可知, 如果转动探测线圈 (改变 $\theta$ ), 当 $\theta = 0°$ 和 $\theta = 180°$ 时应该得到两个相同的 $U_{\mathrm{max}}$ 值, 但实际测量时, 由于存在误差, 这两个值往往不相等, 因此需要进行对称测量, 即在确定探测线圈位置后, 在 $\theta = 0°$ 和 $\theta = 180°$ 附近转动探测线圈, 找到两组最大值记录在表格中, 然后取平均作为测量结果.

测量过程中注意保持励磁电流值和频率不变, 测量点数的选取应以能反映出载流线圈的磁场分布特点来定.

## 2. 测量亥姆霍兹线圈轴线上磁场的分布

将励磁线圈 1 固定在 0 处,励磁线圈 2 固定在 $R$ 处,按图 2.14-6 接好线路,把交变磁场实验仪的两组线圈串联起来(注意极性不要接反),接到交变磁场测试仪的励磁电流输出端钮,调节交变磁场测试仪的励磁电流调节旋钮,使励磁电流有效值仍为 $I = 0.400$ A. 以两个圆线圈轴线上的中心点为坐标原点,向左右两边每间隔 10.0 mm 测一个 $U_{\max}$ 值,测量要求同上.

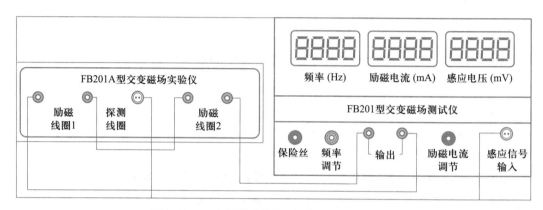

图 2.14-6　亥姆霍兹线圈(串联)磁场测量接线图

## 3. 测量亥姆霍兹线圈沿垂直于轴线方向(横向)的磁场分布

沿轴线方向把探测线圈调节到亥姆霍兹线圈中间(上述步骤 2 的坐标原点位置),然后调节探测线圈法线方向与轴线的夹角为 0°,沿垂直于轴线的方向(横向)移动探测线圈,前后对称移动,每移动 10.0 mm 测量一个数据,记录数据并作出磁场分布曲线图.

## 4. 验证公式

$\mathcal{E}_{m} = NS\omega B_{m}\cos\theta$,当 $NS\omega B_{m}$ 不变时,$\mathcal{E}_{m}$ 与 $\cos\theta$ 成正比.把探测线圈沿轴线固定在某一位置,并使探测线圈法线方向与轴线的夹角从 0° 转到 90°,每改变 10° 测一组数据,并列表记录.

\*5. 研究励磁电流频率改变对磁感应强度的影响

把探测线圈沿轴向固定在亥姆霍兹线圈中间,其法线方向与载流线圈轴线夹角为 0°(注:亦可选取其他位置或其他方向),并保持不变.调节交变磁场测试仪的频率调节旋钮,在 30 ~ 150 Hz 范围内,每次频率递增 10 Hz,逐次测量感应电动势的数值并记录.

\*6. 保持励磁线圈 1 位置不变(在 0 处),将励磁线圈 2 移到 $R/2$ 处,以两个励磁线圈轴线上的中心点为坐标原点,向左右两边每间隔 10.0 mm 测一个 $U_{\max}$ 值.

\*7. 保持励磁线圈 1 位置不变(在 0 处),将励磁线圈 2 移到 $2R$ 处,以两个励磁线圈轴线上的中心点为坐标原点,向左右两边每间隔 10.0 mm 测一个 $U_{max}$ 值.

**【数据与结果】**

1. 列表记录载流线圈轴线上磁场分布的测量数据(注意坐标原点设在圆心处).表格中包括测点位置、数字式毫伏表读数 $U_{max}$ 以及换算得到的 $B_m$ 值,并在表格中表示出各测点对应的理论值,在毫米方格纸上的同一坐标系中画出实验曲线与理论曲线,分析实验误差的主要来源.

2. 列表记录亥姆霍兹线圈轴线上的磁场分布的测量数据(注意坐标原点设在两个线圈圆心连线的中点 $O$ 处),表格中包括测点位置、数字式毫伏表读数 $U_{max}$ 以及换算得到的 $B_m$ 值,并在毫米方格纸上画出实验曲线.

3. 列表记录亥姆霍兹线圈横向磁场分布的实验数据.表格中包括测点位置、数字式毫伏表读数 $U_{max}$ 以及换算得到的 $B_m$ 值,并在毫米方格纸上画出实验曲线.结合上述 2 的结果,分析磁场特点.

4. 记录探测线圈法线与磁场方向不同夹角的测量数据,验证公式 $\mathscr{E}_m = NS\omega B_m \cos\theta$,以 $\cos\theta$ 为横坐标、感应电动势 $\mathscr{E}_m$ 为纵坐标作图,分析实验与理论结果是否一致.

5. 记录励磁电流频率变化对磁场影响的实验数据.以频率 $f$ 为横坐标、磁感应强度 $B_m$ 为纵坐标作图,并对实验结果进行讨论.

*6. 分别列表记录两个励磁线圈相距 $R/2$ 及 $2R$ 时的磁场分布的测量数据(注意坐标原点设在两个线圈圆心连线的中点 $O$ 处),表格中包括测点位置、数字式毫伏表读数 $U_{max}$ 以及换算得到的 $B_m$ 值,并在毫米方格纸上画出实验曲线.

**【思考题】**

1. 亥姆霍兹线圈是怎样组成的? 其基本条件有哪些? 它的磁场分布特点又怎样?

2. 设计探测线圈时要解决哪些关键问题?

3. 测量感应电动势的毫伏表应具备哪些特点? 用电磁感应法测磁场时为何不用普通电压表?

4. 探测线圈放入磁场后,不同方向上毫伏表指示值不同,哪个方向上指示值最大? 如何准确测量 $U_{max}$ 的值? 毫伏表指示值最小表示什么?

## 实验 2.15　霍耳效应及其应用

1879 年,美国约翰霍普金斯大学二年级研究生霍耳(Hall)在研究金属导电机

课件

视频

理时发现,当电流垂直于外磁场通过导体时,在导体垂直于磁场和电流方向的两侧会产生电势差,这一现象被称为霍耳效应,这个电势差称为霍耳电势差.半个多世纪以后,人们发现半导体也有霍耳效应,而且效应更加明显.

现在,霍耳效应不但是测定半导体材料电学参量的主要手段,而且利用该效应制成的霍耳元件已广泛用于非电学量转换为电学量测量、自动控制和信息处理等方面,其中典型的应用有霍耳转速测定仪、大电流测量仪、电功率测量仪、霍耳位置检测仪、磁感应强度测定仪、无节点开关等.在智能制造蓬勃发展的今天,作为敏感元件之一的霍耳元件,将有更广泛的应用前景.掌握这一富有实用性的实验,对日后的工作将是必要的.

## 【实验目的】

1. 掌握霍耳效应产生的机理及霍耳元件有关参量的含义和作用.

2. 学习用对称测量法消除副效应的影响,测量霍耳电压.

3. 测绘霍耳元件的 $U_H$-$I_S$、$U_H$-$I_M$ 和 $U_H$-$B$ 曲线,了解霍耳电势差 $U_H$ 与霍耳元件工作电流 $I_S$、磁感应强度 $B$ 及励磁电流 $I_M$ 之间的关系.

4. 学习利用霍耳效应测量磁感应强度 $B$ 及磁场分布.

## 【实验原理】

### 1. 霍耳效应

霍耳效应从本质上讲是运动的带电粒子在磁场中受洛伦兹力作用而引起的偏转.如图 2.15-1 所示,将由半导体制成的霍耳元件放入磁场中,若在 $x$ 方向通以电流 $I_S$,在 $z$ 方向加磁场 $B$,元件内部的载流子将受到洛伦兹力 $F_m = evB$ 的作用(其中 $e$ 为载流子所带电荷量,$v$ 为载流子运动速度),则在 $y$ 方向即元件 $A$-$A'$ 电极两侧就开始聚集异号电荷而产生相应的附加电场,称为霍耳电场 $E_H$.电场的指向取决于元件的导电类型.对图 2.15-1(a)所示的 n 型(载流子为电子)元件,霍耳电场沿 $-y$ 方向,对图(b)所示的 p 型(载流子为空穴)元件则沿 $y$ 方向,即有

$$E_H(y) < 0, U_{A'A} < 0 \Rightarrow \text{n 型}$$
$$E_H(y) > 0, U_{A'A} > 0 \Rightarrow \text{p 型}$$

随着霍耳电场的形成,电场对元件内的载流子产生横向电场力 $F_e$,即

$$F_e = eE_H$$

$F_e$ 与 $F_m$ 的方向正好相反,显然,霍耳电场 $E_H$ 阻止载流子继续向侧面偏移,当载流子所受的横向电场力与洛伦兹力相等时,元件两侧电荷的积累就达到动态平衡(约 $10^{-13} \sim 10^{-11}$ s),故有

$$eE_H = e\bar{v}B \qquad (2.15-1)$$

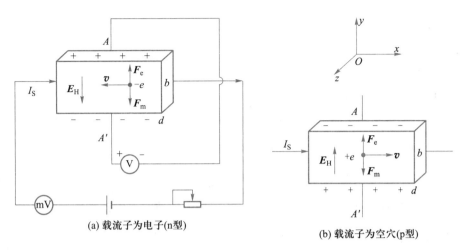

(a) 载流子为电子(n型)　　　(b) 载流子为空穴(p型)

图 2.15-1　霍耳效应实验原理示意图

由于元件中载流子运动速度不同,在一般讨论中采用载流子在电流方向上的平均漂移速度 $\bar{v}$.

设元件的宽为 $b$,厚度为 $d$,载流子数密度为 $n$,则流过元件的电流为

$$I_\mathrm{S} = ne\bar{v}bd \qquad (2.15\text{-}2)$$

由(2.15-1)式和(2.15-2)式可得

$$U_\mathrm{H} = E_\mathrm{H}b = \frac{1}{ne}\frac{I_S B}{d} = R_\mathrm{H}\frac{I_S B}{d} \qquad (2.15\text{-}3)$$

即霍耳电压 $U_\mathrm{H}(A'$、$A$ 电极之间的电压)与 $I_\mathrm{S}B$ 乘积成正比,与元件厚度 $d$ 成反比.比例系数 $R_\mathrm{H} = \dfrac{1}{ne}$ 称为霍耳系数,它是反映材料霍耳效应强弱的重要参量.测出 $U_\mathrm{H}(\mathrm{V})$、$I_\mathrm{S}(\mathrm{A})$、$B(\mathrm{T})$ 和 $d(\mathrm{m})$,则有

$$R_\mathrm{H} = \frac{U_\mathrm{H}d}{I_\mathrm{S}B} \quad (\mathrm{m^3 \cdot s^{-1} \cdot A^{-1}}) \qquad (2.15\text{-}4)$$

由(2.15-3)式可知,在霍耳元件通以恒定电流 $I_\mathrm{S}$ 的情况下,霍耳电压 $U_\mathrm{H}$ 和磁感应强度 $B$ 成正比.实验中,$I_\mathrm{S}$、$U_\mathrm{H}$ 值可方便地测定,由(2.15-3)式求出磁场,这就是利用霍耳效应测量磁场的原理,也是制作测量磁场的仪器——特斯拉计的原理.

本实验室的霍耳效应实验仪采用两片霍耳片结构(一片作为数字式特斯拉计,另一片作为待测样品),两片霍耳片厚度 $d$ 为 0.2 mm,宽度 $b$ 为 1.5 mm,长度 $l$ 为 1.5 mm.(注:因数字式特斯拉计出厂时已标定,所以测试架与仪表需配对,且编号一致,否则会增大数字式特斯拉计的误差.)

2. 霍耳元件的霍耳灵敏度

就霍耳元件而言,其厚度是一定的,所以实际应用中我们采用 $K_\mathrm{H} = \dfrac{1}{ned} = \dfrac{U_\mathrm{H}}{I_\mathrm{S}B}$ 来

表示元件的灵敏度,称为霍耳灵敏度,单位为 V/(A·T).其值由材料的性质及元件的尺寸决定.

3. 通过霍耳系数 $R_H$ 测定材料参量

(1)由 $R_H$ 的符号(或霍耳电压的正负)判断元件的导电类型.判断的方法为:按图 2.15-1 所示的 $I_S$ 和 $\boldsymbol{B}$ 的方向,若测得的 $U_H = U_{A'A} < 0$,即 $A$ 点电势高于 $A'$ 点的电势,则 $R_H$ 为负,元件属 n 型,反之则为 p 型.

(2)由 $R_H$ 求载流子数密度 $n$,即 $n = \dfrac{1}{|R_H|e}$.应该指出,这个关系式是假定所有载流子都具有相同的漂移速度而得到的.如果考虑载流子的速度统计分布,需引入 $\dfrac{3\pi}{8}$ 的修正因子(可参阅黄昆、谢希德所著的《半导体物理学》),即 $n = \dfrac{3\pi}{8}\dfrac{1}{|R_H|e}$.

4. 用对称法测量霍耳电压

值得注意的是,在产生霍耳效应的同时,因存在各种副效应,以至实验测得的 $A$、$A'$ 两极间的电压并不等于真实的霍耳电压 $U_H$ 值,而是包含了各种副效应所引起的附加电压,因此必须设法消除.

(1)不等势电压 $U_0$.

如图 2.15-2 所示,由于测量霍耳电压的电极 $A$ 和 $A'$ 位置难以做到在一个理想的等势面上,因此当有电流 $I_S$ 通过时,即使不加磁场也会产生附加的电压 $U_0 = I_S R_r$,其中 $R_r$ 为 $A$、$A'$ 所在的两个等势面之间的电阻. $U_0$ 的符号只与电流 $I_S$ 的方向有关,与磁场 $\boldsymbol{B}$ 的方向无关,因此,$U_0$ 可以通过改变 $I_S$ 的方向予以消除.

(2)温差电效应引起的附加电压 $U_E$.

如图 2.15-3 所示,由于构成电流的载流子速度不同,若速度为 $v$ 的载流子所受的洛伦兹力与霍耳电场力的作用刚好抵消,则速度大于或小于 $v$ 的载流子在电场和磁场作用下,将各自朝对立面偏转,从而在 $y$ 方向引起温差 $(T_A - T_{A'})$,由此产生温差电效应.在 $A$、$A'$ 电极上引入附加电压 $U_E$,且 $U_E \propto I_S B$,其符号与 $I_S$ 和 $\boldsymbol{B}$ 的方向关系和 $U_H$ 与 $I_S$ 和 $\boldsymbol{B}$ 的方向关系相同,因此不能用改变 $I_S$ 和 $\boldsymbol{B}$ 方向的方法予以消除,但其引入的误差很小,可以忽略.

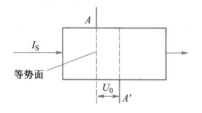

图 2.15-2　不等势电压

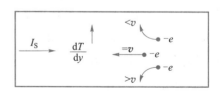

图 2.15-3　温差电效应引起的附加电压

（3）热磁效应直接引起的附加电压 $U_N$.

如图 2.15-4 所示，因元件两端电流引线的接触电阻不等，通电后在接触点两处将产生不同的焦耳热，导致在 $x$ 方向有温度梯度，载流子沿梯度方向扩散而产生热扩散电流．热流 $Q$ 在 $z$ 方向磁场作用下，类似于霍耳效应，在 $y$ 方向上产生一附加电场 $E_N$，相应的电压 $U_N \propto QB$，而 $U_N$ 的符号只与 $B$ 的方向有关，与 $I_S$ 的方向无关．因此 $U_N$ 可通过改变 $B$ 的方向予以消除.

（4）热磁效应产生的温差引起的附加电压 $U_{RL}$.

和（2）中同理，$x$ 方向上的热扩散电流（见图 2.15-5）因载流子的速度统计分布，在 $z$ 方向的 $B$ 作用下，将在 $y$ 方向产生温度梯度 $(T_A - T_{A'})$，由此引入的附加电压 $U_{RL} \propto QB$，$U_{RL}$ 的符号只与 $B$ 的方向有关，亦能消除之.

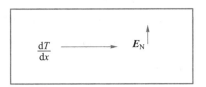

图 2.15-4 热磁效应直接
引起的附加电压

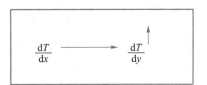

图 2.15-5 热磁效应产生的
温差引起的附加电压

综上所述，实验中测得的 $A$、$A'$ 之间的电压除霍耳电压 $U_H$ 以外，还包含 $U_0$、$U_N$、$U_{RL}$ 和 $U_E$ 的代数和，其中 $U_0$、$U_N$、$U_{RL}$ 均可以通过将 $I_S$ 和 $B$ 换向，用对称测量法予以消除．若电流 $I_S$ 和磁场 $B$ 的正方向为如图 2.15-1 所示的坐标方向，则有

当 $+I_S$、$+B$ 时，测得 $A$、$A'$ 之间的电压：$U_1 = U_H + U_0 + U_N + U_{RL} + U_E$

当 $+I_S$、$-B$ 时，测得 $A$、$A'$ 之间的电压：$U_2 = -U_H + U_0 - U_N - U_{RL} - U_E$

当 $-I_S$、$-B$ 时，测得 $A$、$A'$ 之间的电压：$U_3 = U_H - U_0 - U_N - U_{RL} + U_E$

当 $-I_S$、$+B$ 时，测得 $A$、$A'$ 之间的电压：$U_4 = -U_H - U_0 + U_N + U_{RL} - U_E$

求以上四组数据 $U_1$、$U_2$、$U_3$、$U_4$ 的代数平均值，可得

$$U_H + U_E = \frac{U_1 - U_2 + U_3 - U_4}{4}$$

由于 $U_E$ 符号与 $I_S$、$B$ 两者方向的关系和 $U_H$ 是相同的，故无法消除，但在电流 $I_S$ 和磁场 $B$ 较小时，$U_H \gg U_E$，因此，$U_E$ 可略去不计，所以霍耳电压为

$$U_H = \frac{U_1 - U_2 + U_3 - U_4}{4} \tag{2.15-5}$$

【实验仪器】

FB510C 霍耳效应实验仪等.

**【实验内容】**

1. 掌握仪器性能,连接实验仪的测试仪与测试架之间的各组连线

（1）开、关机前,测试仪的"$I_S$调节"和"$I_M$调节"旋钮均置于零位(即逆时针旋转到底).

（2）按图 2.15-6 将测试仪面板上的"$I_M$输出"、"$I_S$输出"和"$U_H$输入"三对接线柱分别与测试架上的三对相应的接线柱正确连接.

（3）将测试仪的传感器/继电器接口与测试架上传感器/继电器接口用专用线相连.

2. 测量霍耳电压 $U_H$ 与工作电流 $I_S$ 的关系

将霍耳片移至电磁铁中心,在 $I_M = 0$ 的情况下,将毫特计调零;使 $I_M = 300$ mA,$I_S = 0.5$ mA,根据 $I_M$、$I_S$ 的正负情况切换测试架上的电子换向开关方向,分别测量霍耳电压 $U_H$($U_1$、$U_2$、$U_3$、$U_4$),以后 $I_S$ 每次递增 0.50 mA,直至 3.00 mA,测量各组 $U_1$、$U_2$、$U_3$、$U_4$ 的值,设计表格,将实验测量值记入数据表中.

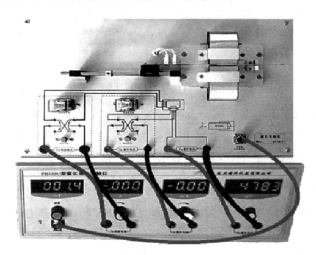

图 2.15-6　实验接线图

3. 测量霍耳电压 $U_H$ 与磁感应强度 $B$ 的关系、磁感应强度 $B$ 与励磁电流 $I_M$ 的关系

（1）先将 $I_M$、$I_S$、$U_H$ 调零,调节 $I_S$ 至 1.00 mA.

（2）将 $I_M$ 分别调至 50 mA,100 mA,150 mA,$\cdots$,500 mA(间隔为 50 mA),测量霍耳电压 $U_H$ 值和磁感应强度 $B$ 值,设计表格,将实验测量值记入数据表中.

4. 确定元件导电类型

切换测试架上的电子换向开关方向,使 $I_S$ 沿 $x$ 方向,$\boldsymbol{B}$ 沿 $z$ 方向,取 $I_S = 1.00$ mA,$I_M = 300$ mA,测量 $U_H$ 的大小及极性,由此判断元件导电类型.

*5. 测量电磁铁磁场沿水平方向的分布

（1）在 $I_M = 0$ 的情况下，将毫特计调零.

（2）使 $I_M = 300$ mA，调节移动尺的位置，每 2 mm 记录一次毫特计读数值，测量点不得少于 15 个（不等步长），将数据填入表格.

## 【数据与结果】

1. 自拟数据记录表，记录所测的实验数据.

2. 在毫米方格纸上画出 $U_H$-$I_S$ 曲线、$U_H$-$I_M$ 曲线和 $U_H$-$B$ 曲线.

3. 确定元件的导电类型（p 型还是 n 型）.

4. 根据 $U_H$-$B$ 曲线，求出曲线斜率，再根据斜率求出 $K_H$ 值，最后求出 $R_H$ 和 $n$ 值.

*5. 自拟表格，测量水平方向上的磁场分布（测试条件：$I_S = 1.00$ mA，$I_M = 400$ mA），以磁芯中间为相对零点位置，作 $B$-$x$ 曲线.

## 【注意事项】

1. 当霍耳片未连接到测试架，并且测试架与测试仪未连接好时，严禁开机加电，否则，极易使霍耳片遭受冲击而损坏.

2. 霍耳片性脆易碎、电极易断，严禁用手去触摸，以免损坏. 在需要调节霍耳片位置时，必须谨慎.

3. 加电前必须保证测试仪的"$I_S$ 调节"和"$I_M$ 调节"旋钮均置于零位（即逆时针旋到底），严禁 $I_S$、$I_M$ 电流未调到零就开机.

4. 测试仪的"$I_S$ 输出"接测试架的"$I_S$ 输入"，"$I_M$ 输出"接"$I_M$ 输入". 决不允许将"$I_M$ 输出"接到"$I_S$ 输入"处，否则一旦通电，就会损坏霍耳片.

5. 为了不使电磁铁线圈过热而受到损害，或影响测量精度，除在短时间内读取有关数据外，其余时间最好断开励磁电流 $I_M$ 或者将其调到最小.

6. 移动尺的调节范围有限. 在调节到两边停止移动后，不可继续调节，以免因错位而损坏移动尺.

## 【思考题】

1. 霍耳电压是怎样形成的？它的极性与磁场和电流方向有什么关系？

2. 测量过程中哪些量要保持不变？为什么？

3. 电子换向开关的作用原理是什么？测量霍耳电压时为什么要接电子换向开关？

4. $I_S$ 可否用交流电源（不考虑表头情况）？为什么？

5. 测量磁感应强度 $B$ 时，如果 $B$ 的方向不垂直于霍耳片平面，对测量结果有何影响？

## 实验 2.16 示波器的原理和使用

课件

视频

示波器是一种电子测量仪器,能把抽象的电信号转换成形象的图形,便于人们研究各种电现象的变化过程.示波器不但能观测转换为电压信号的电学量,还能观测转换为电压信号的非电学量,在医学领域还可用于脑电波、心电图等,因而其应用遍布于各行各业.

示波器可分为模拟示波器和数字存储示波器.20 世纪 40 年代,雷达和电视的开发需要性能良好的波形观察工具,泰克成功开发了带宽为 10 MHz 的同步示波器,这是近代模拟示波器的基础.模拟示波器基于阴极射线管(cathode ray tube,简称 CRT)制造,加速的电子束经过水平偏转和垂直偏转系统,打到荧光屏上显示波形.模拟示波器的带宽提升受示波管、垂直放大和水平扫描的制约.

数字存储示波器(简称数字示波器)与模拟示波器有相似的输入电路,因此在数字示波器前面板上能看到和模拟示波器一样的信号输入接口(如 CH1).简单地说,信号输入数字示波器后,先按时序采样,即按一定的时间间隔记录信号电压,然后通过模/数转换器(ADC)将采样值数字化,每一个采样电压对应二进制数字,并且存入存储器.之后,将存储器中数据重建在示波器的屏幕上,于是我们看到了信号波形.

由上述比较可知,要提升数字示波器带宽只需提高模/数转换器性能.数字示波器除了具有模拟示波器的大部分基本功能以外,还增加了自动量程、各种参量的自动测量、光标测量、波形和设置状态的存储及曲线拟合等功能.20 世纪 80 年代,数字示波器开始逐渐代替模拟示波器.在教学中,模拟示波器仍具有形象的示范作用.

本实验中我们将学习用双踪模拟示波器测定电信号的幅度、周期、频率,观察李萨如图形,观察整流滤波电路的输入和输出电信号波形.

### 【实验目的】

1. 了解示波器的基本结构和工作原理,掌握示波器和信号发生器的基本使用方法.

2. 学会使用示波器观察电信号波形、测量电压幅值以及频率.

3. 学会使用示波器观察李萨如图形并测量频率.

4. 用示波器观察滤波整流电路的输入、输出信号.

### 【实验原理】

示波器可分为模拟示波器和数字示波器两种基本类型,两者的系统结构和功能原理有明显的不同.数字示波器的具体电路比较复杂,超出了本课程的范围,本实验以模拟示波器为例,介绍它的结构和基本原理.

　　不论何种型号和规格的模拟示波器都包括了如图 2.16-1 所示的几个基本组成部分:示波管垂直放大电路(Y 放大)、水平放大电路(X 放大)、扫描信号发生电路(锯齿波发生器)、自检标准信号发生电路(自检信号)、触发同步电路、电源等.

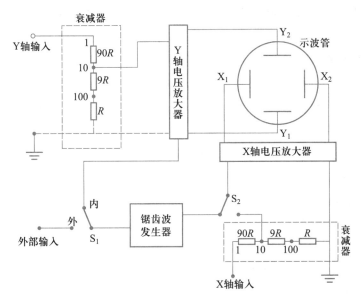

图 2.16-1　示波器基本组成框图

### 1. 示波管的基本结构

　　示波管的基本结构如图 2.16-2 所示.主要由电子枪、偏转系统和荧光屏三部分组成,全都密封在玻璃壳体内,里面抽成高真空.

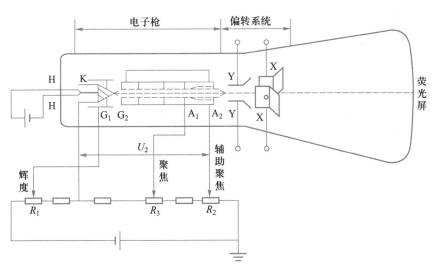

图 2.16-2　示波管结构图

H—灯丝;K—阴极;$G_1$,$G_2$—控制栅极;$A_1$—第一阳极;$A_2$—第二阳极;Y—垂直偏转板;X—水平偏转板.

（1）电子枪.

电子枪由灯丝、阴极、控制栅极、第一阳极和第二阳极五部分组成.灯丝通电后加热阴极.阴极是一个表面涂有氧化物的金属圆筒,被加热后发射电子.控制栅极是一个顶端有小孔的圆筒,套在阴极外面.它的电势比阴极低,对阴极发射出来的电子起控制作用,只有初速度较大的电子才能穿过栅极顶端的小孔然后在阳极加速下奔向荧光屏.示波器面板上的"辉度"调节就是通过调节电势以控制射向荧光屏的电子流密度,从而改变荧光屏上的光斑亮度.阳极电势比阴极电势高得多,电子被它们之间的电场加速形成射线.当控制栅极、第一阳极与第二阳极之间电势调至合适时,电子枪内的电场对电子射线有聚焦作用,所以,第一阳极也称聚焦阳极.第二阳极电势更高,又称加速阳极.面板上的"聚焦"调节,就是调节第一阳极电势,使荧光屏上的光斑成为明亮、清晰的小圆点.有的示波器还有"辅助聚焦"调节功能,实际是调节第二阳极电势.

（2）偏转系统.

它由两对互相垂直的偏转板组成,一对垂直偏转板,一对水平偏转板.在偏转板上加以适当电压,电子束通过时,其运动方向发生偏转,从而使电子束在荧光屏上产生的光斑位置也发生改变.

（3）荧光屏.

荧光屏上涂有荧光粉,电子打上去它就会发光,形成光斑.不同材料的荧光粉发光的颜色不同,发光过程的延续时间(一般称为余辉时间)也不同.荧光屏前有一块透明的、带刻度的坐标板,用于测定光点的位置.在性能较好的示波管中,将刻度线直接刻在荧光屏玻璃内表面上,使之与荧光粉紧贴在一起以消除视差,光点位置可测得更准.

2. 波形显示原理

（1）仅在垂直偏转板（Y偏转板）加一正弦交变电压.

如果仅在Y偏转板上加一正弦交变电压,则电子束所产生的亮点随电压的变化在$y$方向来回运动,如果电压频率较高,由于人眼的视觉暂留现象,则我们看到的是一条垂直亮线,其长度与正弦信号电压的峰—峰值成正比,如图2.16-3所示.

（2）仅在水平偏转板（X偏转板）加一扫描（锯齿波）电压.

为了能使$y$方向所加的随时间$t$变化的信号电压$U_y(t)$在空间展开,需在水平方向形成一时间轴.这一$t$轴可通过在水平偏转板加一如图2.16-4所示的锯齿波电压$U_x(t)$实现,由于$0 \sim 1$时间内电压和时间为线性关系,达到最大值,这使电子束在荧光屏上产生的亮点随时间做线性水平移动,最后到达荧光屏的最右端.在$1 \sim 2$时间内(最理想情况是该时间为零)$U_x(t)$突然回到起点(即亮点回到荧光屏的最左端).如此重复变化,若频率足够高的话,则会在荧光屏上形成一条如

图 2.16-4 所示的水平亮线,即 $t$ 轴.

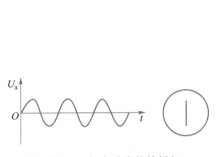

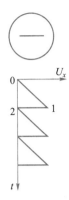

图 2.16-3 仅在垂直偏转板加一
正弦交变电压

图 2.16-4 仅在水平偏转板加一
扫描(锯齿波)电压

(3)常规显示波形.

如果在 Y 偏转板加一正弦波电压(实际上任何所想观察的波形均可)同时在 X 偏转板加一锯齿波电压,电子束受垂直、水平两个方向的力的作用,电子的运动是两相互垂直的运动的合成.当两电压周期具有合适的关系时,在荧光屏上将能显示出所加正弦波电压完整周期的波形图,如图 2.16-5 所示.

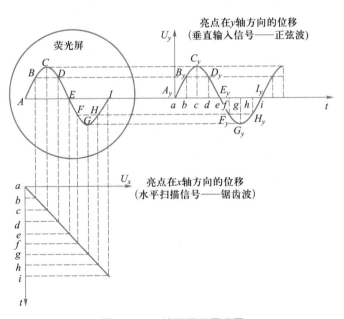

图 2.16-5 波形显示原理图

3. 同步原理

(1)同步的概念与条件.

为了显示如图 2.16-5 所示的稳定图形,需要保证正弦波到 $I_y$ 点时,锯齿波正

好到 $i$ 点,从而使亮点画出一个周期的正弦曲线.

由于锯齿波这时马上复原,所以亮点又回到 $A$ 点,再次重复这一过程.亮点所画的轨迹和第一周期的完全重合,所以在荧光屏上显示出一个稳定的波形,这就是所谓的同步.

由此可知同步的一般条件为

$$T_x = nT_y \quad (n = 1,2,3,\cdots)$$

其中 $T_x$ 为锯齿波周期,$T_y$ 为正弦波周期.若 $n=3$,则能在荧光屏上显示出三个完整周期的波形.

(2)同步条件不满足时的情形.

如果正弦波和锯齿波电压的周期稍有不同,荧光屏上出现的是一移动着的不稳定图形.这种情形可用图 2.16-6 说明.设锯齿波电压的周期 $T_x$ 比正弦波电压周期 $T_y$ 稍小,例如 $T_x = nT_y$,$n = 7/8$.在第一个扫描周期内,荧光屏上显示正弦信号 $0 \sim 4$ 点之间的曲线段;在第二个周期内,显示 $4 \sim 8$ 点之间的曲线段,起点在 4 处;第三个周期内,显示 $8 \sim 11$ 点之间的曲线段,起点在 8 处.这样,荧光屏上显示的波形每次都不重叠,好像波形在向右移动.同理,如果 $T_x$ 比 $T_y$ 稍大,则好像波形在向左移动.以上描述的情况在示波器使用过程中经常会出现.其原因是扫描电压的周期与待测信号的周期不相等或不成整数倍,以至每次扫描开始时波形曲线上的起点均不一样.

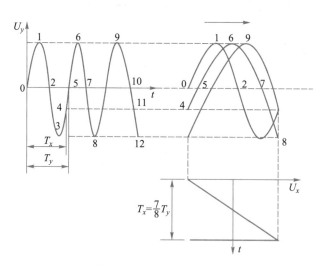

图 2.16-6 $T_x = (7/8)T_y$ 时

(3)手动同步的调节.

为了获得一定数量的稳定波形,示波器设有"扫描周期"和"扫描微调"旋钮,用来调节锯齿波电压的周期 $T_x$(或频率 $f_x$),使之与待测信号的周期 $T_y$(或频率 $f_y$)

成整数倍关系,从而在示波器荧光屏上显示所需数目的完整待测波形.

（4）自动触发同步调节.

输入 Y 轴的待测信号与示波器内部的锯齿波电压是相互独立的.由于环境或其他因素的影响,它们的周期(或频率)可能发生微小的改变.这时虽通过调节"扫描微调"旋钮使它们之间的周期满足整数倍关系,但过了一会儿可能又会变,波形无法稳定下来.这在观察高频信号时就尤其明显.为此,示波器内设有触发同步电路,它从垂直放大电路中取出部分待测信号,输入扫描发生器,迫使锯齿波与待测信号同步,此称为"内同步".操作时,首先使示波器水平扫描处于待触发状态,然后使用"电平"(LEVEL)旋钮,改变触发电压大小,当待测信号电压上升到触发电平时,扫描发生器才开始扫描.若同步信号是从仪器外部输入的,则称"外同步".

4. 李萨如图形的原理

如果示波器的 X 输入和 Y 输入是频率相同或成简单整数比的两个正弦电压,则荧光屏上将呈现特殊的亮点轨迹,这种轨迹图称为李萨如图形.如图 2.16-7 所示为 $f_y : f_x = 2 : 1$ 的李萨如图形.频率比不同的输入电压将形成不同的李萨如图形.图 2.16-8 所示的是频率成简单整数比的几组李萨如图形.从中我们可总结出如下规律:如果作一个限制亮点 $x$、$y$ 方向变化范围的假想方框,则图形与此框相切时,横边上的切点数 $n_x$ 与竖边上的切点数 $n_y$ 之比恰好等于 Y 输入和 X 输入的两正弦信号的频率之比,即 $f_y : f_x = n_x : n_y$.但若出现图(b)或(f)所示

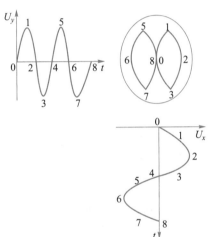

图 2.16-7 $f_y : f_x = 2 : 1$ 的李萨如图形

的图形,有端点与假想方框相接时,应把一个端点计为 1/2 个切点.所以利用李萨如图形能方便地比较两正弦信号的频率.若已知其中一个信号的频率,数出图上的切点数 $n_x$ 和 $n_y$,便可算出另一待测信号的频率.

5. 整流滤波原理

如图 2.16-9 所示,将变压器的次级绕组与负载相连,中间串联一个整流二极管,就得到了半波整流电路.利用二极管的单向导电性(以理想二极管为例分析),只有半个周期内有电流流过负载,另半个周期电流被二极管所阻,负载中没有电流,如图 2.16-10 所示.这种电路中,变压器中有直流分量流过,降低了变压器的效率;整流电流的脉动成分太大,对滤波电路的要求高.这种电路只适用于小电流整流.

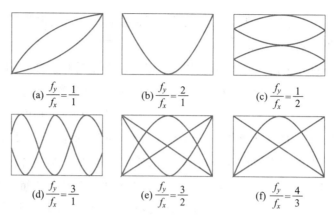

(a) $\dfrac{f_y}{f_x}=\dfrac{1}{1}$　　　(b) $\dfrac{f_y}{f_x}=\dfrac{2}{1}$　　　(c) $\dfrac{f_y}{f_x}=\dfrac{1}{2}$

(d) $\dfrac{f_y}{f_x}=\dfrac{3}{1}$　　　(e) $\dfrac{f_y}{f_x}=\dfrac{3}{2}$　　　(f) $\dfrac{f_y}{f_x}=\dfrac{4}{3}$

图 2.16-8　频率不同的几种李萨如图形

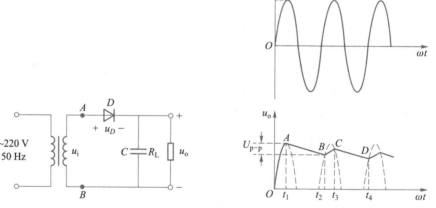

图 2.16-9　半波整流滤波电路　　　图 2.16-10　半波整流滤波电路输入、输出信号

利用电容"隔直通交"的特性和储能性滤波,可以滤去大部分交流成分.在电源供给电压升高时,电容能把部分能量存储起来,而当电源电压降低时,电容就把能量释放出来,使负载 $R_L$ 上的电压 $u_o$ 比较平滑,即电容 $C$ 具有平波的作用,可降低输出电压的波动性.但滤波电路不可能把波动全部滤掉,输出电压中仍含有一定的波动成分,这部分称为纹波电压.如图 2.16-10 所示,纹波电压通常用峰-峰值 $U_{p-p}$ 表示.在稳压电源中,输出纹波电压是一个重要的性能指标.在额定负载电流下,输出纹波电压的峰-峰值 $U_{p-p}$ 与输出有效电压 $U_o$ 之比被称为纹波系数,即 $\gamma=\dfrac{U_{p-p}}{U_o}$.

下面以桥式整流滤波电路为例讨论全波整流,如图 2.16-11 所示,假定二极管为理想模型,若输入交流信号的电压为 $u_i$,$R_L$ 是要求直流供电的负载电阻,在电压 $u_i$ 的正、负半周(设 a 端为正、b 端为负是正半周)内电流通路分别用图 2.16-11 中的实线和虚线箭头表示,经桥式整流滤波电路的电压波形如图 2.16-12 所示(a. 交

流电的波形,b. 整流的波形,c. 滤波的波形). 显然,通过桥式整流、滤波能得到更好
的直流输出和更小的纹波系数.

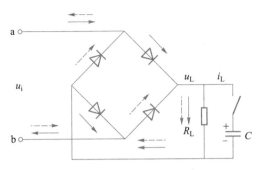

图 2.16-11　桥式整流滤波电路

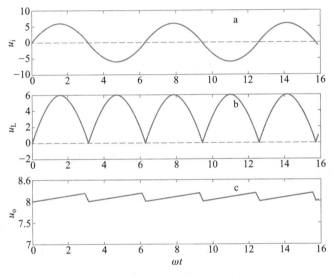

图 2.16-12　滤波和整流的波形

【实验仪器】

DG1000Z 函数信号发生器、YB43020B 示波器、面包板综合实验仪.

【实验内容】

1. 观测电信号波形并测量电压峰−峰值和频率

(1) 正弦波的设置(DG1000Z 函数信号发生器的调节).

DG1000Z 函数信号发生器可生成正弦波信号,其面板(图 2.16-15)上各按键
和功能详见本实验附录. 开机后显示屏上可见信号的图形、数值和单位,方便用户
设置.

本实验中,我们将观测频率为 500 Hz、电压峰-峰值为 6.0 V、初相位为 90°的正弦波形.首先使用 BNC 连接线将 DG1000Z 函数信号发生器的 CH1 与示波器输入通道 CH1 相连接,然后打开信号发生器背板上的电源开关和示波器的开关.按如下步骤设置信号发生器参量.

第一步,选择输出通道.按通道控制区的【CH1│CH2】键,选中"CH1".

第二步,选择正弦波.按【Sine】键选择正弦波,背灯变亮表示功能被选中,屏幕右方出现该功能.

第三步,设置频率.按"频率/周期"使"频率"突出显示,通过数字键盘输入 500,在弹出的菜单中选择单位"Hz".

第四步,设置幅度.按"幅度/高电平"使"幅度"突出显示,通过数字键盘输入 6.0,在弹出的菜单中选择单位"V".

第五步,设置起始相位.按"起始相位",通过数字键盘输入 90,然后在弹出的菜单中选择单位"°".相位选择范围为 0°至 360°.

第六步,启用通道输出.按【Output1】键,背灯变亮,CH1 输出连接器以当前配置输出正弦波.

(2)用示波器观测电信号.

双踪示波器的面板如图 2.16-13 所示,面板上设有开关、荧光屏、旋钮和按键.面板下方有两个信号输入接口,标记为"CH1"和"CH2",仅当按下上方的同名按键才能在荧光屏上显示输入信号.可以借助荧光屏上的直角坐标刻度板测量信号的电压峰-峰值 $U_{p-p}$ 和周期,横坐标用于计算信号的周期,纵坐标用于计算信号的电压峰-峰值 $U_{p-p}$.横坐标一大格(DIV)的数值和单位由位于面板中间最右边的扫描频率旋钮"SEC/DIV"调节,详见旋钮周围的刻度;观察测量"CH1"端口输入信

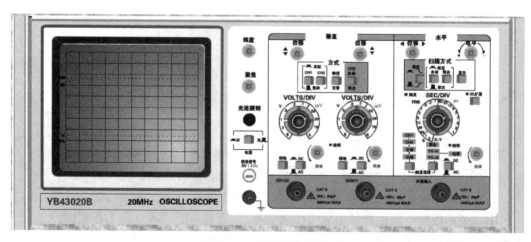

图 2.16-13 YB43020B 示波器面板

号的电压时,纵坐标一大格(DIV)的数值和单位由面板"CH1"端口上的电压增益旋钮"VOLTS/DIV"设置,详见旋钮周围的刻度.用同样的方法设置"CH2"输入的信号.

开机后将示波器面板上"扫描方式"设为"自动",将双踪"方式"设为"CH1",三个"校准"旋钮全部逆时针旋到底,其余按钮均为弹出状态.使示波器显示屏上显示 1～2 个周期的正弦波波形,要求波形在垂直方向处于最大可读数状态,读出波形纵向占据的格数 $A$(要求估读一位)和一个周期占据的横向格数 $B$,接着记下"VOLTS/DIV"旋钮和"SEC/DIV"旋钮的指示值,以计算 $U_{p-p}$ 和周期.

$$U_{p-p} = A \times \text{VOLTS/DIV}$$
$$T = B \times \text{SEC/DIV}$$

式中 $A$ 为波形在荧光屏上所占的垂直格数,$B$ 为一个波形周期在荧光屏上所占的水平格数.

2. 观察并绘出李萨如图形

(1)X 轴输入正弦波.

保持上一步实验中从函数信号发生器输出的正弦波不变,并将其作为标准信号从 CH1(X)输入.

(2)Y 轴输入正弦波.

从另一个函数信号发生器输出另一 $U_{p-p}$ 值也约为 6.0 V 的正弦波信号,并且从示波器 CH2(Y)接线端输入.

(3)把示波器"SEC/DIV"旋钮逆时针旋至最左边"X–Y"处.

(4)保持 CH1(X)输入信号的频率 500 Hz 不变,调节 CH2(Y)输入信号的频率,当两信号的频率满足整数比时即可观察到形状各异的李萨如图形.

3. 整流滤波电路的观测

(1)观察半波整流滤波电路信号的波形并测量纹波电压 $U_{p-p}$.

实验时用面包板搭建半波整流滤波电路,如图 2.16–14 所示,其中"田"字部分内部电路是连通的,"田"字之间的电路是断开的.

由交流电源提供 $U_{p-p} = 6.0$ V、频率 $f = 50$ Hz 的正弦波(以示波器为准)为输入信号,被观察和测量的电信号用配套"Y"形线接入示波器的 CH1 端.观察输入正弦波时将"Y"形线插入图 2.16–14 中的 A 端和 B 端;仅观察二极管整流效果时将"Y"形线插入图 2.16–14 中的 C 端和 D 端,并且断开电容支路的开关;观察滤波输出波形时闭合电容支路的开关.根据观察信号大小选择示波器 CH1 端的电压增益挡"VOLTS/DIV".

用示波器观察对比半波整流滤波电路输入和输出信号的波形时,记录其纹波电压的峰–峰值 $U_{p-p}$,定性作出输入、输出信号的波形图.在半波整流滤波电路的电容位置处分别插入 1 μF 和 10 μF 的电解电容（注意极性）,观测其纹波电压,以对比电容对滤波效果的影响.

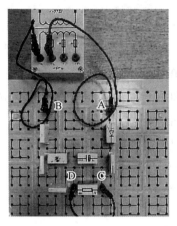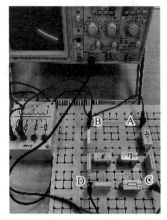

图 2.16-14　半波整流滤波电路

*（2）观察桥式整流滤波电路信号的波形.

观察桥式整流滤波电路的输入、输出信号波形.按图 2.16-11 连接电路,将信号发生器正端（红色）的信号接到电路的 a 端,地线接 b 端,将 $U_L$ 两端的信号用"Y"形线输入示波器 CH1,观察测量交流纹波电压的峰–峰值 $U_{p-p}$.

【数据与结果】

1. 观察波形及对电压和频率的测量

（1）设计表格记录信号发生器生成的正弦波电压的 $U_{p-p}$ 和频率 $f$,以及示波器荧光屏上观察到的正弦波的电压峰–峰值 $U'_{p-p}$ 和一个周期的时间.

（2）用等精度作图法,在坐标纸上按 1:1 的比例绘制示波器上观察到的正弦波.

（3）以信号发生器生成的正弦波电压的 $U_{p-p}$ 值和频率 $f$ 为约定真值,以示波器上的观测值为测量值,计算相对误差,分析示波器测量电压和频率的主要误差来源.

2. 绘出所观察到的各种频率比的李萨如图形

以信号发生器 CH1 输出频率 $f_x = 500$ Hz 为约定真值,依次画下 $n_x : n_y$ 为 1:1、1:2、1:3 和 2:3 时示波器上的李萨如图形,记录对应图形在信号发生器上频率的读数 $f'_y$,用公式 $f_y = \dfrac{n_x}{n_y} f_x$ 计算其理论值,进行比较,求其相对误差 $E = \left| \dfrac{f_y - f'_y}{f_y} \right| \times 100\%$.

3. 用示波器观察整流滤波电路的输入、输出信号的波形,并测量纹波电压

（1）半波整流滤波电路.

观察半波整流滤波电路输入和输出信号的波形,自行设计表格记录其纹波电压峰–峰值 $U_{p-p}$.实验室提供交流电源输出信号 $U_{p-p}=6.0$ V、工作频率 $f=50$ Hz,要求分别用 1 μF 和 10 μF 的电解电容各测一组数据.

*（2）桥式整流滤波电路.

观察桥式整流滤波电路输入和输出信号的波形,自行设计表格记录其纹波电压峰–峰值 $U_{p-p}$.交流电源输出信号参量同上.

【思考题】

1. 如果被观测的图形不稳定,出现向左移或向右移的原因是什么?该如何使之稳定?

2. 什么是同步?实现同步有几种调节方法?如何操作?

3. 若待测信号幅度太大（在不引起仪器损坏的前提下）,则可在示波器上看到什么图形?要完整地显示图形,应如何调节?

4. 示波器能否用来测量直流电压?如果能测量,应如何进行?

【附录】DG1000Z 函数信号发生器

本实验用 DG1000Z 函数信号发生器作为信号源,产生正弦波.书中摘录部分相关仪器使用说明.

1. 面板

DG1000Z 的面板如图 2.16–15 所示,相应功能说明如下.

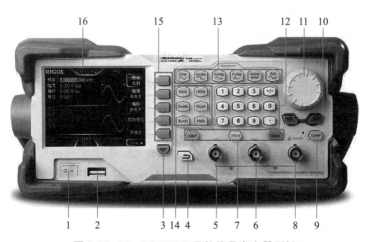

图 2.16–15　DG1000Z 函数信号发生器面板

（1）电源键.

用于开启或关闭信号发生器.

（2）USB Host 接口.

支持 FAT32 格式的 Flash 型 U 盘、RIGOL TMC 数字示波器、功率放大器和 USB-GPIB 模块.

U 盘：读取 U 盘中的波形文件或状态文件，或将当前的仪器状态或编辑的波形数据存储到 U 盘中，也可以将当前屏幕显示的内容以图片格式（∗.bmp）保存到 U 盘中.

TMC 示波器：与符合 TMC 标准的 RIGOL 示波器进行无缝互联，读取并存储示波器中采集到的波形，再无损地重现出来.

功率放大器（选件）：支持 RIGOL 功率放大器（如 PA1011）对其进行在线配置，将信号功率放大后输出.

USB-GPIB 模块（选件）：为集成了 USB Host 接口但未集成 GPIB 接口的 RIGOL 仪器扩展出 GPIB 接口.

（3）菜单翻页键.

打开当前菜单的下一页或返回第一页.

（4）返回上一级菜单.

退出当前菜单，并返回上一级菜单.

（5）CH1 输出连接器.

BNC 连接器，标称输出阻抗为 50 Ω.

当【Output1】打开时（背灯变亮），该连接器以 CH1 当前配置输出波形.

（6）CH2 输出连接器.

BNC 连接器，标称输出阻抗为 50 Ω.

当【Output2】打开时（背灯变亮），该连接器以 CH2 当前配置输出波形.

（7）通道控制区.

【Output1】用于控制 CH1 的输出. 按下该按键，背灯变亮，打开 CH1 输出. 此时，CH1 连接器以当前配置输出信号. 再次按下该键，背灯熄灭，此时，关闭 CH1 输出.

【Output2】用于控制 CH2 的输出. 按下该按键，背灯变亮，打开 CH2 输出. 此时，CH2 连接器以当前配置输出信号. 再次按下该键，背灯熄灭，此时，关闭 CH2 输出.

【CH1│CH2】用于将 CH1 或 CH2 切换为当前选中通道.

注意：CH1 和 CH2 通道输出端设有过压保护功能，满足下列条件之一则产生过压保护. 产生过压保护时，屏幕弹出提示消息，输出关闭.

① 仪器幅度设置大于 2 V 或输出偏移大于 $|2\ \text{V}|$（DC）,输入电压大于 $\pm11.5\times(1\pm5\%)\text{V}$（<10 kHz）.

② 仪器幅度设置小于等于 2 V 或输出偏移小于等于 $|2\ \text{V}|$（DC）,输入电压大于 $\pm3.5\times(1\pm5\%)\text{V}$（<10 kHz）.

（8）Counter 测量信号输入连接器.

BNC 连接器,输入阻抗为 1 MΩ.用于接收频率计测量的待测信号.

注意:为了避免损坏仪器,输入信号的电压（AC+DC）范围不得超过 $\pm7$ V.

（9）频率计.

用于开启或关闭频率计功能.按下该按键,背灯变亮,左侧指示灯闪烁,频率计功能开启.再次按下该键,背灯熄灭,此时,关闭频率计功能.

注意:当 Counter 打开时,CH2 的同步信号将被关闭;关闭 Counter 后,CH2 的同步信号恢复.

（10）方向键.

使用旋钮设置参量时,用于移动光标以选择需要编辑的位.

（11）旋钮.

使用旋钮设置参量时,用于增大（顺时针）或减小（逆时针）当前光标处的数值.存储或读取文件时,用于选择文件保存的位置或用于选择需要读取的文件.文件名编辑时,用于选择虚拟键盘中的字符.在 Arb→选择波形→内建波形中,用于选择所需的内建任意波.

（12）数字键盘.

包括数字键（0 至 9）、小数点（.）和符号键（+/−）,用于设置参量.

注意:

① 编辑文件名时,符号键用于切换大小写.

② 使用小数点键可将用户界面以 ∗.bmp 格式快速保存至 U 盘,具体步骤请参考说明书中的"打印设置"一节.

（13）波形键.

【Sine】提供频率从 1 μHz 至 60 MHz 的正弦波输出.选中该功能时,按键背灯变亮.可以设置正弦波的频率/周期、幅度/高电平、偏移/低电平和起始相位.

【Square】提供频率从 1 μHz 至 25 MHz 并具有可变占空比的方波输出.选中该功能时,按键背灯变亮.可以设置方波的频率/周期、幅度/高电平、偏移/低电平、占空比和起始相位.

【RAMP】提供频率从 1 μHz 至 1 MHz 并具有可变对称性的锯齿波输出.选中该功能时,按键背灯变亮.可以设置锯齿波的频率/周期、幅度/高电平、偏移/低电平、对称性和起始相位.

【Pulse】提供频率从 1 μHz 至 25 MHz 并具有可变脉冲宽度和边沿时间的脉冲波输出.选中该功能时,按键背灯变亮.可以设置脉冲波的频率/周期、幅度/高电平、偏移/低电平、脉宽/占空比、上升沿、下降沿和起始相位.

【Noise】提供带宽为 60 MHz 的高斯噪声输出.选中该功能时,按键背灯变亮.可以设置噪声的幅度/高电平和偏移/低电平.

【Arb】提供频率从 1 μHz 至 20 MHz 的任意波输出.支持采样率和频率两种输出模式.可提供多达 160 种内建波形,并提供强大的波形编辑功能.选中该功能时,按键背灯变亮.可设置任意波的频率/周期、幅度/高电平、偏移/低电平和起始相位.

(14) 功能键.

【Mod】可输出多种已调制的波形.提供多种调制方式:AM、FM、PM、ASK、FSK、PSK 和 PWM.支持内部和外部调制源.选中该功能时,按键背灯变亮.

【Sweep】可产生正弦波、方波、锯齿波和任意波(直流除外)的 Sweep 波形.支持线性、对数和步进 3 种 Sweep 方式.支持内部、外部和手动 3 种触发源.提供频率标记功能,用于控制同步信号的状态.选中该功能时,按键背灯变亮.

【Burst】可产生正弦波、方波、锯齿波、脉冲波和任意波(直流除外)的 Burst 波形.支持 N 循环、无限和门控 3 种 Burst 模式.噪声也可用于产生门控 Burst.支持内部、外部和手动 3 种触发源.选中该功能时,按键背灯变亮.

【Utility】用于设置辅助功能参量和系统参量.选中该功能时,按键背灯变亮.

【Store】可存储或调用仪器状态或者用户编辑的任意波数据.内置一个非易失性存储器(C 盘),并可外接一个 U 盘(D 盘).选中该功能时,按键背灯变亮.

(15) 菜单软键.

与其左侧显示的菜单一一对应,按下软键激活相应的菜单.

(16) 显示屏.

显示当前功能的菜单和参量设置、系统状态以及提示消息等内容,详细信息请参考说明书中的"用户界面"一节.

2. 背板

AC 电源插口位于背板.

本信号发生器支持的交流电源规格为 100 ~ 240 V,45 ~ 440 Hz,最大输入功率不超过 30 W.电源保险丝:250 V,3. 15 A.

3. 开机

正确连接电源后,按下面板上的电源键打开信号发生器.开机过程中仪器执行初始化过程和自检过程.结束后,屏幕进入默认界面.如无法正常开机,请参考说明书中的"故障处理"一节进行处理.

## 实验 2.17 薄透镜焦距的测量

光学仪器种类繁多,而透镜是光学仪器中最基本的元件.早在西汉时期,淮南王刘安及其门客所著的《淮南万毕术》中就有关于冰透镜的记载:"削冰令圆,举以向日,以艾承其影,则生火."这就是我们今天所说的削冰取火,其中有最早的关于"焦点"的记载以及二次反射成像原理的应用.战国时期的《墨子》一书,叙述了透镜成像规律.《墨子·经下》及《墨子·经说下》中分别叙述了凹透镜和凸透镜的成像规律.

课件

视频

透镜应用非常广泛,掌握透镜成像规律,学会光路分析和调节技术,对于我们了解光学仪器的构造和正确使用方法是非常有益的.焦距是透镜的一个重要特征参量,在不同的场合往往需要选择不同焦距的透镜和透镜组,为此需要测定透镜的焦距.测定透镜焦距的方法很多,实际测量时应该根据不同的透镜、不同的精度要求和具体的条件选择合适的测量方法.

### 【实验目的】

1. 学会调节光学系统使之共轴等高.
2. 掌握测量薄凸透镜和凹透镜焦距的方法.
3. 验证透镜成像公式,加深对透镜成像规律的理解.

### 【实验原理】

把玻璃等透明物质磨成薄片,其两表面都为球面或有一面为平面,即成透镜.凡中间比边缘厚的透镜称为凸透镜,中间比边缘薄的透镜称为凹透镜.连接透镜两球面曲率中心的直线称为透镜的主光轴.包含主光轴的任一平面称为主截面,透镜都制成圆片形,而以主光轴为对称轴.圆片的直径称为透镜的孔径.物点在主光轴上时,由于对称性,任一主截面内的光线分布都相同,故通常只研究一个主截面.

1. 薄透镜成像公式

当透镜的厚度与其焦距相比甚小时称为薄透镜.在近轴光线条件下,薄透镜(包括凸透镜和凹透镜)成像规律可表示为

$$\frac{1}{s} + \frac{1}{s'} = \frac{1}{f} \tag{2.17-1}$$

式中 $s$ 为物距,$s'$ 为像距,$f$ 为透镜的焦距.为了便于计算透镜的焦距 $f$,(2.17-1)式可改写为

$$f = \frac{s \cdot s'}{s+s'} \tag{2.17-2}$$

只要测得物距 $s$ 和像距 $s'$,便可以利用上式算出透镜的焦距 $f$.

2. 凸透镜焦距的测量原理

（1）用自准直法测量凸透镜焦距.

如图 2.17-1 所示,当物 $Q$ 放在凸透镜 L 的焦平面上时,它发出的光经凸透镜 L 后形成一束平行光. 如果在透镜后面放一个与透镜光轴垂直的平面反射镜 M,则平行光经 M 反射后,反射光也是平行光,再次通过凸透镜后会聚在

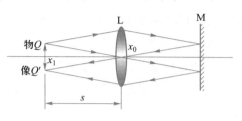

图 2.17-1　用自准直法测凸透镜焦距

焦平面上,形成一个与物 $Q$ 大小相等的倒立实像 $Q'$,此时物距 $s$ 即为凸透镜的焦距 $f$,即 $f=s$.

（2）用物距像距法测量凸透镜焦距.

如图 2.17-2 所示,当 $s>f$ 时,物体发出的光线经凸透镜折射后将成实像在另一侧,测出物距 $s$ 和像距 $s'$ 后,代入透镜成像公式(2.17-2)式即可算出凸透镜 L 的焦距.

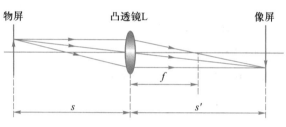

图 2.17-2　用物距像距法测凸透镜焦距

（3）用共轭法测量凸透镜焦距.

自准直法和物距像距法都因凸透镜的中心位置不易确定而存在误差,为克服这一缺点,可取物屏与像屏之间的距离 $D$ 大于 4 倍焦距且保持不变,沿主光轴方向移动凸透镜,则可在像屏上观察到二次成像. 如图 2.17-3 所示,当凸透镜位于 $x_2$ 处时,像屏上出现一个放大倒立而清晰的实像(此处物距为 $s_1$,像距为 $s_1'$);当凸透

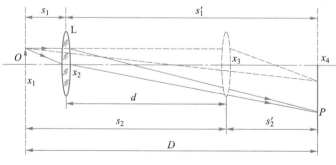

图 2.17-3　用共轭法测凸透镜焦距

镜移动到 $x_3$ 处时,在像屏上出现一个缩小倒立而清晰的实像(此处物距为 $s_2$,像距为 $s_2'$).如果 $x_2$ 与 $x_3$ 之间的距离为 $d$,则有

$$s_1' = D - s_1, \quad s_2 = s_1 + d, \quad s_2' = D - s_2 = D - (s_1 + d)$$

根据透镜成像公式,在 $x_2$ 和 $x_3$ 处分别有

$$\frac{1}{s_1} + \frac{1}{D - s_1} = \frac{1}{f}$$

$$\frac{1}{s_1 + d} + \frac{1}{D - (s_1 + d)} = \frac{1}{f}$$

消去 $s_1$,得

$$f = \frac{D^2 - d^2}{4D} \tag{2.17-3}$$

可见,只要在光具座上确定物屏、像屏以及透镜二次成像时所在的位置,就可较准确地求出焦距 $f$.这种方法无须考虑透镜本身的厚度,测量误差可达到 $1.0\%$ 以内.

3. 凹透镜焦距的测量原理

(1) 用自准直法测量凹透镜焦距.

单独一个凹透镜无法成实像,需用凸透镜来辅助.把物体 $AB$ 放在凸透镜 $L_1$ 的主光轴上,测出其对应的像点 $F$ 的位置后,保持 $L_1$ 位置不变,在 $L_1$ 和 $F$ 之间插入待测凹透镜 $L_2$ 和平面反射镜 $M$,此时 $A'B'$ 为凹透镜 $L_2$ 的虚物,如图 2.17-4 所示.适当移动 $L_2$,使 $F$ 处于 $L_2$ 的焦平面上,则经凹透镜后的光为平行光,再经平面镜 $M$ 反射后,从原路返回,经 $L_2$ 和 $L_1$ 后仍成像在 $A$ 点.测出此时 $L_2$ 的位置 $O_2$,则 $|O_2F|$ 即为凹透镜的焦距.

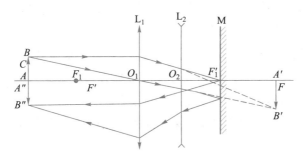

**图 2.17-4　用自准直法测凹透镜焦距**

(2) 用成像法(辅助透镜法)测量凹透镜的焦距.

由于凹透镜对实物成虚像,所以直接测量凹透镜的物距、像距,难以两全.我们只能借助凸透镜成一个倒立的实像作为凹透镜的虚物,如图 2.17-5 所示.物体经凸透镜 $L_1$ 成像于 $x_1$ 处,若在 $L_1$ 和 $x_1$ 之间放入待测凹透镜 $L_2$,调节 $L_1$ 和 $L_2$ 之间的距离,由于凹透镜的发散作用,实际成像于 $x_2$ 处,根据光线传播的可逆性,如果将物体置于 $x_2$ 处,则由物体发出的光线经凹透镜 $L_2$ 折射后所成的虚像将位于 $x_1$

处,此时,$x_0x_2=s$,$x_0x_1=s'$,考虑到凹透镜的 $f$ 和 $s'$ 均为负值,由（2.17-1）式得

$$\frac{1}{-f}=\frac{1}{s}-\frac{1}{s'}$$

化简得

$$f=\frac{ss'}{s-s'} \tag{2.17-4}$$

测出物距 $s$ 和像距 $s'$,代入（2.17-4）式即可算出凹透镜的焦距.

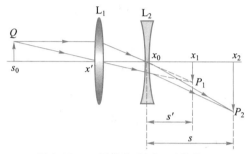

图 2.17-5　用成像法测凹透镜焦距

【实验仪器】

光具座、光源、薄凸透镜、薄凹透镜、平面镜、物屏、像屏.

【实验内容】

1. 共轴调节

令光源在光具座的左端,按如下顺序放置光学元件:光源、具有"1"字形透光孔的物屏、凸透镜（焦距待测）、像屏.

（1）粗调:先将透镜等元器件向光源靠拢,调节位置的高低左右,凭目测使光源、物屏上的透光孔中心、透镜光心、像屏的中央大致在一条与光具座导轨平行的直线上,并使物屏、透镜、像屏的平面与导轨垂直.

（2）细调:利用透镜二次成像法来判断光学元件是否共轴,并进一步将其调至共轴.

当物屏与像屏距离大于 $4f$ 时,沿主光轴移动凸透镜,将会成两次大小不同的实像.若物屏中心 $P$ 偏离透镜的主光轴,则所成的大像和小像的中心 $P'$ 和 $P''$ 将不重合,但小像位置比大像更靠近主光轴（如图 2.17-6 所示）.就竖直方向而言,如果大像中心 $P'$ 高于小像中心 $P''$,说明此时透镜位置偏高（或物偏低）,这时应将透镜降低（或把物升高）.反之,如果 $P'$ 低于 $P''$,便应将透镜升高（或将物降低）.

调节时,以小像的中心位置为参考,调节透镜（或物）的高低,逐步逼近主光轴位置.当大像中心 $P'$ 与小像中心 $P''$ 重合时,系统即处于共轴状态.

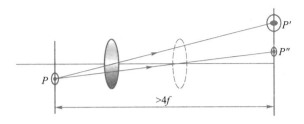

图 2.17-6 光具座的共轴调节

当有两个透镜需要调节(如测凹透镜焦距)时,必须逐个进行上述调节,即先将一个透镜(凸透镜)调好,记住像中心在屏上的位置,然后加上另一透镜(凹透镜),再次观察成像的情况,调节后一个透镜的位置,直至像中心仍旧保持在第一次成像时的中心位置上.注意,已调至同轴等高状态的透镜,在后续的调节、测量中绝对不允许再变动.

2. 测量凸透镜的焦距

(1)用自准直法测量凸透镜焦距.

① 实验光路如图 2.17-1 所示,为使像清晰,平面镜要尽量靠近凸透镜,并使之垂直于主光轴,移动凸透镜的位置,直至在物屏上得到一个等大倒立的清晰实像,测得此时的物距,即为凸透镜的焦距.重复以上步骤,测量 5 次,求其平均值、不确定度和相对不确定度.

② 在实际测量时,能够正确判断成像的清晰位置是光学实验获得准确结果的关键,为了准确地找到像的最清晰位置,可用左右逼近法读数.先使凸透镜从左向右移动,到成像清晰为止,记下凸透镜位置,再使凸透镜自右向左移动,到像清晰时再记录凸透镜的位置,取其平均值作为成像最清晰时凸透镜的位置.

(2)用物距像距法测量凸透镜焦距.

实验光路如图 2.17-2 所示,在物距 $s>2f$、$2f>s>f$ 范围内各测两次,在 $s$ 约等于 $2f$ 处测一次,用左右逼近法分别测出相应的物距、像距,算出凸透镜焦距,求其平均值.

(3)用共轭法测量凸透镜焦距.

① 按图 2.17-3 布置光路,使物屏和像屏的间距大于 $4f$.

② 移动凸透镜,当物屏上出现清晰的放大实像和缩小实像时,分别记录凸透镜所在的位置(用左右逼近法读数),测出距离 $d$,由(2.17-3)式计算凸透镜的焦距.

③ 5 次改变物屏和像屏的位置,测出相应的 $d$,分别计算凸透镜的焦距 $f$,然后求 $f$ 的平均值.

3. 测量凹透镜的焦距

(1)用自准直法测量凹透镜焦距.

① 将物屏、凸透镜 $L_1$ 及像屏依次装在光具座上,固定物屏和凸透镜 $L_1$,使物

*NOTE*

屏到凸透镜的距离稍大于凸透镜焦距的 2 倍,即 $|AO_1|>2f$.

② 移动像屏,由左右逼近法找到其对应的像点 F 的位置,记录下来.

③ 在 $L_1$ 和 F 之间插入待测凹透镜 $L_2$ 和平面镜 M. 移动凹透镜 $L_2$,用左右逼近法找到能在原物屏上清晰呈现与原物大小相同的倒立实像的位置,记录凹透镜 $L_2$ 的位置 $O_2$,$|O_2F|$ 即为凹透镜的焦距,如图 2.17-4 所示.

④ 5 次改变物体 AB 到凸透镜 $L_1$ 的距离,测出相应的数据,对于每一组数据,分别求出凹透镜的焦距,再求其平均值.

(2)用成像法(辅助透镜法)测量凹透镜焦距.

① 按图 2.17-5 布置光路,使 $s>2f$.

② 移动像屏找到清晰的倒立缩小的实像,记录实像的位置 $x_1$.

③ 在凸透镜 $L_1$ 与像屏之间放上凹透镜 $L_2$,$L_2$ 的位置应靠近 $x_1$ 一些,此时像屏上倒立缩小的实像可能模糊不清,可将像屏向后移动,直至在 $x_2$ 处又出现清晰的像,如图 2.17-5 所示. 此时 $x_0x_2=s,x_0x_1=s'$,代入(2.17-4)式计算凹透镜的焦距.

④ 重复以上步骤,测量 5 次,分别求出凹透镜的焦距,然后计算其平均值.

【数据与结果】

将以上测量数据填入自拟表格中,按要求进行数据处理.

【思考题】

1. 如何用自准直法调节平行光?其要领是什么?

2. 不同物距的物体经凸透镜成像时,像的清晰区大小是否相同?

3. 用自准直法测凸透镜焦距时,若透镜光心偏离光具座中心坐标,应如何解决?

4 没有接收屏就看不到实像,这种说法正确吗?

## 实验 2.18 分光计的调节和棱镜材料折射率的测定

分光计是一种精确测量光线偏转角度的常用光学实验仪器,也称光学测角仪.1814 年,夫琅禾费在研究太阳暗线时改进了当时的观察仪器,设计了第一台由平行光管、三棱镜和望远镜组成的分光计.

如今,分光计作为一种常用仪器被大量应用于光学测量、光谱分析以及其他科学领域的研究,其用途十分广泛,光学中很多基本量(如反射角、折射角、衍射角等)都可以用它直接测量.借助分光计并利用光的反射、折射、衍射等物理现象,还可完成布儒斯特角、晶体折射率、光的波长、光栅常量、光的色散率等物理量的测量.它

课件

视频

既是精确测定光线偏转角的仪器,也是许多光学仪器的设计基础,摄谱仪、单色仪等光学仪器也都是在分光计的基础上发展而成的.

分光计的结构复杂、装置精密,调节操作技术较为复杂,使用时必须仔细调节.分光计的调节思想、方法和技巧在光学仪器中有一定的代表性,因此熟悉分光计的基本结构并掌握它的调节技术,也可为其他复杂光学仪器的调节和使用打下良好基础.本实验以常用的 JJY-1 型分光计为例,介绍分光计的结构和调节方法,并使用分光计测量三棱镜的最小偏向角.

【实验目的】

1. 了解分光计的结构和各部分的作用.

2. 学会分光计的调节和使用方法.

3. 学会用最小偏向角法测定棱镜材料的折射率.

【实验原理】

1. 分光计的结构和调节原理

分光计是用来测量角度的光学仪器,一般要测量入射光和出射光传播方向之间的角度.根据反射定律和折射定律,分光计必须满足下述两个要求:

（1）入射光线和出射光线应当是平行光.

（2）入射光线、出射光线与反射面（或折射面）的法线所构成的平面应当与分光计的刻度盘平行.

为此,任何一台分光计必须备有以下四个主要部件:平行光管、望远镜、载物台、读数装置.分光计有多种型号,但结构大同小异.如图 2.18-1 所示是 JJY-1 型分光计的结构图.

2. 分光计主要部件的结构及原理

（1）平行光管.

平行光管是提供平行入射光的部件.它是装在柱形圆管一端的一个可伸缩的套筒,套筒末端有一狭缝,筒的另一端装有消除色差的会聚透镜.当狭缝恰位于透镜的焦平面上时,平行光管就射出平行光束,如图 2.18-2 所示.狭缝的宽度由狭缝宽度调节螺钉 28 调节.平行光管的水平度可用平行光管倾斜度调节螺钉 27 调节,以使平行光管的主光轴和分光计的中心轴垂直.

（2）阿贝式自准直望远镜.

望远镜可用来观察和确定光束的行进方向,它是由物镜、目镜及分划板组成的一个圆管.常用的目镜有高斯目镜和阿贝目镜两种,都属于自准直目镜,JJY-1 型分光计使用的是阿贝式自准直目镜,所以其望远镜称为阿贝式自准直望远镜,结构如图2.18-3 所示.

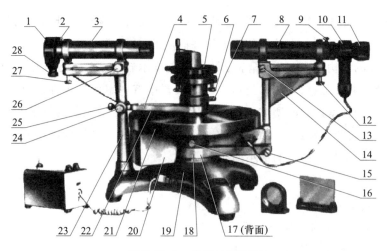

图 2.18-1　分光计结构图

1—狭缝装置;2—狭缝装置锁紧螺钉;3—平行光管;4—止动架;5—载物台;6—载物台调节螺钉(共 3 只);
7—载物台和游标盘间的锁紧螺钉;8—望远镜;9—目镜筒锁紧螺钉;10—阿贝式自准直目镜;11—目镜
调焦手轮;12—望远镜倾斜度调节螺钉;13—望远镜左右偏斜度调节螺钉;14—望远镜支撑架;15—望远
镜微调螺钉;16—望远镜和刻度盘间的锁紧螺钉;17—望远镜止动螺钉(背面);18—止动架;19—底座;
20—转座;21—刻度盘;22—游标盘;23—平行光管支撑架;24—游标盘微调螺钉;25—游标盘止动螺钉;
26—平行光管左右偏斜度调节螺钉;27—平行光管倾斜度调节螺钉;28—狭缝宽度调节螺钉.

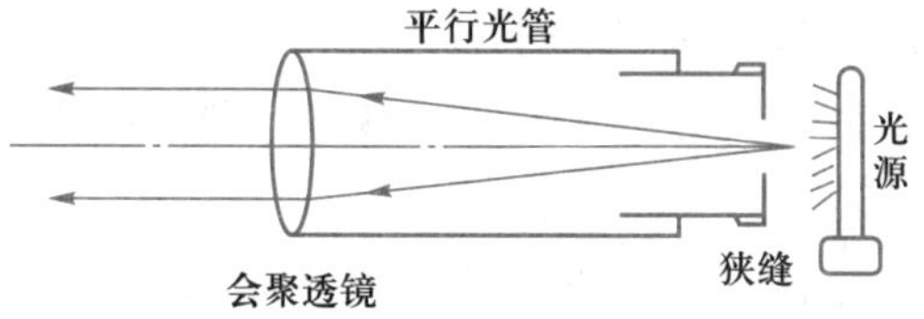

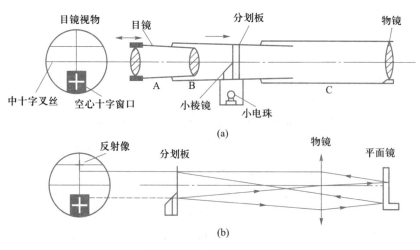

图 2.18-2　平行光管示意图

图 2.18-3　望远镜结构图

从图中可见,目镜装在 A 筒中,分划板装在 B 筒中,物镜装在 C 筒中,并处在 C 筒的端部.其中分划板上刻有"キ"形的叉丝(不同型号叉丝不相同),边上粘有一块 45°全反射小棱镜,其表面上涂了不透明薄膜,薄膜上刻了一个空心十字窗口,小电珠发出的光从管侧射入后,调节目镜前后位置,可在望远镜目镜视场中看到如图 2.18-3(a)所示的景象.若在物镜前放一平面镜,调节目镜(连同分划板)与物镜的间距,使分划板位于物镜焦平面上,则小电珠发出的光透过空心十字窗口经物镜后成平行光射于平面镜,反射光经物镜后在分划板上形成十字窗口的像.若平面镜镜面与望远镜主光轴垂直,此像将落在"キ"形叉丝上部的交叉点上,如图 2.18-3(b)所示.

(3)载物台.

载物台是用来放置待测物件的.台上附有夹持待测物件的弹簧片.台面下方装有三个水平调节螺钉,用来调节台面的倾斜度.这三个螺钉的中心形成一个正三角形.松开载物台和游标盘间的锁紧螺钉 7,载物台可以单独绕分光计中心轴转动或升降.拧紧载物台和游标盘间的锁紧螺钉 7,它将与游标盘固定在一起.游标盘可用游标盘止动螺钉 25 固定.

(4)读数装置.

读数装置是由刻度盘和游标盘组成,如图 2.18-4 所示.刻度盘上 360°分为 720 个小格.所以,最小刻度为半度(30′),小于半度则利用游标读数.游标上刻有 30 个小格,游标每一小格对应的角度为 1′.角度游标读数的方法与游标卡尺的读数方法相似,例如对于图 2.18-4 中游标 2 所示的位置,其读数为

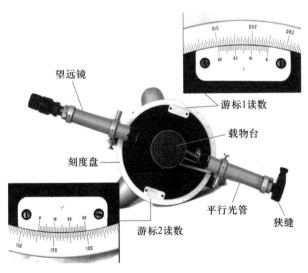

图 2.18-4 刻度盘与游标盘

157

$$\theta = 115° + 11' = 115°11'$$

两个游标对称放置,是为了消除刻度盘中心与分光计中心轴线之间的偏心差.因为仪器制造时不容易做到刻度盘中心准确无误地与中心轴重合,所以由两个游标读出的转角刻度数值就不相等,只用一个游标读数就会出现系统误差.容易证明只要将由两个相差180°的游标读出的转角刻度数值取平均值作为望远镜(或载物台)转过的角度,就可以消除偏心差.

### 3. 用最小偏向角法测折射率

玻璃的折射率可以用很多方法和仪器测定,方法和仪器的选择取决于对测量结果精度的要求.在分光计上用最小偏向角法测定玻璃的折射率,可以达到较高的精度.但此法需把待测材料磨成一个三棱镜.如果是测液体的折射率,可用平板玻璃制作一个中空的三棱镜,充入待测的液体,然后用类似的方法进行测量.

一束平行的单色光,入射到三棱镜的 $AB$ 面,经折射后由另一面 $AC$ 射出,如图 2.18-5 所示.入射光和 $AB$ 面法线的夹角 $i$ 称为入射角,出射光和 $AC$ 面法线的夹角 $i'$ 称为出射角,入射光和出射光的夹角 $\Delta$ 称为偏向角.理论证明,当入射角 $i'$ 等于出射角 $i'$ 时,入射光和出射光之间的夹角最小,称为最小偏向角 $\delta$.由图 2.18-5 可知

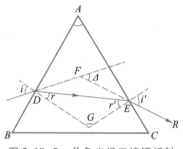

图 2.18-5　单色光经三棱镜折射

$$\Delta = (i-r) + (i'-r')$$

其中 $r$ 和 $r'$ 意义见图.

当 $i=i'$ 时,由折射定律得

$$r = r'$$

用 $\delta$ 代替 $\Delta$ 得

$$\delta = 2(i-r) \tag{2.18-1}$$

又因

$$r+r' = A$$

其中 $G$ 和 $A$ 的意义见图.所以

$$r = \frac{A}{2} \tag{2.18-2}$$

由(2.18-1)式和(2.18-2)式得

$$i = \frac{A+\delta}{2}$$

由折射定律得

$$n = \frac{\sin i}{\sin r} = \frac{\sin \dfrac{A+\delta}{2}}{\sin \dfrac{A}{2}} \tag{2.18-3}$$

由(2.18-3)式可知,只要测出三棱镜顶角 $A$ 和最小偏向角 $\delta$,就可以计算出三棱镜玻璃对该波长的入射光的折射率.

顶角 $A$ 和最小偏向角 $\delta$ 由分光计测定.

【实验仪器】

JJY-1 型分光计、光源(钠光灯或汞灯)、双面平面镜、三棱镜.

【实验内容】

1. 调节分光计

使用分光计进行测量之前,需要将分光计调到满足如下四个条件:

(1)望远镜能够接收平行光(或调焦到无穷远处).

(2)平行光管能够发射平行光.

(3)望远镜的主光轴垂直于分光计的中心轴(主光轴).

(4)平行光管主光轴与望远镜主光轴同轴等高.

为此,必须按下列步骤进行调节:

(1)熟悉分光计结构.对照分光计的结构图和实物,熟悉分光计各部分的具体结构及其调节和使用方法.

(2)粗调(目测判断).为了便于将望远镜主光轴和平行光管主光轴与分光计中心轴调至严格垂直,可先用目测法进行粗调,使望远镜、平行光管和载物台的台面大致垂直于中心轴.具体方法为:凭眼睛观察,调节望远镜倾斜度调节螺钉 12 与平行光管倾斜度调节螺钉 27.使望远镜与平行光管的主光轴大致同轴,再调节载物台三个水平调节螺钉 6,使载物台的法线方向大致与望远镜和平行光管的主光轴垂直.目测是细调的前提,也是分光计被顺利调到可测量状态的保证.

(3)细调.

① 调节望远镜适合观察平行光.

1)点亮望远镜上的照明小电珠,调节望远镜的目镜,使视场中能清晰地看到"十"形叉丝.

2)将双面平面镜(简称平面镜或双面镜)放在载物台上[参照图2.18-6(a)放置],图中 a、b 和 c 是载物台下面的三个水平调节螺钉.轻缓地转动载物台,从望远镜中能看到平面镜反射回来的十字光斑.如果找不到十字光斑,说明粗调没有达到要求,应重新进行粗调.

3）在找到反射回来的十字光斑后,调节望远镜装有叉丝的套筒,即改变叉丝与物镜间的距离,使实验者在望远镜中能十分清晰地看到十字光斑的像,并使十字光斑的像与"十"形叉丝之间无视差.这样,望远镜就可以用于接收平行光了.

② 调节望远镜主光轴,使其垂直于分光计的中心轴.

当平面镜法线与望远镜主光轴平行时,亮十字光斑的反射像与"十"形叉丝的上交点重合(如图 2.18-7 所示),旋转载物台 180°之后也能完全重合(载物台旋转 180°的目的是使平面镜旋转 180°,但注意只能旋转载物台,不能直接旋转平面镜,为什么? 请思考),则说明望远镜的主光轴已垂直于分光计的中心轴了.

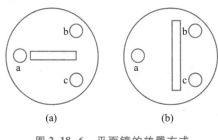

图 2.18-6　平面镜的放置方式

图 2.18-7　自准直像

但在一般情况下,十字光斑与"十"形叉丝的上交点不重合,或在"十"形叉丝交点上面,或在交点的下面,载物台旋转 180°后,十字光斑像会上下翻转.这说明载物台的法线方向与望远镜和平行光管的主光轴不严格垂直,必须细调才能实现严格垂直.在调节时先要在望远镜上看到十字光斑,且旋转载物台 180°后还能看到十字光斑(如果发现一面有光斑,另一面没有光斑,说明粗调没有达到要求,需要重新粗调),然后采用渐近法(或称各半调节法)调节较为方便.如图 2.18-8 所示,光斑在上交线下方,与交线间的距离为 $h$,调节载物台调节螺钉 6 将光斑上移 $\frac{h}{2}$ 的距离,再用望远镜倾斜度调节螺钉 12 把光斑上移 $\frac{h}{2}$ 的距离.旋转载物台 180°后处于图 2.18-8(b)位置.

同样使用载物台调节螺钉 6 将光斑往下调 $\frac{h'}{2}$,再用望远镜倾斜度调节螺钉将光斑往下调 $\frac{h'}{2}$.反复旋转载物台 180°数次,采用各半调节法,使光斑始终处于图 2.18-8(c)的位置.

③ 调节载物台平面,使其垂直于分光计中心轴

将平面镜相对于载物台旋转 90°[参照图 2.18-6(b)放置],从目镜中观察平面镜反射回来的十字像,仅调节载物台调节螺钉 a 使亮十字的反射像与"十"形叉

丝的上交线重合,(载物台调节螺钉 b、c 及望远镜倾斜度调节螺钉 12 均不能动,为什么?)此时载物台平面垂直于分光计中心轴.

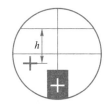
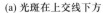
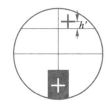

(a) 光斑在上交线下方　　(b) 光斑在上交线上方　　(c) 光斑与上交线重合

图 2.18-8　各半调节法

④ 调节平行光管,使其产生平行光;调节平行光管的主光轴,使其垂直于分光计中心轴.

用前面已调节好的望远镜来调节平行光管.如果平行光管出射平行光,则狭缝成像在望远镜物镜的焦平面上,望远镜中就能清楚地看到狭缝像,并与叉丝无视差;然后再进一步调节平行光管,使其主光轴垂直于分光计中心轴.调节方法如下:

1) 从载物台上取下平面镜,关闭望远镜上的照明小电珠,打开光源,均匀照亮狭缝.

2) 用眼睛目测,调节平行光管倾斜度调节螺钉 27,使平行光管主光轴大致与望远镜主光轴同轴.

3) 调节狭缝和透镜间的距离,使狭缝位于透镜的焦平面上,这时从望远镜中看到狭缝像的边缘十分清晰而不模糊.要求狭缝与"十"形叉丝无视差.这时平行光管发出的是平行光,再调节狭缝宽度调节螺钉 28,使狭缝宽度约为 1 mm.这样,平行光管就出射平行光了.

4) 调节平行光管主光轴,使其与分光计中心轴垂直.仍然用已垂直于分光计中心轴的望远镜去观察,旋转平行光管,使狭缝水平,然后调节平行光管倾斜度调节螺钉 27,使狭缝的像与"十"形叉丝下交线重合;将平行光管(狭缝)旋转 180°,若狭缝的像也位于"十"形叉丝下交线上,则说明平行光管的主光轴与分光计中心轴垂直,但出现这种情况的可能性很小.一般情况是狭缝旋转 180°前后,狭缝的像均不位于"十"形叉丝下交线上,这时需要反复调节平行光管倾斜度调节螺钉 27,直到平行光管旋转 180°前后,狭缝的像均与"十"形叉丝下交线重合,或者关于"十"形叉丝下交线对称.这两种情况均说明平行光管的主光轴与分光计中心轴垂直.

2. 用最小偏向角法测三棱镜玻璃折射率

(1) 锁紧望远镜和刻度盘间的锁紧螺钉 16,使望远镜与刻度盘固定在一起,把

NOTE

*NOTE*

三棱镜放在调节好的分光计载物台上, $AB$ 和 $AC$ 为光学面, $BC$ 为毛玻璃面(底面), 让平行光入射到三棱镜 $AB$ 面上(如图 2.18-9 所示), 通过肉眼在 $AC$ 面靠近 $BC$ 面(底面)的某一方向能找到狭缝出射的光通过三棱镜折射后的光谱线(若以汞灯为光源, 可看到四条谱线, 其中绿光比较强), 然后将望远镜转到用肉眼观察的位置, 便能通过望远镜看到谱线.

注意: 拿取三棱镜时不能触碰光学面, 放置三棱镜时必须轻轻地放, 不能破坏调节好的分光计和损坏三棱镜.

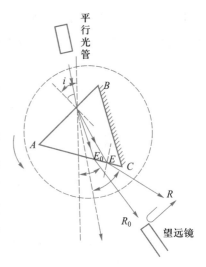

图 2.18-9 最小偏向角的观察

(2) 确定最小偏向角位置. 先将载物台连同所载三棱镜稍稍转动, 改变入射光对光学面 $AB$ 的入射角 $i$, 出射光方向 $ER$ 随之而变. 与此同时偏向角发生变化, 如图 2.18-9 所示. 这时, 从望远镜中看到的谱线也随之移动(望远镜要同步跟踪), 注意此时偏向角是增大还是减小, 然后转动载物台使谱线向偏向角减小的方向移动. 当棱镜转到某个位置时, 谱线不再移动(即 $E_0R_0$ 位置). 继续使载物台沿原方向转动, 谱线将反而向相反方向移动, 即偏向角反而增大. 这个转折位置就是最小偏向角位置, 也称为截止位置(注意对于不同颜色的谱线, 其最小偏向角也不一样, 本实验测量绿光的折射率, 因此要找到绿光的截止位置).

(3) 测量最小偏向角. 找到截止位置后, 锁紧游标盘止动螺钉 25, 转动望远镜, 使望远镜"丰"形叉丝的竖线与谱线中的绿光谱线重合, 分别记下此时两游标处的读数 $\varphi_1$ 和 $\varphi_2$, 此位置就是绿光的截止位置.

移去三棱镜(载物台保持不动), 转动望远镜, 使望远镜"丰"形叉丝的竖线与直接透射的狭缝像重合, 再记下两游标处的读数 $\varphi_{10}$ 和 $\varphi_{20}$, 此位置就是入射光所在位置. 上述两角位置相减就是要测的绿光最小偏向角的值.

$$\delta = \frac{1}{2}(|\varphi_1 - \varphi_{10}| + |\varphi_2 - \varphi_{20}|)$$

(4) 重复上述过程并测量 5 次.

【数据与结果】

1. 自拟表格记录数据, 其中 $\Delta_B = 1'$, 顶角 $A = 60°0' \pm 1'$, 绿光波长 $\lambda = 546.1$ nm.

2. 计算结果为 $n = \bar{n} \pm \Delta_n$.

3. 分析误差的主要来源.

【思考题】

1. 用分光计测量角度时,为什么要读左右两窗口的读数? 这样做的好处是什么?

2. 各半调节法的基本作用是什么?

3. 设游标读数装置中,刻度盘的分度值是 20′,游标盘共有 40 条刻度线,问该游标的分度值为多少?

4. 在用分光计进行光学测量时,为什么平行光管的狭缝要调至适当宽度? 太宽或太窄可能会产生什么后果?

5. 转动望远镜测角度之前,分光计的哪些部分应固定不动? 望远镜应和哪个盘一起转动?

【附录】视差及其消除

物镜调焦后,若眼睛在目镜端上下稍微移动,有时会出现"十"形叉丝与狭缝像有相对移动的现象,这种现象称为视差.产生视差的原因是狭缝通过物镜所成的像没有与"十"形叉丝平面重合.由于视差的存在会影响观测结果的准确性,所以必须加以消除.

消除视差的方法是反复进行目镜和物镜调焦,直至眼睛上下移动时,"十"形叉丝与狭缝像没有相对移动为止.

## 实验 2.19　光的等厚干涉

牛顿(Newton)在 1675 年首先观察到了牛顿环,他将一块曲率半径较大的平凸透镜放在一块平板玻璃上,用单色光照射透镜与平板玻璃,就可以观察到一些明暗相间的同心圆环.圆环中间疏、边缘密,圆心在接触点.从反射光方向看到的牛顿环中心是暗的,从透射光方向看到的牛顿环中心是亮的.若用白光入射,将观察到彩色圆环.牛顿环是典型的等厚薄膜干涉.凸透镜的凸球面和平板玻璃之间形成一个厚度均匀变化的圆形的劈形空气薄膜,当平行光垂直射向平凸透镜时,从劈形空气膜上、下表面反射的两束光相互叠加而产生干涉.同一半径的圆环处空气膜厚度相同,上、下表面反射光的光程差相同,因此干涉图样呈圆环状.这种由同一厚度薄膜产生同一干涉条纹的干涉称为等厚干涉.牛顿关于光学的重要发现之一就是牛顿环.

牛顿虽然发现了牛顿环,并做了精确的定量测定,可以说已经走到了光的波动说的边缘,但因为他过分偏爱他的微粒说,所以始终无法正确解释这个现象.直到

课件

视频

19 世纪初,英国科学家托马斯·杨才用光的波动说圆满地解释了牛顿环实验,使这个实验成为光的波动说的有力证据之一.

牛顿环是光的分振幅薄膜干涉的一个典型例子,分振幅干涉另一个典型的例子是空气劈尖.将两块平板玻璃叠起来,在一端垫一根细丝(或纸片),两板之间形成一层空气薄膜,这层空气薄膜就称为空气劈尖.空气劈尖和牛顿环的等厚干涉原理在生产实践中具有广泛的应用,它可用于检测透镜的曲率,测量光波波长,精确地测量微小长度、厚度和角度,检验物体表面的光洁度、平整度等.

1. 观察光的等厚干涉现象,了解等厚干涉的特点.
2. 学习用干涉法测量平凸透镜的曲率半径和微小待测物的厚度.
3. 掌握读数显微镜的原理和使用.

【实验原理】

NOTE

1. 牛顿环

牛顿环是通过将一块曲率半径很大的平凸透镜的凸面放在一块光学平板玻璃上构成的,如图 2.19-1(a)所示,在平凸透镜和平板玻璃的上表面之间形成了一层空气薄膜,其厚度由中心到边缘逐渐增加,当平行单色光垂直照射到牛顿环上时,经空气薄膜层上、下表面反射的光在凸面附近相遇产生干涉,其干涉图样是以玻璃接触点为中心的一组明暗相间的圆环,如图 2.19-1(b)所示.

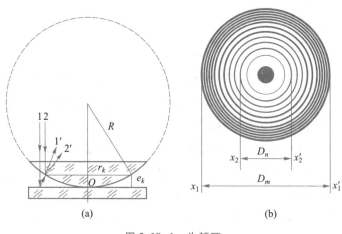

图 2.19-1　牛顿环

设平凸透镜的曲率半径为 $R$,与接触点 $O$ 相距为 $r_k$ 处的空气薄膜厚度为 $e_k$,那么由几何关系

$$R^2 = (R - e_k)^2 + r_k^2$$

因为 $R \gg e_k$，所以 $e_k^2$ 项可以被忽略，有

$$e_k = \frac{r_k^2}{2R} \qquad (2.19-1)$$

现在考虑垂直入射到 $r_k$ 处的一束光，它经薄膜层上、下表面反射后在凸面处相遇时其光程差

$$\delta = 2e_k + \lambda/2 \qquad (2.19-2)$$

其中 $\lambda/2$ 为光从平板玻璃表面反射时的半波损失，把(2.19-1)式代入得

$$\delta = \frac{r_k^2}{R} + \frac{\lambda}{2} \qquad (2.19-3)$$

由干涉理论可知，产生暗环的条件为

$$\delta = (2k+1)\frac{\lambda}{2} \quad (k=0,1,2,\cdots) \qquad (2.19-4)$$

从(2.19-3)式和(2.19-4)式可以得出，第 $k$ 级暗环的半径满足

$$r_k^2 = kR\lambda \qquad (2.19-5)$$

所以只要测出 $r_k$，且已知光波波长 $\lambda$，即可求出曲率半径 $R$；反之，若已知 $R$ 也可由 (2.19-5)式求出波长 $\lambda$.

(2.19-5)式是在透镜与平板玻璃相切于一点($e_0=0$)时的情况，但实际上并非如此，观测到的牛顿环中心是一个或明或暗的小圆斑，这是因为接触面间或有弹性形变，使得 $e_0<0$；或因面上有灰尘，使得中心处 $e_0>0$，所以用(2.19-5)式很难准确地判定干涉级次 $k$，也不易测准暗环半径. 因此实验中用以下方法来计算曲率半径 $R$.

由(2.19-5)式，第 $m$ 级暗环和第 $n$ 级暗环的直径分别满足

$$D_m^2 = 4(m+x)R\lambda \qquad (2.19-6)$$

$$D_n^2 = 4(n+x)R\lambda \qquad (2.19-7)$$

其中 $(m+x)$ 和 $(n+x)$ 为第 $m$ 环和第 $n$ 环的干涉级次，$x$ 为接触面的形变或面上的灰尘所引起的光程改变而产生的干涉级次的变化量.

将(2.19-6)式和(2.19-7)式相减得

$$D_m^2 - D_n^2 = 4(m-n)R\lambda \qquad (2.19-8)$$

则曲率半径

$$R = \frac{D_m^2 - D_n^2}{4(m-n)\lambda} \qquad (2.19-9)$$

从(2.19-9)式可知，只要测出第 $m$ 环和第 $n$ 环直径以及数出环数差($m-n$)，就无须确定各环的级次和圆心的位置了.

2. 劈尖

两块平板玻璃，使其一端平行相接，另一端夹入一细丝(或待测样品)，这样两

NOTE

NOTE

块平板玻璃之间便形成了具有一微小倾角的劈形空气薄膜,这一装置就称为劈尖,如图 2.19-2(a)所示.

当有平行光垂直照射时,空气薄膜上、下表面反射光产生干涉,从而形成明暗交替、等间隔的干涉条纹,如图 2.19-2(b)所示.其中第 $k$ 级暗环的光程差满足

$$\delta = 2e_k + \frac{\lambda}{2} = (2k+1)\frac{\lambda}{2} \quad (k=0,1,2,\cdots) \tag{2.19-10}$$

当 $k=0$ 时,由上式可得 $e_k=0$,即为两平板玻璃接触端,即劈棱.

设细丝处干涉级次为 $N$,因为两相邻暗环间的厚度差为

$$\Delta e = \lambda/2 \tag{2.19-11}$$

所以细丝厚度为

$$e_N = N\lambda/2 \tag{2.19-12}$$

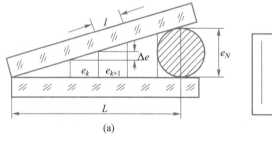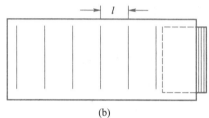

图 2.19-2　劈尖干涉

因此,只要测出干涉图样中总的条纹数 $N$,即可算出细丝厚度.但实际上 $N$ 数值往往很大,不易数出,通常只要测出 10 条条纹的间隔 $L_{10}$ 和平板玻璃交线(劈棱)到细丝的距离 $L$,就可算出总的条纹数

$$N = \frac{10}{L_{10}} \cdot L \tag{2.19-13}$$

所以

$$e_N = 5\lambda \cdot \frac{L}{L_{10}} \tag{2.19-14}$$

已知 $\lambda$,即可求出 $e_N$.

【实验仪器】

读数显微镜、钠光灯、牛顿环仪、玻璃片、细丝.

【实验内容】

1. 观察牛顿环的干涉图样

(1)调节牛顿环仪的三个调节螺钉,直到在自然光照射下能观察到牛顿环的

干涉图样,并将干涉条纹的中心移到牛顿环仪的中心附近.调节螺钉不能太紧,以免中心暗斑太大,甚至损坏牛顿环仪.

(2)把牛顿环仪置于显微镜的正下方,使单色光源与读数显微镜上与水平面成 45°角的半反射镜等高,如图 2.19-3 所示.旋转半反射镜,直至从目镜中能看到明亮均匀的光.

(3)调节读数显微镜的目镜,使十字叉丝清晰;自下而上调节物镜直至观察到清晰的干涉图样.移动牛顿环仪,使中心暗斑(或亮斑)位于视场中心,调节目镜系统,使叉丝横线与读数显微镜的标尺平行,消除视差.平移读数显微镜,观察待测的各环左右是否都在读数显微镜的读数范围之内.

2. 测量牛顿环的直径

(1)选取要测量的 $m$ 和 $n$(各5环),如将

图 2.19-3　读数显微镜

$m$ 取为 32、30、28、26、24,将 $n$ 取为 22、20、18、16、14.

(2)转动鼓轮.先使镜筒向左移动,顺序数到 35 环,再向右转到 32 环,使叉丝尽量对准干涉条纹的中心,记录读数.然后继续转动测微鼓轮,使叉丝依次与 30、28、26、24、22、20、18、16、14 环对准,顺次记下读数;再继续转动测微鼓轮,使叉丝依次与圆心右侧 14、16、18、20、22、24、26、28、30、32 环对准,也顺次记下各环的读数.注意在一次测量过程中,测微鼓轮应沿一个方向旋转,中途不得反转,以免引起回程差.

3. 调节并观测劈尖的干涉图样

(1)把两块平板玻璃一端平行相接,并使下面的平板玻璃略微向前伸出,两玻璃的交线尽量与端线平行,在另一端夹入平直细丝,使细丝的边线尽量与端线平行,并让平板玻璃边线与读数显微镜标尺平行,放于物镜正下方.

(2)转动显微镜上的 45°角半反射镜,使得目镜中看到的视场均匀明亮(注意显微镜底座的反射镜不能有向上的反射光).自下而上调节目镜直至观察到清晰的干涉图样,移动劈尖使条纹与叉丝的竖线平行,并消除视差.

(3)多次测量 10 条条纹的间距 $L_{10}$:以某一条纹的位置为 $L_x$,记下读数显微镜读数,数过 10 条条纹测出 $L_{x+10}$,则 $L_{10}=|L_{x+10}-L_x|$,再重复测量 5 次.

(4)测 $N$ 条条纹的总间距 $L$:测出平板玻璃接触处的读数 $L_0$,再测出细丝夹入处的读数 $L_N$,则 $L_{N0}=|L_N-L_0|$.

**【数据与结果】**

1. 测量平凸透镜的曲率半径

（1）自拟表格，记录测量牛顿环的环数及对应直径的读数.

（2）计算透镜曲率半径平均值 $\bar{R}=\dfrac{\overline{D_m^2-D_n^2}}{4(m-n)\lambda}$ 和不确定度 $\Delta_R=\dfrac{\Delta(D_m^2-D_n^2)}{4(m-n)\lambda}$，将测

量结果表示成 $R=\bar{R}\pm\Delta_R(\text{mm})$.

2. 用其测量薄纸片的厚度

（1）自拟表格，记录测量 10 条条纹间距的数据，并计算其平均值.

（2）观察记录劈棱边到细丝处的长度.

（3）计算细丝的直径 $e_N$ 的最佳值 $\bar{e}_N$ 和不确定度 $\Delta_{e_N}$，测量结果表示为 $\bar{e}_N\pm\Delta_{e_N}$.

**【思考题】**

1. 牛顿环的中心在什么情况下是暗的，在什么情况下是亮的？

2. 本实验装置是如何使等厚条件得到近似满足的？

3. 实验中为什么用测量式 $R=\dfrac{D_m^2-D_n^2}{4(m-n)\lambda}$，而不用更简单的函数关系式 $R=\dfrac{r_k^2}{k\lambda}$ 求

出 $R$ 值？

4. 在本实验中若遇到下列情况，对实验结果是否有影响？为什么？

（1）牛顿环中心是亮斑而非暗斑.

（2）测各个 $D_m$ 时，叉丝交点未通过圆环的中心，因而测量的是弦长而非真正

的直径.

## 实验 2.20　光栅衍射实验

课件

视频

　　光栅由大量相互平行、等距、等宽的狭缝（或刻痕）组成，通常有透射式光栅和反射式光栅两种.最早的光栅由美国天文学家里滕豪斯（Rittenhouse）制成.1786年，他在两根由钟表匠制作的细牙螺钉之间平行地绕上细丝，在暗室里透过它去看百叶窗上的小狭缝时，观察到三个亮度差不多相同的像，在每边还有几个另外的像，他实际上制成了透射式光栅.他还在费城做了光栅实验.1821年，夫琅禾费为了观测太阳光谱，用铁丝制成了透射式光栅，两年后，他又在平板玻璃上敷以金箔，再在金箔上刻槽做成了具有较大色散的反射式光栅.1870年，卢瑟福在 50 mm 宽的反射镜上用金刚石刻刀刻了 3 500 个槽，这是世界上第一块分辨率与棱镜相当的光

栅,具有重大的意义.

现在光栅作为一种分光用的光学元件,经过几百年的发展,已经形成了很多种类,除了广泛应用于摄谱仪进行光谱分析外,新型的光栅已大量用于激光器、集成光路、光通信、光学互联、光计算、光学信息处理和光学精密测量控制等各个方面.

本实验主要介绍用透射式光栅测定光栅常量和光谱线波长的原理和方法.分光计的调节与使用方法在实验 2.18 中已做过详细介绍,这里不再重复.

【实验目的】

1. 了解光栅的主要特征,掌握光栅的衍射规律.
2. 观察光栅的衍射光谱.
3. 用光栅衍射原理测定光栅常量.
4. 用光栅测定汞原子光谱部分谱线的波长.
5. 进一步熟悉分光计的调节和使用方法.

【实验原理】

当一束平行单色光入射到光栅上时,透过光栅的每条狭缝的光都产生衍射,而通过光栅不同狭缝的光会发生干涉,因此光栅的衍射条纹实质是单缝衍射和多缝干涉的综合效果.此时若在光栅后面放置一个会聚透镜,则在透镜的焦平面上可以看到一组明暗相间的衍射条纹.

设光栅的刻痕宽度为 $a$,透明狭缝宽度为 $b$,相邻两缝间的距离 $d=a+b$,称为光栅常量,它是光栅的重要参量之一.

如图 2.20-1 所示,设一个光栅 $G$ 的光栅常量为 $d$,有一束平行光沿与光栅的法线成 $i$ 角的方向,入射到光栅上产生衍射.从 $B$ 点作 $BC$ 垂直于入射光 $CA$,再作 $BD$ 垂直于衍射光 $AD$,$AD$ 与光栅法线所成的夹角为 $\varphi$.如果在这个方向上由于光振动的加强而在 $F$ 处产生了一个明条纹,其光程差($|CA|+|AD|$)必等于波长的整数倍,即

$$d(\sin \varphi \pm \sin i) = k\lambda \qquad (2.20-1)$$

式中,$\lambda$ 为入射光的波长.当入射光和衍射光都在光栅法线同侧时,(2.20-1)式括号内取正号;在光栅法线两侧时,(2.20-1)式括号内取负号.

当入射光垂直入射到光栅上,即 $i=0$ 时,则(2.20-1)式变成

$$d\sin \varphi_k = k\lambda \qquad (2.20-2)$$

这里,$k$ 为衍射级次,$k=0,\pm1,\pm2,\cdots$,$\varphi_k$ 为第 $k$ 级谱线的衍射角.

如果入射光为一束复色光垂直入射,经光栅后,在 $k=0$ 处,各色光叠加在一起呈原色,称中央明条纹.在中央明条纹的两侧,且为同一级次 $k$ 的光波长从小到大

排列而形成彩色谱线,这种由光栅分光产生的光谱称为光栅光谱.

本实验室提供的光源为低压汞灯,它的光谱每级有四条特征谱线:紫色 435.8 nm、绿色 546.1 nm、黄色 577.0 nm 和 579.1 nm.如图 2.20-2 所示,$k=0$ 为中央明条纹,$k=\pm1$ 在中央明条纹两侧且各有四条谱线.如果光栅的分辨率足够好的话,可以观察到 $k=\pm2,\pm3$ 的各组谱线.

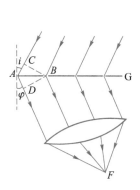

图 2.20-1 光栅的衍射

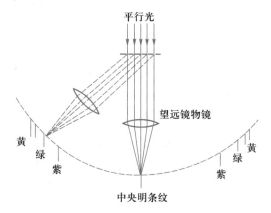

图 2.20-2 光栅衍射光谱

从(2.20-2)式中可知,如果已知入射光的波长,用分光计测出衍射角 $\varphi_k$,则可根据(2.20-2)式的光栅方程求出光栅常量 $d$;反之,如果已知光栅常量 $d$,用分光计测出第 $k$ 级谱线中某一明条纹的衍射角 $\varphi_k$,则同样可用(2.20-2)式计算出该明条纹所对应的单色光的波长.

本实验中,我们已知绿光波长 $\lambda_{绿}=546.1$ nm,测出相应的衍射角,算出光栅常量;再根据得到的光栅常量,通过实验中测出的另外一条紫色谱线和两条黄色谱线的衍射角,求出紫色谱线和两条黄色谱线的波长.

【实验仪器】

JJY-1 型分光计、低压汞灯、全息光栅.

【实验内容】

1. 调节分光计

为了满足平行光入射的条件以及能够测准谱线的衍射角,分光计应处在待测状态.也就是说,分光计的调节应使望远镜能接收平行光,平行光管能发射平行光,并使二者的主光轴同轴等高,垂直于分光计的中心轴,详细调节步骤参见本书的实验 2.18.

2. 调节光栅

（1）将光栅平面与平行光管的主光轴调至垂直.

将光栅按如图 2.20-3 所示的方式放置在载物台上,光栅平面垂直于 a、b 连线,使望远镜与平行光管共轴,光栅光谱的中央明条纹与叉丝竖线重合.以光栅平面作为反射面,仅调节载物台水平调节螺钉 a 或 b,(注意:望远镜、平行光管的倾斜度调节螺钉已调好,不能再动!)使从光栅平面反射回来的绿色亮十字像与分划板上方叉丝重合.然后旋紧游标盘止动螺钉 25,锁定游标盘(参见实验 2.18).

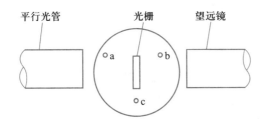

图 2.20-3　光栅 G 在载物台上的位置

（2）调节光栅刻痕,使其与分光计主光轴平行.

转动望远镜,观察汞灯衍射光谱的分布情况以及中央零级光谱与两侧的各级光谱各条谱线是否等高,若不等高,说明光栅刻痕与分光计中心轴不平行,此时调节载物台水平调节螺钉 c(不可调 a、b),使中央明条纹两侧的谱线等高.但要注意观察此时亮十字像是否仍在正确位置,若有变动,应重复步骤（1）,反复调节,直至（1）、（2）两个条件都满足为止.

注意:光栅位置被调好后,实验过程中不应再移动.游标盘(连同载物台)应固定,测量时只转动望远镜(连同刻度盘),不再转动和碰到光栅.

（3）调节平行光管狭缝.

调节平行光管提供的光束的亮度、狭缝宽度,以能够分辨出两条紧挨的黄色谱线为准.若背景光太强,可设法挡去.

3. 测定汞灯第二级各谱线的衍射角 $\varphi_k$

入射光垂直于光栅的平面时,对于同一波长的光,对应于同一 $k$ 级左右两侧的衍射角是相等的.为了提高精度,一般是测量中央明条纹的左右各对应级次的衍射光夹角 $2\varphi_k$,如图 2.20-4 所示,然后再算出 $\varphi_k$.为测量方便,一般从 -2 级的黄光开始向 +2 级方向转动望远镜,逐条谱线依次测出其所在的方位角,直到测完 +2 级的两条黄光位置为止.

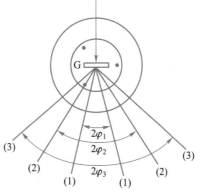

图 2.20-4　光栅光谱的观察

4. 求光栅常量和光谱波长

（1）以汞灯绿色光谱线的波长 $\lambda = 546.1$ nm 作为理论真值，由测得的衍射角求出光栅常量 $d$.

（2）用已求出的 $d$ 值，测定汞灯的两条黄色谱线和一条紫色谱线的波长.

【数据与结果】

1. 原始数据记录及衍射角计算

分光计类型：JJY-1 型分光计，测量精度为 $1'$，且 $\Delta_{仪} = 1'$，自拟表格记录数据.

2. 数据处理要求

（1）根据绿光的波长写出光栅常量及不确定度. 先写出绿光的衍射角 $\varphi_{2绿}$ 以及 $\Delta\varphi_2 = \Delta_{仪}$，再根据（2.20-2）式计算出光栅常量 $d$ 及 $\Delta_d$.

（2）由（1）求出的光栅常量，计算紫光、黄 1 和黄 2 光各谱线的波长和不确定度. 最后，将结果与理论波长相比较. 在计算 $\Delta_d$ 和 $\Delta_\lambda$ 时，请推导它们的计算公式.

【思考题】

1. 什么是光栅常量？光栅光谱的排列有何规律？

2. 应用光栅方程测量谱线波长的条件是什么？在实验中如何判断这些条件已经满足？

3. 如果光栅平面和分光计中心轴平行，但光栅刻痕和中心轴不平行，那么整个光谱排列会有何变化？对测量结果有无影响？若有影响，应怎样调节？

4. 钠光（波长 $\lambda = 589.3$ nm）垂直入射到 1 mm 有 500 条刻痕的平面透射式光栅上时，试问最多能看到第几级光谱？请说明理由.

5. 在光栅衍射实验中垂直入射的光是复合光，不同波长的光为什么能分开？中央透射光是什么光？

# 第三章　数字化物理实验

随着数字传感技术在工农业生产和人类生活中的应用日益普及,数字化时代已经到来.物理实验与数字技术的结合,显得更加重要,这是切合时代发展要求的.本章选择了 5 个综合性实验,既可以用传统的方法进行实验,也可以用数字传感器实时采集各种物理变化的数据,并通过计算机软件进行实验处理和分析.本章的学习可强化学生用现代数字技术解决问题、分析问题的能力.

*NOTE*

## 实验 3.1　PASCO 力学组合实验

课件

视频

随着计算机技术的普及,人们将计算机和先进的传感技术相结合,实时采集物理实验中各种物理量变化的数据,通过应用软件进行数据处理和结果分析,得到可靠结论,这样的数字化实验已逐步成为当前实验的主流.本实验利用运动传感器、转动传感器及配套的数据采集系统进行时间、距离与速度之间关系的测量和复摆特性的研究.

运动传感器以超声波脉冲为原理,超声波最早是由意大利科学家斯帕拉捷通过蝙蝠实验发现的.蝙蝠利用超声波在夜间导航,它的喉头发出一种频率超过人的耳朵所能听到的高频声波,这种超声波沿着直线传播,一碰到物体就迅速返回,它们用耳朵接收了这种返回的超声波,从而对周边情况做出准确的判断.如今超声波原理已广泛地运用在航海探测、导航和医学等领域中.

复摆是比单摆更有实际意义的物理模型,通过对复摆模型的分析,我们能对物体的转动惯性和小角度近似下的简谐振动等有更深一步的了解.通过这些实验,我们可以初步掌握如何使用计算机对物理量进行实时测量.

（一）时间、距离与速度之间关系的测量

【实验目的】

1.　了解运用计算机对物理量进行实时测量的系统.

2.　学会利用图表、曲线描述一个物体的运动情况,测量运动物体的位置和时间之间的关系,描绘运动曲线.

3.　测量运动物体的速度和时间之间的关系,描绘运动曲线.

【实验原理】

描述物体的运动时,要知道物体相对于参考点的位置、速度和加速度,这些都是最基本的要素.如图 3.1-1 所示的运动传感器可根据物体反射回来的超声波脉冲来测定物体的位置.当物体运动时,可以在单位时间内多次测量物体的位置.瞬间的位置改变可以表示为速度(单位为 m/s).瞬间的速度改变可以表示为加速度(单位为 m/s$^2$).

物体在某个特定时间的位置可以标注在图表上,人们可以绘出物体的速度和加速度与时间的关系图.图表是一个物体运动情况的数学表示,既直观又清晰.在这个实验中,我们将实时(即运动发生时)测量运动情况,并用图表描绘.

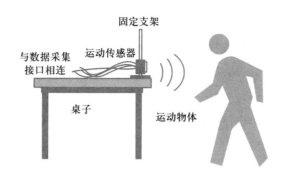

图 3.1-1　声波定位搜索装置(即运动传感器)原理图

【实验仪器】

运动传感器、Science Workshop-Interface 750(传感器数据采集接口电路)、固定支架和计算机.

【实验内容】

1. 实验准备

(1) 将运动传感器安装在支架上的合适位置处,将计算机监视器放在合适的位置,以保证你在远离传感器运动时,可以看到屏幕.

(2) 打开 Science Workshop-Interface 750 的电源,并将其与计算机连接.

(3) 检查运动传感器的插头是否连接到数据采集接口上(黄色镶边的插头插入数字通道 1,另一个插头插入数字通道 2).

(4) 打开计算机.

2. 软件使用

(1) 打开计算机,运行桌面上的"运动实验 1(或运动实验 2)"软件.打开后桌面显示位置(m)-时间(s)[速度(m/s)-时间(s)]的图表(这个图表中将显示参考运动曲线).

(2) 在实验中,用鼠标左键单击 $\boxed{\bullet}_{REC}$ 按钮,此时传感器灯闪烁并发出"滴答"声,表示开始记录数据,此时移动运动物体,计算机开始自动采样.运动数据采集完成点击 $\boxed{\blacksquare}_{STOP}$ 按钮.按此步骤可重复进行第二次、第三次……实验,直至得到理想的结果.

关于 Science Workshop 软件包使用说明参看本实验附录.

3. 研究运动物体位置与时间的关系(运动实验 1)

(1) 运动物体(表面平整)与传感器表面平行放置,初始距离不超过 10 cm. 运动物体在传感器正面可以移动的距离不小于 2 m(本实验中可采用人身体后移或手

NOTE

175

持运动物体平行后移).运动物体与传感器的距离增加的运动被视为"正"运动,与传感器的距离减少的运动被视为"负"运动.

(2) 当你准备好后,站到运动传感器前面(警告:你将向后运动,因此要确定你后面的区域没有障碍物).

(3) 用鼠标左键单击 $\boxed{\bullet_{\text{REC}}}$ 方框按钮,开始数据记录(数据记录将立刻开始,运动传感器会发出微弱的"滴答"声).

(4) 观察图表中的运动曲线.努力调节你的运动,使你的运动曲线与已存在的位置–时间曲线相匹配.

(5) 超出一定时间后,数据记录将自动停止,或者用鼠标左键单击 $\boxed{\blacksquare_{\text{STOP}}}$ 方框按钮,立即结束数据记录."数据#1"将出现在实验设置窗口的数据列表中.

(6) 将数据记录过程再重复第二次和第三次.努力提高你的运动曲线与已存在于图表中的曲线的匹配性.

(7) 图表可以同时显示一次以上的实验数据,你可以同时显示多达三次实验的数据.如果你记录了三次以上的实验,可使用纵轴旁边的数据菜单来选择你想看到的那次实验数据.要删除某次实验的数据,可单击实验设置窗口的数据列表中的这次实验,然后按下键盘上的"Delete"键.

4. 研究运动物体速度与时间的关系(运动实验2)

(1) 在开始实验前,先考虑好以下问题:

① 开始时你应该向哪个方向(正或负)运动?

② 你必须达到的最大速度是多少?

③ 你的运动将持续多长时间?

(2) 当你准备好后,站到运动传感器前面(警告:你将向后运动,因此要确定你后面的区域没有障碍物).

(3) 用鼠标左键单击 $\boxed{\bullet_{\text{REC}}}$ 方框按钮,开始数据记录(数据记录将立刻开始,运动传感器会发出微弱的"滴答"声).

(4) 观察图表中的运动曲线.努力调节你的运动,使你的运动曲线与已存在的位置–时间曲线相匹配.

(5) 超出一定时间后,数据记录将自动停止,或者用鼠标左键单击 $\boxed{\blacksquare_{\text{STOP}}}$ 方框按钮,立即结束数据记录."数据#1"将出现在实验设置窗口的数据列表中.

(6) 将数据记录过程再重复第二次和第三次.努力提高你的运动曲线与已存在于图表中的曲线的匹配性.

(7) 图表可以同时显示一次以上的实验数据,你可以同时显示多达三次实验的数据.如果你记录了三次以上的实验,可使用竖轴旁边的数据菜单,来选择你想看到的那次实验数据.要删除某次实验的数据,可单击实验设置窗口的数据列表中的这次实验,然后按下键盘上的"Delete"键.

## 【数据与结果】

1. 记录运动物体位置–时间的关系

（1）用图表中的统计工具,来找出你最好的位置–时间曲线中间部分的最佳拟合直线的斜率,记录在实验报告上,并把该曲线的采样频率记录在实验报告上.

① 用鼠标单击并围绕你的曲线中间部分拉出一个矩形.使用图表统计区中的"∑（统计）"菜单按钮.从曲线拟合菜单中选择"Line Fit（线性拟合）",来显示你的位置–时间曲线上被选定部分的斜率.

② 统计区中方程的"$a_2$"项就是所选那段运动的斜率.这部分位置–时间曲线的斜率就是所选的那段运动期间的速度.

（2）检查你的运动曲线与图表中已存在的曲线拟合程度,记录统计区中的"Total Abs. Difference（总绝对差）"和"chi^2（拟合优良度）"项.

（3）记录表格中的对应曲线的实验数据（将表格中的第一列序号乘以采样的 $\Delta t$,即得该数据点对应的时间轴坐标）,并在方格纸上画出曲线,附在实验报告上.

2. 记录运动物体速度–时间的关系

（1）用图表中的统计工具,来测定你最好的速度–时间曲线与图表中已有的那条曲线匹配的程度.单击"∑（统计）"按钮,然后单击"Autoscale（自动分度）"按钮,来重新分度图表以适应你的数据.

（2）检查你的运动曲线与图表中已存在曲线的拟合程度,记录统计区中的"Total Abs. Difference（总绝对差）"和"Chi^2（拟合优良度）"项.

（3）记录数据表格中的数据,在方格纸上画出图形,附在实验报告上.

## 【思考题】

1. 若在实验中单击开始按钮进行数据采集时仪器没有响应,试分析其可能的原因,我们应检查仪器哪些部分排除故障?

2. 结合运动传感器的探测原理,试思考运动物体表面平整度（比如运动物体为表面平整的实验教材或凹凸不平的人体头部等）对实验数据有何影响.

3. 速度–时间曲线的斜率代表着什么物理意义?

（二）复摆特性的研究

## 【实验目的】

1. 掌握复摆物理模型的分析.

2. 通过实验学习用复摆测量重力加速度的方法.

3. 对物理量的测量中如何使用计算机控制实时测量系统有一定的掌握.

【实验原理】

复摆是一刚体绕固定的水平轴在重力的作用下做微小摆动的动力运动体系. 如图 3.1-2 所示,刚体绕转轴 $O$ 在竖直平面内做左右摆动,$C$ 是该物体的质心,与 $O$ 轴的距离为 $h$,$\theta$ 为其摆动角度. 若规定右转角为正,此时刚体所受力矩与角位移方向相反,即有

$$M = -mgh\sin\theta$$

若 $\theta$ 很小时($\theta$ 在 5° 以内)近似有

$$M = -mgh\theta \qquad (3.1-1)$$

又根据转动定律,该复摆有

$$M = I\ddot{\theta} \qquad (3.1-2)$$

其中 $I$ 为该物体的转动惯量. 由(3.1-1)式和(3.1-2)式可得

$$\ddot{\theta} = -\omega^2\theta \qquad (3.1-3)$$

其中 $\omega^2 = \dfrac{mgh}{I}$. 此方程说明该复摆在小角度下做简谐振动,周期为

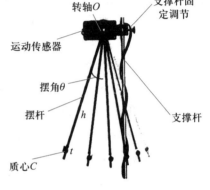

转轴 $O$　支撑杆固定调节
运动传感器
摆角 $\theta$
摆杆
支撑杆
$h$
$t$
质心 $C$

图 3.1-2　复摆物理模型

$$T = 2\pi\sqrt{\frac{I}{mgh}} \qquad (3.1-4)$$

设 $I_c$ 为转轴过质心且与 $O$ 轴平行时的转动惯量,那么根据平行轴定理可知

$$I = I_c + mh^2 \qquad (3.1-5)$$

代入上式得

$$T = 2\pi\sqrt{\frac{I_c + mh^2}{mgh}} \qquad (3.1-6)$$

对于固定的刚体而言,$I_c$ 是固定的,因而实验时,只需改变质心到转轴的距离 $h_1$,$h_2$,则刚体周期分别为

$$T_1 = 2\pi\sqrt{\frac{I_c + mh_1^2}{mgh_1}} \qquad (3.1-7)$$

$$T_2 = 2\pi\sqrt{\frac{I_c + mh_2^2}{mgh_2}} \qquad (3.1-8)$$

为了使计算公式简化,取 $h_2 = 2h_1$,合并(3.1-7)式和(3.1-8)式得

$$g = \frac{12\pi^2 h_1}{(2T_2^2 - T_1^2)} \qquad (3.1-9)$$

*NOTE*

只要测量周期和质心离转轴的距离,就可测量当地的重力加速度了.

【实验仪器】

旋转传感器、复摆装置、Science Workshop-Interface 750(传感器数据采集接口电路)、计算机.

【实验内容】

1. 调节支架底脚螺钉使支架水平、支撑杆竖直,摆杆可以在竖直平面内自由摆动.检查硬件的连接是否完好,打开接口电路.

2. 开启计算机,运行"复摆实验"(关于 Science Workshop 软件包的使用见本实验附录).

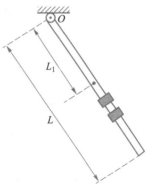

图 3.1-3　复摆的杆

3. 用左键单击 方框按钮,随后其下方蓝色小方块开始闪烁,表示记录开始,此时可摆动复摆,计算机开始自动记录,最后单击 方框按钮,停止记录.上述步骤可重复进行多次,且每次以不同颜色的线表示.

4. 如图 3.1-3 所示,复摆的杆长 $L = 35.5$ cm,杆上有一孔,处于距转轴 $L_1 = 16.5$ cm 处.有两个质量均为 $m_1$、厚度均为 2 cm 的相同砝码块,根据实验需要可固定在杆上的不同位置.实验时砝码块的放置方式如图 3.1-4 和图 3.1-5 所示,以杆的小孔为中心,两砝码块对称放置(两相对面间距为 1 cm),则 $h_1 = 16.5$ cm;然后将砝码块移到摆杆下端对称放置,间距仍为 1 cm,则质心到转轴 $O$ 的距离 $h_2 = 33$ cm,这样放置可以确保 $h_2 = 2h_1$.

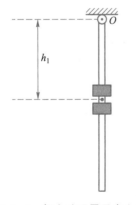

图 3.1-4　杆上砝码置于中心孔
对称位置的示意图

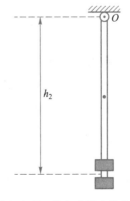

图 3.1-5　杆上砝码变换位置
后的示意图

5. 将两砝码块置于孔的上下对称位置处,如图 3.1-4 所示.孔至摆杆上端的距离为 $h_1$,微微摆动,用计算机测出周期,波形如图 3.1-6 所示.取 10 个波形,确定时间 $t_1$、$t_{10}$,由公式

$$T_1 = \Delta t_{10}/10 = (t_{10}-t_1)/10 \qquad (3.1-10)$$

求出周期,用同样的方法进行 3 次,求出平均值.

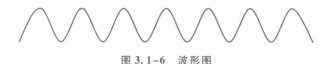

图 3.1-6　波形图

6. 调节砝码位置,如图 3.1-5 所示,将砝码移至摆杆下端,使最下端砝码块下表面与摆杆下表面平齐,上端砝码块与下端砝码块相距 1 cm,因为此距离远小于摆杆长度,所以此时质心到摆杆上端的距离约为摆长,即为 $2h_1$,用同样的方法测量周期 $T_2$,列表记录相关数据.

7. 记录其中一条曲线的实验数据,并在方格纸上画出其图形,附在实验报告上.

【数据与结果】

1. 设计表格,记录复摆周期数据.

2. 记录其中一条曲线的实验数据,并在方格纸上画出其图形,附在实验报告上(或拍照打印,附在报告上).

3. 由公式计算出当地的重力加速度值.

4. 求出相对误差,并分析误差主要来源.(杭州地区的加速度 $g_理 \approx 9.793$ m/s$^2$.)

【思考题】

1. 若在实验中支撑杆不竖直,摆杆摆动时转轴偏离水平,会对实验造成什么影响?

2. 在复摆实验中有一系列的近似,比如理论公式中角度小于 5° 时正弦值近似等于弧度值、忽略轴的摩擦力及空气阻力等,特别是实验中我们把摆杆视为轻质细杆而忽略了质量.试分析讨论本实验中忽略摆杆质量对实验结果的影响.

3. 在实验中用较大的角度($\theta \approx 20°$)摆动复摆,记录在 10 个周期内每个周期与角度的关系,会得到什么样的结果?

【附录】Science Workshop 软件包使用手册

1. 启动 Science Workshop

双击桌面上 Science Workshop 的图标,或者打开"开始"菜单中的 Science

Workshop 组的"科学工作室",可以启动一个空的实验,见图 3.1-7.

双击桌面上的相应实验图标可以启动一个预先设置好的实验(包括实验传感器的连接、采样频率的设置、各种显示窗口的设置等).

图 3.1-7　菜单栏

2. 新建一个实验

新建实验:选择"File(文件)"菜单的"New(新建)"或用快捷键"Alt"+"N"可以新建一个"空"的实验.

连接传感器:拖拉 Analog(模拟)▮或 Digital(数字)▯插头到一个通道的插孔中,在出现的传感器选择窗口(见图 3.1-8)中选择一个传感器,重复该操作直到实验所用的所有传感器都已连好. 选择一个传感器图标后按"Delete"键可以删除该传感器的连接.

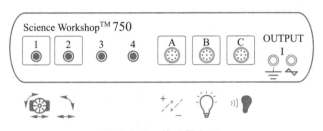

图 3.1-8　传感器窗口

确定采样频率:单击"Experiment Setup(实验设置)"窗口的"Sampling Options(采样选项)"按钮,或选择"Experiment(实验)"菜单的"Sampling Options(采样选项)"可以进行采样频率的设置. 缺省采样频率为每秒 10 次(10 Hz),采样频率过低会造成重要数据的丢失.

连接数据显示窗口:拖拉所需的各种数据显示图标到已连接好的传感器的图标上,见图 3.1-9.

图 3.1-9　传感器图标

保存实验设置:选择"File(文件)"菜单的"Save(保存)",可以保存这个实验设置.

3. 使用显示窗口

建立显示窗口:拖拽所需的各种数据显示图标到已连接好的传感器图标上或

NOTE

选择"Display(显示)"菜单的"New(display-type)(新建各种显示窗口)"即可建立显示窗口,见图3.1-10.

关闭显示窗口:选择显示窗口控制菜单中的"Close(关闭)",即可关闭显示窗口,见图3.1-11.

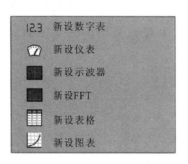

关闭按钮

图3.1-10　建立显示窗口　　　　图3.1-11　关闭显示窗口

更改显示输入:单击"Input Menu(输入菜单)"按钮,然后选择一个输入通道,再选择输入量即可,见图3.1-12.

图3.1-12　更改显示输入

4. 使用信号发生器

打开信号发生器窗口:单击"Experiment Setup(实验设置)"窗口的"Signal Generator(信号发生器)"按钮 ∿ 或选择"Experiment(实验)"菜单的"Signal Generator(信号发生器)"菜单,可以打开信号发生器窗口(图3.1-13).

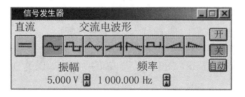

图3.1-13　信号发生器窗口

关闭信号发生器窗口:选择信号发生器窗口控制菜单中的"Close(关闭)"即可

关闭信号发生器窗口.

打开或关闭信号发生器:单击"On/Off(开/关)"按钮,可以打开或关闭信号发生器.也可以单击"Auto(自动)"按钮,当实验数据录制或监视开始时,自动打开信号发生器,当停止时关闭信号发生器.

产生直流信号:单击直流按钮 $\boxed{\text{---}}$ ,更改直流电压到所需值.

产生交流信号:单击所需波形的按钮,更改电压幅度及频率到所需值,波形见图 3.1-14.

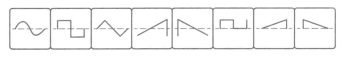

图 3.1-14 交流信号波形

5. 录制实验数据

单击"Experiment Setup(实验设置)"窗口的"REC(录制)"按钮 $\boxed{\text{REC}}$ (也可选择"Experiment(实验)"菜单的"Record(录制)",或用快捷键"Alt"+"R"),开始录制数据,见图 3.1-15.

单击"Experiment Setup(实验设置)"窗口的"STOP(停止)"按钮 $\boxed{\text{STOP}}$ (也可选择"Experiment(实验)"菜单的"Stop(停止)",或用快捷键"Alt"+"."),停止录制数据,见图 3.1-16.

图 3.1-15 录制数据

图 3.1-16 停止录制数据

我们也可以通过"Sample Options"对话框,设置为当满足一定条件时(如某个输入的电压、一定的时间或一定的采样数据,见图 3.1-17),自动开始录制和结束

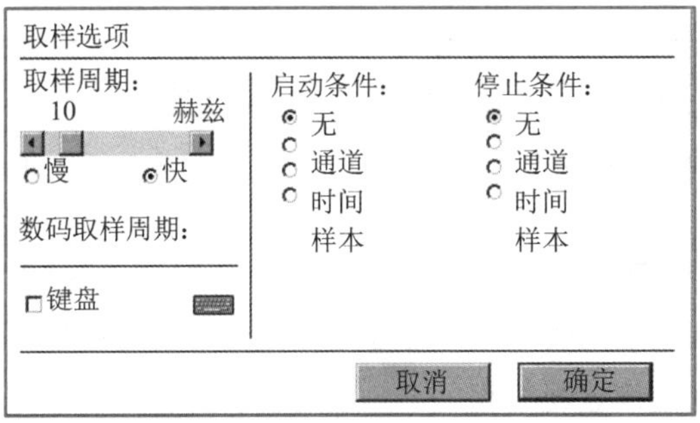

图 3.1-17 条件选择对话框

录制.注意:设置为自动录制后也要先开始录制,系统才会对开始录制条件进行判断,满足后才真正开始录制.

单击"Experiment Setup(实验设置)"窗口的"PAUSE(暂停)"按钮 ▊▊(也可选择"Experiment(实验)"菜单的"Pause(暂停)",或用快捷键"Alt"+","),暂停录制数据,再重复一次又可以录制数据,见图 3.1-18.

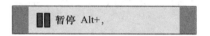

图 3.1-18　暂停录制数据

停止录制后,录制的数据会在"Experiment Setup(实验设置)"窗口的数据列表中出现.可以重复录制以得到多组数据.选择一组录制的数据后按"Delete"键,可以删除这组数据,见图 3.1-19.选择"File(文件)"菜单的"Save(保存)"或"Save As(另存为)",可以将数据保存.

6. 监视实验数据

监视数据就像录制数据一样,数据在监视过程中有显示但没有保存.监视数据可以在录制数据前作为预览实验使用.

单击"Experiment Setup(实验设置)"窗口的"MON(监视)"按钮 ▶(也可选择"Experiment(实验)"菜单的"Monitor(监视)",或用快捷键"Alt"+"M"),开始监视数据,见图 3.1-20.

图 3.1-19　实验窗口
的数据表

单击"Experiment Setup(实验设置)"窗口的"STOP(停止)"按钮 ■(也可选择"Experiment(实验)"菜单的"Stop(停止)",或用快捷键"Alt"+"."),停止监视数据,见图 3.1-21.

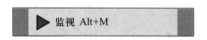

图 3.1-20　监视数据

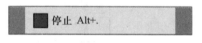

图 3.1-21　停止监视数据

单击"Experiment Setup(实验设置)"窗口的"PAUSE(暂停)"按钮 ▊▊(也可选择"Experiment(实验)"菜单的"Pause(暂停)",或用快捷键"Alt"+","),暂停监视数据,再重复一次可继续监视数据.

*NOTE*

## 实验 3.2　PASCO 光学组合实验

如何将光的强度变化精确地转换成电信号是光电测量技术以及自动化控制技术等领域必须解决的问题.随着光纤通信等技术的迅猛发展,光信号与电信号之间的受控精确转换更显得十分重要.同时,因为光波是电磁波,而在电磁波中起光作用的主要是电场矢量,所以电场矢量又称为光矢量.当电磁波是横波时,光波中光矢量的振动方向总与光的传播方向垂直.在垂直于光传播方向的平面内,光矢量可能有各种不同的振动状态,这种振动状态通常称为光的偏振态.光波传播的这种特性在各种高新技术领域中具有广泛的应用.

偏振是光波的基本特征之一,也是横波区别于其他纵波的最明显的标志之一.在实际中偏振有着广泛的应用,如在摄影镜头前加上偏振镜以消除反光,摄影时控制天空亮度、使蓝天变暗,使用偏振镜看立体电影,在汽车上使用偏振片、防止夜晚对面车灯晃眼等.

1801 年,托马斯·杨获得了光具有波动性的有力证据.由点光源发出的光照射到一个具有双缝的屏上,如果光由很小的粒子(或牛顿描述的"微粒")组成,则应该在双缝后的接收屏上看到两根亮线,而杨看到了一系列的亮线.杨用波的干涉解释了这一现象,从此奠定了光的波动理论的发展基础.而光的单缝衍射与光的双缝干涉一样,是表征光的波动特性的最有力的证明.这些实验使人们对光的本性有了更进一步的认识,促进了科学技术的迅猛发展.

### （一）不同光源的光强随时间变化关系的研究

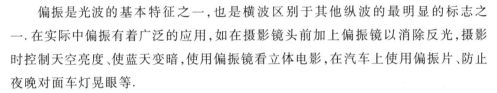

【实验目的】

1. 比较交流电和直流电发光的强度之间的异同.
2. 初步掌握使用计算机控制实时测量系统测量物理量的方法.

【实验原理】

由不同电源供电的发光器件产生不同稳定性的光强,同时发光器件的不同也会对光强的稳定性产生影响.荧光灯以特定的频率闪烁,白炽灯光在交流电路上会产生波动(但不闪烁),而在直流电路上则保持稳定.电灯泡由频率为 50 Hz 的交流电供电,因为当电压升高时,无论电压的极性如何,电灯泡都会受到激励,所以电压的最大振幅以及由此产生的最大亮度每个周期将出现两次.电灯泡将以 100 次每秒的频率出现最大亮度,也会以 100 次每秒的频率出现最小亮度.荧光灯以一定的频率闪烁,由交流电供电的白炽灯泡的光强也会波动;而由直流电供电的白炽灯泡的光强不会发生变动.

在该实验中最大的问题是如何将光强变化不失真地转换成电压变化.这既要求光传感器有较高的灵敏度和良好的动态特性,又需要计算机采样电路有足够高的采样频率.在本实验中采用的光传感器是 PIN 光电二极管,其工作原理是利用当光照射半导体材料时会产生光生载流子,因而产生光电流.其具体参量如下:

响应光谱范围:320 ~ 1 100 nm;    输出电压:±10 V;    增益水平:100×,10×,1×;最大光强(单位:lx):1×(-5),10×(-0.5),100×(-0.05).

## 【实验仪器】

光传感器、Science Workshop–Interface 750(传感器数据采集接口电路)、固定支架和计算机、手电筒、荧光灯泡、白炽灯泡、交流电源和直流电源.

## 【实验内容】

1. 测量交流供电的荧光灯泡发光强度变化规律

(1) 计算机设置.

① 将 Science Workshop 接口连接到计算机上,打开接口,然后打开计算机.

② 将光传感器 DIN 插头连接到接口上的模拟通道 A.

③ 双击桌面上的快捷图标"光学 1"打开文件,在屏上显示一个通道 A 光传感器产生的电压的示波器显示和同一个传感器的频谱(FFT)显示,还有一个光传感器产生的电压的数字显示(详见实验注释窗口).如需快速参考,请参见实验注释窗口.欲将一个显示图放至前台,请单击其所在窗口或从显示器底部的菜单栏中选择该显示图的名称.可单击窗口右上角的缩放框或恢复按钮来改变实验设置窗口的大小.

④ 此时频谱(FFT)被设置为 256 个数据点.调节窗口的位置,以便可以看到示波器显示和频谱(FFT)显示.

(2) 传感器校准和仪器设置.

一般无须校准光传感器.不过,我们可根据光源的亮度和传感器与光源的距离调节传感器的灵敏度.在光传感器盒的顶部有一个 SENSITIVITY ADJUST(灵敏度调节)旋钮.当把旋钮逆时针方向(向左)转到满程时,对于一个给定的光强,传感器将产生一个最小电压;当把旋钮顺时针方向(向右)转到满程时,对于一个给定的光强,传感器将产生一个最大电压(可达到 9.98 V).请按下面的步骤操作,以熟悉光传感器的使用方法.

① 将光传感器放在桌面上,使传感器上标有 LIGHT SENSOR(光传感器)的端口位于一个顶灯下.将 SENSITIVITY ADJUST(灵敏度调节)旋钮旋至 MAX(最大

和 MIN(最小)的中间位置.

② 单击监测按钮(MON button)开始监测数据.移动输入电压的数字显示,以便可以清楚地看到它.

③ 将 SENSITIVITY ADJUST(灵敏度调节)旋钮顺时针转到 MAX(最大),并观察数字显示中的输入电压的值.

④ 将 SENSITIVITY ADJUST(灵敏度调节)旋钮逆时针转到 MIN(最小),并观察数字显示中的输入电压的值.

⑤ 盖上 LIGHT SENSOR(光传感器)端口,并观察输入电压的值.

⑥ 拿起传感器,将旋钮转到 MAX(最大).使光传感器靠近顶灯,观察输入电压的值,然后使光传感器远离顶灯,观察输入电压的值.

⑦ 待上述观察过程结束后,单击停止(STOP)按钮,停止监测数据.

(3) 数据记录.

将光传感器放在一个离通交流电的荧光灯泡几十厘米的位置,打开荧光灯泡.

① 单击监测按钮,开始监测数据.调节示波器显示、数字显示和频谱(FFT),以便可以清楚地看到它们[注意:你会看到数字显示中的一个值和频谱显示中的一个频谱,但示波器显示中没有任何东西,这是因为示波器中的 TRIG(触发)控制是打开的,而对于光传感器产生的电压,触发水平被设置得太低].

② 调节示波器,直到你可以看到光传感器产生的电压的轨迹.首先,在触发水平指示器(Trigger Level Pointer)上方、示波器显示的左边缘的空白处单击,调节触发水平.当你在触发水平指示器上方或下方单击时,它将跳跃到你单击的位置.

③ 数字显示中的值表示实验所需的大致触发水平.例如,如果数字显示中的值是 2.8 V,则在触发水平指示器的上方,第二和第三个水平格线(2~3 V 之间)的中点附近单击.一旦出现了电压的轨迹,就在触发水平指示器的上方或下方单击,对触发水平进行微调.

④ 下一步,单击示波器显示右边缘的向上/向下箭头(UP/DOWN Arrows),来调节电压轨迹的竖直位置.

⑤ 最后,如有必要,可单击示波器显示右边缘的纵向刻度(Vertical Scale)按钮,来调节灵敏度(V/DIV).

⑥ 用频谱来测量光传感器发出的信号的频率.

1) 单击频谱显示(Frequency Spectrum display)使之活动.单击灵敏光标按钮(Smart Cursor button),频谱显示将冻结,并且光标变成一个"十"字.将光标"十"字移到显示区的第一个峰的顶部,这个点的频率将显示在横轴的下面.将这个频率值记录在【数据与结果】一节中.

NOTE

187

2）单击停止按钮,停止监测数据.

⑦ 保存示波器上显示的轨迹.

1）单击示波器使之活动.单击示波器显示右边缘的数据快照(Data Snapshot)按钮.数据高速缓存信息(Data Cache Information)窗口将打开.键入长名、短名(例如可选"荧光 AC",在后面的实验内容中可选"白炽 AC"和"白炽 DC")和单位的适当信息.单击"OK"返回示波器.

2）数据高速缓存的短名(Short Name)将出现在实验设置窗口的数据列表中(注意:在任何能够显示数据的记录,例如图表、列表和 FFT 中,都能够显示、分析数据并高速缓存).

2. 测量交流供电的白炽灯泡发光强度变化规律

用一个连接交流电源的白炽灯泡来重复上面的实验.

3. 测量直流供电的白炽灯泡发光强度的变化规律

用一个由电池供电的手电筒重复上面的实验.该实验内容结束后,在实验设置窗口的数据列表中应该有 3 次实验的数据.

**【数据与结果】**

1. 设计表格记录交流荧光灯泡、交流白炽灯泡和直流白炽灯泡供电频率.

2. 发光强度记录

单击显示菜单,从显示菜单中选择新图表.

（1）在新图表显示中,单击纵轴输入菜单按钮.从输入菜单中选择数据高速缓存、荧光 AC.图表将显示在示波器中看到的通交流电的荧光灯泡的数据.

（2）单击图表左下角的添加曲线菜单按钮.从添加曲线菜单中选择数据高速缓存、白炽 AC.图表中将增加一条新的曲线.它将显示在示波器中看到的通交流电的白炽灯泡的数据.

（3）再次单击添加曲线菜单按钮.从添加曲线菜单中选择数据高速缓存、白炽 DC.图表中将增加第三条曲线.

（4）将数据存入并进行打印.

3. 分析总结实验结果.

**【思考题】**

1. 荧光灯泡和白炽灯泡的光强变化的频率与交流频率的公认值相比如何?

2. 在 50 Hz 交流电下工作的白炽灯泡的波动与(同样条件下的)荧光灯泡(的波动)有何差别?

3. 在 50 Hz 交流电下工作的白炽灯泡的波动与使用直流电的白炽灯泡的波动

有何差别？

## （二）光的偏振实验

### 【实验目的】

1. 通过光的偏振实验，了解光的偏振特性．

2. 找出穿过两个偏振片的透射光强度与两个偏振片偏振化方向的夹角 $\phi$ 之间的关系．

3. 对在物理量的测量中如何使用计算机控制实时测量系统有初步的掌握．

### 【实验原理】

1. 光的偏振性

尽管光波是一种特殊波段的电磁波，但普通光源发出的光不具有偏振性．因为普通光源发出的光是由大量不同的波列组成的，每一个波列持续的时间都非常的短，尽管对某一特定的波列来说它是具有偏振性的，但不同的波列振动方向不同，所以在与传播方向垂直的平面内，向各个方向的光矢量随机分布，这种光称为自然光．太阳光和日常所用的光源所发出的光都是自然光，自然光可以在垂直于传播方向的平面内分解为任意两个方向垂直、强度相等的光振动．

偏振片是最常用的一种偏振器件，它是把一些具有二向色性的非线性材料涂在透明的塑料片或者玻璃片上做成的，它能让某一个振动方向的光通过，而能吸收或者阻止与该方向垂直的光振动通过，能通过的那个光矢量的方向称为偏振片的偏振化方向．

如果一束自然光通过偏振片后与偏振片偏振化方向垂直的光振动被吸收，而与之平行的光振动通过，这时出来的光只有一个振动方向，这种光称为线偏振光，简称偏振光．

2. 马吕斯定律

图 3.2-1 中前面的偏振片 $P_1$ 称为起偏器，双箭头直线表示偏振化方向，它的作用是把自然光变为偏振光，出来的偏振光振动方向与起偏器的偏振化方向一致．后面的偏振片 $P_2$ 称为检偏器，若检偏器的偏振化方向与起偏器的偏振化方向成 $\phi$ 角，从起偏器出来的偏振光（也就是入射到检偏器的入射光）光强为 $I_0$，根据振幅矢量的分解原理很容易得到经过检偏器后的出射光光强为

$$I = I_0 \cos^2 \phi \qquad\qquad (3.2\text{-}1)$$

这就是马吕斯定律．

通过旋转偏振片 $P_2$ 就可以测得出射光强 $I$ 随偏振片 $P_1$ 和 $P_2$ 偏振化方向的夹

角 $\phi$ 的变化关系,从而验证马吕斯定律.

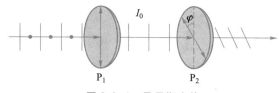

图 3.2-1　马吕斯定律

（1）若 $\phi$ 为零,第二个偏振片的偏振化方向与第一个偏振片一致,$\cos^2\phi$ 为 1.这样通过第二个偏振片的光强与通过第一个偏振片的光强相等,这种情况下允许最大光强通过.

（2）若 $\phi$ 为 90°,第二个偏振片的偏振化方向垂直于第一个偏振片,$\cos^2\phi$ 为 0.这样通过第二个偏振片的光强为零,这种情况下允许最小光强通过.

上述这些结果中,已假定偏振片对光没有吸收,而实际上,许多偏振片并不透明,这导致有些波长的光通过偏振片时被吸收而减弱.

【实验仪器】

Science Workshop-Interface 750（传感器数据采集接口电路）、基本光源、光阑托架（OS-8534）、光传感器、旋转运动传感器（RMS）、带旋转运动传感器的偏振分析仪、计算机.

【实验内容】

1. 硬件设置

（1）将基本光源放在光学导轨的一端,将两个偏振片分别放在元件支架上,然后把支架放在一个水平面(例如光学导轨)上.将光源和光传感器分别放在偏振片的两边,使光传感器上的端口与光源位于同一高度并且对齐.安装好带旋转运动传感器的偏振分析仪.调节光传感器和光源的位置,使光源和光传感器端口之间的一条假想线穿过两个偏振片的中心,如图 3.2-2 所示.

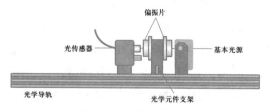

图 3.2-2　偏振分析仪

（2）检查 Science Workshop-Interface 750 接口是否连接到计算机上.

（3）检查光传感器的 DIN 插头是否连接到接口上的模拟通道 A.将旋转运动

传感器立体声插头连接到接口上的数字通道 1 和 2(黄色镶边的插头插入数字通道 1,另一个插头插入数字通道 2).

2. 软件使用

在实验中,首先应校准光传感器,使它在两个偏振片的轴平行时产生最大电压.然后利用光传感器测量通过两偏振片的相对光强.改变第二个偏振片相对于第一个的角度,通过旋转运动传感器测量这个角度,由 Science Workshop 软件记录和显示光强分布及两偏振片之间的夹角.利用软件计算及比较相对光强与角度 $\phi$、$\cos \phi$ 和 $\cos^2 \phi$ 的关系.

(1) 开启计算机,进入 Windows 界面,选中"偏振",双击鼠标左键进入软件.

(2) 打开文件,并打开一个来自光传感器的光强的数字显示、一个来自光传感器的电压的数字显示和一个光强度-角度的图表显示.

(3) 选择传感器及设置采样频率.

① 把旋转运动传感器设置成高分辨率(如将周长分成 1 440 格),使滑轮做线性转动.

② 设置光传感器采样频率为 20 Hz(每秒测量 20 次).

(4) 选择显示方式.

① 选择图形显示.

② 设置坐标轴.把纵轴设置为光强,横轴设置为角度位置.

(5) 校准光传感器.

① 打开光源.移动光源和光传感器,使它们尽可能接近偏振片.

② 非常小心地取下偏振片,使光源发出的光直接进入光传感器的端口.

③ 在实验设置窗口中,双击光传感器图标,打开传感器设置窗口.

④ 在传感器设置窗口中,光传感器产生的电压的当前值出现在标有"Volts"一栏的底部.旋转光传感器上的 SENSITIVITY ADJUST(灵敏度调节)旋钮,直到电压的当前值达到最大值(尽可能接近 9.99 V).

⑤ 如果电压值已经是最大,则将 SENSITIVITY ADJUST 旋钮向 MIN 的方向(逆时针方向)旋转,直到电压刚好降到最大值.然后向 MAX 的方向(顺时针方向)稍微转动旋钮.

⑥ 单击传感器设置窗口顶部的读数按钮,将这个值记为最大值(相当于100% 强度).单击 OK,返回实验设置窗口.单击缩放框或恢复按钮,将实验设置窗口改回缩小后的尺寸.

注意:在剩下的全部实验中,要保持 SENSITIVITY ADJUST 旋钮处于这个同样的校准后的位置.

⑦ 小心地将偏振片放回光源和光传感器之间.转动第一个(最靠近光源的)偏

*NOTE*

振片,使它的偏振轴竖直(例如,零刻度竖直向上);转动第二个(最靠近光传感器的)偏振片,使它的偏振轴平行于第一个偏振片的轴.这样放置两个偏振片,可得到最大的透光率.

(6)准备记录数据.

① 用左键单击 [REC] 按钮,其下方出现闪烁的蓝色小方块,表示记录开始.

② 转动其中一个偏振片,直到透过光强最大.

③ 单击 [STOP] 按钮,停止记录.

3. 记录数据

(1)用左键单击 [REC] 按钮,其下方出现闪烁的蓝色小方块,开始记录数据.

(2)顺时针缓慢地转动在偏振分析仪上的偏振片(设置每隔10°采一次样),直到偏振器转360°.

(3)转动一周后,单击 [STOP] 按钮,停止记录数据.

(4)"数据#1"将出现在实验设置窗口的数据列表中.激活曲线图,单击 Autoscale 按钮,改变曲线图的坐标使其与数据对应,检查光强随角度变化的曲线图.

## 【数据与结果】

1. Science Workshop 软件有两个内带的为本实验创建的计算式.第一个计算式是角的余弦,这个计算式可以把键入的角度值的单位从度转化为弧度,然后计算每个角的余弦;第二个计算式是余弦的平方,它可以计算每个角的余弦的平方.

2. 计算光强与两偏振片间夹角余弦的关系

(1)单击图表使之活动,单击统计按钮来打开图表右边的统计区,然后单击 Autoscale 按钮改变曲线图的坐标使其与数据对应.

(2)单击横轴输入菜单按钮,从输入菜单中选择角的余弦计算式,图表将变成光强-角度的余弦曲线.

(3)Science Workshop 软件将把数据拟合到一个数学多项式.多项式的次数和系数显示在统计区中. chi^2 值是数据和数学式之间拟合的相近程度的量度.记录多项式拟合的次数和 chi^2 值.

3. 计算光强与两偏振片间夹角余弦平方的关系

(1)再次单击横轴输入菜单按钮,从输入菜单中选择余弦的平方计算式.

(2)图表将变成光强-余弦平方的关系曲线,重复2的过程,确定光强与角度余弦平方的关系.

4. 计算透过一个偏振片的偏振光光强百分比

5. 绘出(或打印出)光强-余弦平方的关系曲线

【思考题】

1. 什么是偏振现象？自然光和偏振光的区别是什么？

2. 从理论上讲,若三个偏振片偏振化方向相互成 17°角,则透射光强占入射光强的百分之几？假定第二个理想偏振片的偏振化方向与第一个的成 17°角,同样第三个与第二个也成 17°角.

（三）光的双缝干涉

【实验目的】

1. 研究激光通过双缝形成的干涉图案,了解光的波动性.

2. 掌握双缝干涉的光强分布特点.

3. 初步掌握使用计算机控制实时测量系统测量物理量的方法.

【实验原理】

光的双缝干涉是指从两个满足相干条件的缝光源发出的光在屏上相遇时会产生明暗相间的稳定的光强分布的现象.

如图 3.2-3 所示,实验中 S 为激光光源,用它来照亮带有双缝 $S_1$ 和 $S_2$ 的屏,那么 $S_1$ 和 $S_2$ 可以视为两个相干光源,两缝之间的间距为 $d$,到观察屏 Y 的距离为 $D$. 当 $S_1$ 和 $S_2$ 发出的光波在观察屏上相遇时,屏上的光强是两缝分别产生的光强的相干叠加,屏上产生明暗相间的干涉条纹.

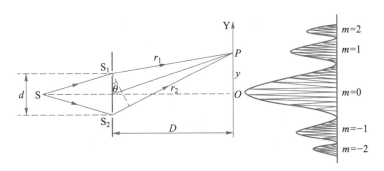

图 3.2-3　光的双缝干涉原理和光强分布图

由干涉理论,屏上明条纹的中心位置应该满足

$$d\sin\theta = \pm m\lambda \quad (m = 0, 1, 2, \cdots) \tag{3.2-2}$$

由于张角通常很小,所以 $\sin\theta \approx \tan\theta$,又由三角关系得 $\tan\theta = y/D$,其中,$y$ 为第零级明条纹中心到第 $m$ 级明条纹中心的距离,$D$ 是狭缝到屏的距离. 由(3.2-2)式

可得到狭缝的宽度

$$d = \pm \frac{m\lambda D}{y} \quad (m = 0,1,2,\cdots) \tag{3.2-3}$$

实验中只要测出第 $m$ 级条纹的位置 $y$ 和双缝屏到观察屏的距离 $D$ 就可以计算出两缝的间距 $d$. 反之,已知缝间距可测波长.

在本实验中,利用光传感器测量由单色激光通过电镀双缝以后产生的干涉花样光强极大值的强度,而由线性运动附件的旋转运动传感器测量干涉花样光强极大值的相对位置. Science Workshop 软件记录和显示光强极大值的强度和相对位置,并绘出其强度随位置变化的曲线.

【实验仪器】

Science Workshop-Interface 750(传感器数据采集接口电路)、二极管激光器、双缝圆盘、基座和支撑杆附件托架(用于放置衍射屏)、衍射屏、光传感器、旋转运动传感器(RMS)、线性运动附件(用于 RMS)、计算机等.

【实验内容】

1. 硬件设置

(1)将激光器放在光学导轨的一端,双缝放在激光器前约 3 cm 处,见图 3.2-4.

图 3.2-4  光学导轨装置

(2)将白纸覆盖在屏上,并放置于光学导轨的另一端,使其面向激光器.

(3)检查 Science Workshop-Interface 750 接口是否连接到计算机上.

(4)检查光传感器的 DIN 插头是否连接到接口上的模拟通道 A,将旋转运动传感器立体声插头连接到接口上的数字通道 1 和 2(黄色镶边的插头插入数字通道 1,另两个插头插入数字通道 2).

(5)旋转圆盘,使宽度为 0.04 mm、间距为 0.25 mm 的双缝在支架中央. 打开激光器背后的电源开关,调节激光器位置,使光斑中心落在狭缝上.

(6)将光传感器置于线性运动附件末端的夹子上,并使光传感器与线性运动附件互相垂直.

(7)将线性运动附件插入 RMS 的插槽中,将 RMS 置于如图 3.2-5 所示的光具座另一端的支架上.

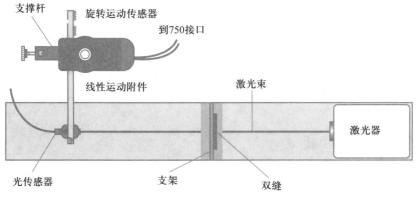

图 3.2-5　光学导轨装置

（8）调节传感器的方向,使带有光探测器的线性运动附件保持水平,调节传感器,使光探测器与干涉花样的高度相同.

（9）将光探测器连接到光传感器的 BNC 连接器上.同学们无须校准光传感器,但是请将灵敏度调节旋钮顺时针转动到最大值.

注意:在下面的实验中,请保持灵敏度调节旋钮的位置不变.

2. 软件使用

（1）开启计算机,使其进入 Windows 界面,选中"双缝干涉",双击鼠标左键进入软件.

（2）首先确定双缝到屏的距离.注意双缝应在多缝支架的中心线上,记录屏和双缝的位置及它们之间的距离.

（3）打开激光器,移动线性运动附件,使衍射斑边缘的光强极大值几乎与光探测器的末端接触.用左键单击 ⬛ REC 按钮,其下方出现闪烁的蓝色小方块,表示记录开始,此时缓慢地、平稳地移动线性运动附件,使衍射斑的光强极大值依次通过光探测器末端.计算机开始自动记录,最后单击 ⬛ STOP 按钮,停止记录."数据#1"将出现在实验设置窗口的数据列表中.

（4）激活曲线图.单击 Autoscale 按钮,改变曲线图的坐标使其与数据对应.检查光强随位置变化的曲线图.

【数据与结果】

1. 记录相关实验参量,列表记录第一级极大和第二级极大到条纹中心的距离,并计算实验值与理论计算值的相对误差.

2. 按比例画（或打印）出干涉图案的草图.

3. 将双缝调至宽度为 0.04 mm、间距为 0.50 mm，重复进行上述实验.

**【思考题】**

1. 光的相干条件有哪些？

2. 为什么用激光直接照射时可以看到干涉条纹，而用白光实现双缝干涉时需要在双缝前面加一个单缝？

## （四）光的单缝衍射

**【实验目的】**

1. 研究激光经过单缝时形成的衍射图案，了解光的波动性.

2. 检测激光通过单缝时形成的衍射图案，验证单缝衍射理论.

3. 初步掌握使用计算机控制实时测量系统测量物理量的方法.

**【实验原理】**

光的衍射现象是指光遇到障碍物时偏离直线传播方向的现象. 衍射现象一般分为菲涅耳衍射和夫琅禾费衍射，其中夫琅禾费衍射是指光源和观察者（屏）与衍射物体的距离都为无穷远（平行光）时的衍射（远场衍射）.

如图 3.2-6 所示，当激光照射到宽度为 $d$ 的单缝时，缝上每一点都可以视为发射子波的波源，或者可以简单理解为缝上每一点都视为一个发光点，偏离原直线传播的光线称为衍射光线，衍射光线与缝平面法线之间的夹角称为衍射角 $\theta$. 所有的衍射光线在观察屏上相遇时发生相干叠加，这时的叠加是无数束相干光的叠加. 由菲涅耳半波带原理或者菲涅耳-基尔霍夫衍射积分公式可以证明，其衍射条纹极小值与对应的衍射角 $\theta$ 有下列关系：

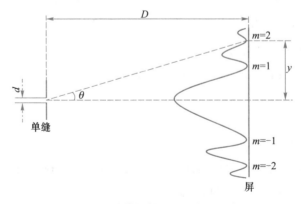

图 3.2-6　单缝衍射原理和光强分布图

$$d\sin\theta = \pm m\lambda \quad (m = 1,2,3,\cdots) \tag{3.2-4}$$

由于张角通常很小,所以 $\sin\theta \approx \tan\theta$,又由三角关系得 $\tan\theta = y/D$,其中,$y$ 为中央明条纹中心到第 $m$ 级暗纹的距离,$D$ 是狭缝到屏的距离,如图 3.2-6 所示. 由衍射方程可得到狭缝的宽度

$$d = \pm\frac{m\lambda D}{y} \quad (m = 1,2,3,\cdots) \tag{3.2-5}$$

可见只要测得单缝衍射的光强分布图,测出第 $m$ 级暗纹的位置 $y$ 和单缝到观察屏的距离 $D$ 就可以计算出单缝的宽度 $d$.

【实验仪器】

Science Workshop-Interface 750(传感器数据采集接口电路)、二极管激光器、单缝圆盘、基座和支撑杆附件托架(用于放置衍射屏)、衍射屏、光传感器、旋转运动传感器(RMS)、线性运动附件(用于 RMS)、计算机等.

【实验内容】

1. 硬件设置

(1) 将激光器放在光学导轨的一端,单缝圆盘放在激光器前约 3 cm 处,如图 3.2-7 所示.

图 3.2-7　光学导轨装置

(2) 将白纸覆盖在屏上,并放置于光学导轨的另一端,使其面向激光器.

(3) 检查 Science Workshop-Interface 750 接口是否连接到计算机上.

(4) 检查光传感器的 DIN 插头是否连接到接口上的模拟通道 A. 将旋转运动传感器立体声插头连接到接口上的数字通道 1 和 2(黄色镶边的插头插入数字通道 1,另两个插头插入数字通道 2).

(5) 旋转圆盘,使宽度为 0.04 mm 的狭缝在单缝中央. 打开激光器背后的电源开关,调节激光器位置,使光斑中心落在狭缝上.

(6) 将光传感器置于线性运动附件末端的夹子上,并使光传感器与线性运动附件互相垂直.

(7) 将线性运动附件插入 RMS 的插槽中,将 RMS 置于如图 3.2-8 所示的光具

座另一端的支架上.

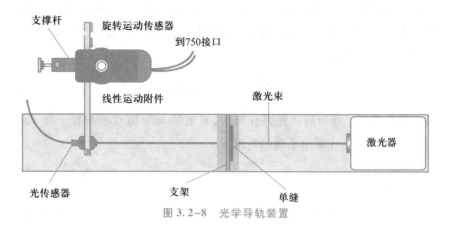

图 3.2-8　光学导轨装置

（8）调节传感器的方向使带有光探测器的线性运动附件保持水平. 调节传感器使光探测器与干涉花样的高度相同.

（9）将光探测器连接到光传感器的 BNC 连接器上. 无须校准光传感器,但将灵敏度调节旋钮顺时针转动到最大值. 注意:在下面的实验中,请保持灵敏度调节旋钮的位置不变.

2. 实验操作

（1）开启计算机,使其进入 Windows 98 的界面,选中"单缝衍射",双击鼠标左键进入软件.

（2）首先确定单缝到屏的距离. 注意单缝应在单缝支架的中心线上,记录屏和单缝的位置及它们之间的距离.

（3）打开激光器,移动线性运动附件,使衍射斑边缘的光强极大值几乎与光探测器的末端接触. 用左键单击 <kbd>REC</kbd> 按钮,其下方出现闪烁的蓝色小方块,表示记录开始,此时缓慢地、平稳地移动线性运动附件,使衍射斑的光强极大值依次通过光探测器末端. 计算机开始自动记录,最后单击 <kbd>STOP</kbd> 按钮,停止记录. "数据#1"将出现在实验设置窗口的数据列表中.

（4）激活曲线图,单击 Autoscale 按钮,改变曲线图的坐标使其与数据对应,检查光强随位置变化的曲线图.

【数据与结果】

1. 记录相关实验参量,列表记录第一级极小和第二级极小到条纹中心的距离,并计算实验值与理论计算值的相对误差.

2. 按比例画出（或打印出）衍射图案的草图.

3. 将狭缝宽度从 0.02 mm 改变到 0.08 mm,进行同样的实验.

**【思考题】**

1. 当狭缝宽度增大时,两极小值之间的距离将增大还是减小?

2. (3.2-3)式与(3.2-5)式相同,其意义相同吗?

## 实验 3.3　巨磁电阻效应实验

2007 年诺贝尔物理学奖被授予巨磁电阻效应的发现者,法国物理学家费尔(Fert)和德国物理学家格伦贝格尔(Grunberg).诺贝尔奖评审委员会说明:"这是一次好奇心导致的发现,但其随后的应用却是革命性的,因为它使计算机硬盘的容量从几百兆、几千兆,一跃而提高上千倍,达到几百 G 乃至上千 G."

课件

巨磁电阻材料在数据读磁头、磁随机存储器和传感器上有广泛的应用前景.如今,计算机、数码相机、MP3 等各类数码电子产品所装备的硬盘,基本上都应用了巨磁电阻磁头.巨磁电阻传感器可广泛地应用于家用电器、汽车工业和自动控制技术中,对角度、转速、加速度、位移等物理量进行测量和控制,与各向异性磁电阻传感器相比,具有灵敏度高、线性范围宽、寿命长等优点.

视频

本实验介绍多层膜巨磁电阻效应的原理,通过实验让学生了解几种巨磁电阻传感器的结构、特性及应用.

**【实验目的】**

1. 了解巨磁电阻效应产生的原理.

2. 理解巨磁电阻传感器工作的原理.

3. 测量巨磁电阻传感器的磁电转换特性曲线和磁阻特性曲线.

4. 学习巨磁电阻传感器的定标方法,计算巨磁电阻传感器灵敏度.

5. 用巨磁电阻传感器测量通电螺线管的磁场分布曲线.

**【实验原理】**

1. 巨磁电阻效应

巨磁电阻效应(giant magneto resistance,简称 GMR)是指磁性材料的电阻率在有外磁场作用时较之无外磁场作用时存在巨大变化的现象.磁场的微弱变化将使巨磁电阻材料电阻值产生明显改变,从而能够用来探测微弱信号.巨磁电阻是一种量子力学效应,它产生于层状的磁性薄膜结构,这种结构由铁磁材料和非铁磁材料薄层交替叠合而成.

电子在金属中运动时会受到散射而产生电阻(超导体除外),散射的原因可以是原子的振动、杂质和界面等.若给它们外加磁场,电子在磁场中运动时受到洛伦兹力的作用而使其电阻发生变化,一般材料中,电阻的变化通常很小.但电子除携带电荷外,还具有自旋特性,自旋磁矩有平行或反平行于外磁场两种可能取向.1936年,英国物理学家、诺贝尔奖获得者莫特(Mott)指出:在过渡金属中,自旋磁矩与材料的磁场方向平行的电子,所受散射概率远小于自旋磁矩与材料的磁场方向反平行的电子.总电流是两类自旋电流之和;总电阻是两类自旋电流的并联电阻,这就是所谓的两自旋电流模型.

2. 多层膜巨磁电阻

多层膜巨磁电阻由厚度为几纳米的铁磁金属层(如 Fe、Co、Ni 等)与非铁磁金属层(如 Cu、Cr、Ag 等)相间生长而成,其多层膜结构如图 3.3-1 所示,无外磁场时,上下两层磁性材料是反平行(反铁磁)耦合的,它们的磁场方向相反.由于无规则散射,无论电子的初始自旋状态如何,从一层铁磁膜进入另一层铁磁膜时,都会经历散射概率小(平行)和散射概率大(反平行)两种过程,两类自旋电流的并联电阻和两个中等阻值的电阻并联相似,对应于高电阻状态.施加足够强的外磁场后,两层铁磁

图 3.3-1　多层膜巨磁电阻结构图

膜的方向都与外磁场方向一致,外磁场使两层铁磁膜从反平行耦合变成了平行耦合,而且电流的方向平行于膜面.此时,上下两层铁磁膜的磁场方向一致,自旋平行的电子散射概率小,自旋反平行的电子散射概率大,两类自旋电流的并联电阻和一个小电阻与一个大电阻的并联相似,对应于低电阻状态.

图 3.3-2 是多层膜结构的某种 GMR 材料的磁阻特性.随着外磁场增大,电阻逐渐减小,其间有一段线性区域,磁阻变化率 $\Delta R/R$ 达百分之十几.当外磁场使两铁磁膜完全平行耦合后,继续加大磁场,电阻不再减小,进入磁饱和区域.加反向磁场时磁阻特性是对称的.注意到图 3.3-2 中的曲线有两条,分别对应增大磁场和减小磁场时的磁阻特性,这是因为铁磁材料都具有磁滞特性.

3. 自旋阀多层膜巨磁电阻

多层膜 GMR 结构简单,工作可靠,磁阻随外磁场线性变化的范围大,在制作模拟传感器方面得到广泛应用.在数字记录与读出领域,为进一步提高灵敏度,人们发明了自旋阀多层膜巨磁电阻,其结构如图 3.3-3 所示.

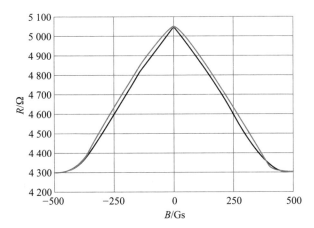

图 3.3-2　某种 GMR 材料的磁阻特性

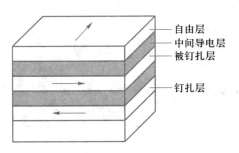

图 3.3-3　自旋阀多层膜巨磁电阻结构图

自旋阀多层膜巨磁电阻(spin valve GMR)由钉扎层、被钉扎层、中间导电层和自由层构成.其中,钉扎层使用反铁磁材料,被钉扎层使用硬铁磁材料,铁磁和反铁磁材料在交换耦合作用下形成一个偏转场,此偏转场将被钉扎层的磁化方向固定,不随外磁场改变.自由层使用软铁磁材料,它的磁化方向易于随外磁场转动.这样,很弱的外磁场就会改变自由层与被钉扎层磁场的相对取向,对应于很高的灵敏度.制造时,使自由层的初始磁化方向与被钉扎层垂直,磁记录材料的磁化方向与被钉扎层的方向相同或相反(对应于 0 或 1),当感应到磁记录材料的磁场时,自由层的磁化方向就向与被钉扎层磁化方向相同(低电阻)或相反(高电阻)的方向偏转,人们检测出电阻的变化,就可确定磁记录材料所记录的信息,硬盘所用的 GMR 磁头就采用这种结构.

【实验仪器】

巨磁电阻传感器、螺线管线圈、PASCO 无线电压传感器、PASCO Capstone 软件、可调直流(稳压恒流)电源、直流电压、电流表、若干导线等.

螺线管用于在实验过程中产生大小可计算的磁场,由理论分析可知,无限长直螺线管内部轴线上任一点的磁感应强度为

$$B = \mu_0 n I \tag{3.3-1}$$

式中 $n$ 为线圈的匝密度,在本实验中 $n = 18\ 000$ 匝/米,$I$ 为流经线圈的电流,$\mu_0 = 4\pi\times10^{-7}$ H/m 为真空中的磁导率,螺线管线圈面板如图 3.3-4 所示.采用国际单位制时,$\mu_0 n = 0.023$ H/m$^2$,实验时电流以 mA 为单位,磁场 $B$ 以 Gs(高斯)为单位 $(1\ \text{T} = 10^4\ \text{Gs})$,则(3.3-1)式可简化为 $B = 0.23I$ 进行计算.

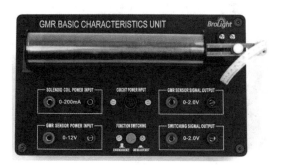

图 3.3-4　螺线管线圈面板图

根据巨磁电阻的电磁转换特性,可以进行一系列实验.下列四个实验为课程必做实验,其他 3 个模块实验在本实验附录 2 中,供同学们选做.这些实验内容,既可进行手动测量,也可运用传感器技术实现自动测量、记录数据和数据处理.

1. GMR 模拟传感器的磁电转换特性测量

在用巨磁电阻构成传感器时,为了消除温度变化等环境因素对输出的影响,一般采用桥式结构.

如图 3.3-5 所示的桥式结构中,如果 4 个巨磁电阻对磁场的影响完全同步,就不会有信号输出.将处在电桥对角位置的两个电阻 $R_3$、$R_4$ 覆盖一层高磁导率的材料(如坡莫合金),以屏蔽外磁场对它们的影响,而 $R_1$、$R_2$ 的阻值随外磁场改变.设无外磁场时 4 个电阻的阻值均为 $R$,输出电压为零,即电桥处于平衡状态.当 $R_1$、$R_2$ 在外磁场作用下电阻减小 $\Delta R$ 时,平衡电桥变为非平衡电桥,由简单分析可知,输出电压与变化电阻的关系为

$$U_0 = U_1 \cdot \Delta R / (2R - \Delta R) \tag{3.3-2}$$

屏蔽层同时设计为磁通聚集器,它的高磁导率将磁感线聚集在 $R_1$、$R_2$ 电阻所在的空间,进一步提高了 $R_1$、$R_2$ 的磁灵敏度.从几何结构还可见,巨磁电阻被光刻成微米宽度迂回状的电阻条,以将其电阻增大至 k$\Omega$ 数量级,使其在较小工作电流

下得到合适的电压输出. 磁电转换特性实验原理图如图 3.3-6 所示.

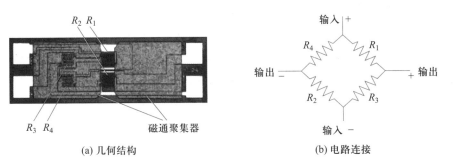

(a) 几何结构　　　　　　　　　　(b) 电路连接

图 3.3-5　GMR 模拟传感器结构图

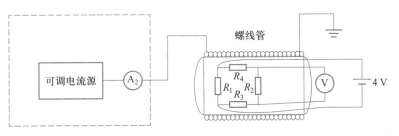

图 3.3-6　GMR 模拟传感器磁电转换特性实验原理图

（1）实验电路连接.

按照图 3.3-7 连接导线, 将 GMR 模拟传感器置于螺线管磁场中, 再将功能切换按钮切换为"传感器测量 (SENSOR MEASUREMENT)"（即黄色按钮弹出）. 实验仪的恒流源输出电流设置为 0 ~ 0.2 A（即黄色按钮弹出）, 所有电压、电流旋钮都逆时针调到底, 再次确认导线连接无误后, 打开电源开关.

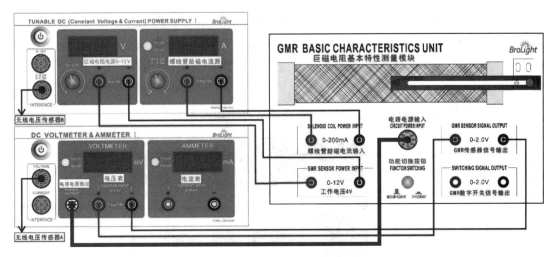

图 3.3-7　GMR 模拟传感器磁电转换特性实验导线连接图

（2）调节磁感应强度，测量输出电压（手动）.

将巨磁电阻电源电压调节至 4 V，调节螺线管励磁电流，使其从 0.15 A 逐渐减小至 0（改变磁感应强度），测出相应的输出电压 $U_0$（mV）. 由于恒流源本身不能提供反向电流，当电流减至 0 后，交换恒流输出接线的极性，使电流反向. 然后励磁电流 $I_M$ 从 0 至 -0.15 A 逐步变化，测出相应的输出电压 $U_0$，此时流经螺线管的电流为负（磁感应强度反向）. 使电流从 -0.15 A 至 0.15 A，再重复一次上述过程，就可以得到输出电压与磁感应强度之间的关系，实现磁电转换测量.

理论上讲，外磁场为零时，GMR 模拟传感器的输出应为零，但由于半导体工艺的限制，4 个桥臂电阻值不一定完全相同，导致外磁场为零时输出不一定为零，在有的传感器中可以观察到这一现象.

外磁场强度不同时输出电压的变化反映了 GMR 模拟传感器的磁电转换特性，同一外磁场强度下输出电压的差值反映了材料的磁滞特性.

（3）学习巨磁电阻传感器的定标方法，计算巨磁电阻传感器灵敏度.

根据上述测量数据，通过作图法得到输出电压（纵坐标，单位为 mV）与磁感应强度（横坐标，单位为 Gs）之间的关系曲线，选取线性部分（在 1.5 ~ 10.5 Gs 范围内）再进行直线拟合（或求其斜率 $k$），进而求得传感器灵敏度 $S = \dfrac{k}{U_+}$，其中 $U_+ = 4$ V 为传感器的工作电压，灵敏度的单位为 mV/（V·Gs）.

（4）GMR 模拟传感器的磁电转换特性的测量（数据自动采集和测量）.

① 把无线电压传感器 A 连接到恒流源的电压端口（INTERFACE→VOLTMETER），把无线电压传感器 B 连接到恒流源的电流端口（INTERFACE→0 ~ 0.2 A/0 ~ 1.0 A）（硬件设置参见本实验附录 1）.

② 双击软件右侧工具条中的"表格"和"图表"图标，创建一个图表和一个表格. 因为电压传感器采集到的数据是电压值，需要在软件上做以下换算. 点击"计算器"，编辑传感器电压：UO = [电压，通道 A：（伏 V），▼] * 1 000，单位设置为"mV"；编辑励磁电流：IM = [电压，通道 B：（伏 V），▼] * 1 000，单位设置为"mA". 最后点击"计算器"，隐藏该对话框，设置完成后界面如图 3.3-8 所示.

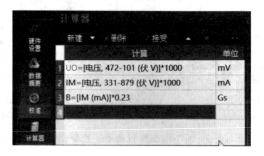

图 3.3-8　计算器设置

③ 点击表格 1 中"选择测量",表格第一列选择"UO(mV)",表格第二列选择"IM(mA)".点击表格 1 工具条的"创建关于选定列数据的新计算",插入一列可计算的数据列,点击"计算 1"选择重命名为 B,单位为"Gs",并输入计算公式:B = [IM(mA),▼] * 0.23.

④ 点击图表 1 中的纵坐标"选择测量"→"UO(mV)",点击横坐标时间(s)→"B(Gs)",设置完成的无数据时的界面如图 3.3-10 所示.

⑤ 设置两路数据的通用采样率为 10 Hz,如图 3.3-9 所示.

图 3.3-9 数据采样率设置图

⑥ 调节巨磁电阻电源电压至 4 V,调节励磁电流至 0.150 A,再次检查连线无误,然后点击软件的"记录"按钮.

⑦ 缓慢旋转电流旋钮,逐步减少电流,当电流值调到 0 后,点击软件的"停止"按钮.交换恒流输出接线的极性,使电流反向,同时也要交换连接到无线电压传感器 B 上的红黑导线极性.再次点击软件的"记录"按钮,增大励磁电流 $I_M$,此时流经螺线管的电流与磁感应强度的方向为负,当电流值调到 0.150 A 后,点击软件的"停止"按钮.将电流从 -0.150 A 到 0.150 A 的过程再重复一次,可直接得到如图 3.3-10 所示图表.

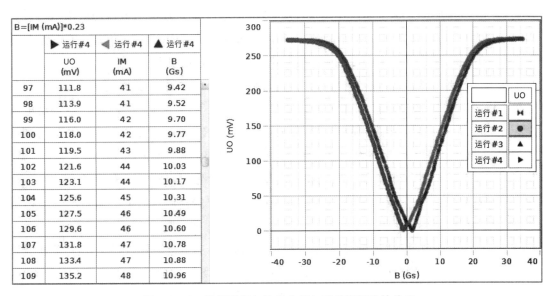

图 3.3-10 数据图表与输出电压与磁感应强度的关系

自动测量时,选取电流为 0.010 ~ 0.045 A(对应磁感应强度为 1.5 ~ 10.5 Gs)

的实验曲线,点击图表 1 工具条中的曲线拟合工具"将选定的曲线拟合应用于活动数据/选择要显示的曲线拟合",选择"线性 mx+b"拟合,得到 $U_0 = mB + b$,如图 3.3-11 所示,从而得到巨磁电阻传感器灵敏度 $S = \dfrac{m}{U_+} = \dfrac{13.9}{4} \dfrac{\text{mV}}{\text{V} \cdot \text{Gs}} = 3.475 \dfrac{\text{mV}}{\text{V} \cdot \text{Gs}}.$

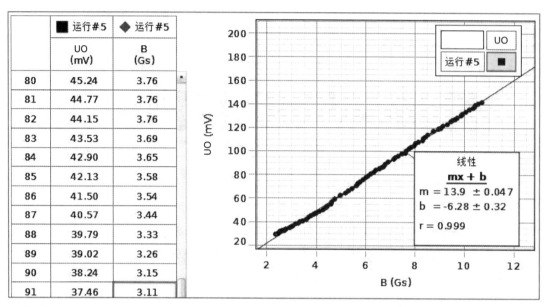

| | ■ 运行#5 | ◆ 运行#5 |
|---|---|---|
| | UO (mV) | B (Gs) |
| 80 | 45.24 | 3.76 |
| 81 | 44.77 | 3.76 |
| 82 | 44.15 | 3.76 |
| 83 | 43.53 | 3.69 |
| 84 | 42.90 | 3.65 |
| 85 | 42.13 | 3.58 |
| 86 | 41.50 | 3.54 |
| 87 | 40.57 | 3.44 |
| 88 | 39.79 | 3.33 |
| 89 | 39.02 | 3.26 |
| 90 | 38.24 | 3.15 |
| 91 | 37.46 | 3.11 |

图 3.3-11　巨磁电阻传感器灵敏度测量图表

2. 用 GMR 模拟传感器测量通电螺线管的磁场分布曲线

按照图 3.3-7 连接导线,将传感器电源电压设置为 4 V,恒流源输出电流设置为 0 ~ 0.2 A(即黄色按钮弹出),电流调节到 0.030 A(注意:当螺线管电流超过 0.045 A 时,其产生的磁感应强度超出传感器的线性范围).

将传感器电路板上的刻度"0"对准固定座上面的刻线,此时传感器位于螺线管的正中央.缓慢地移出传感器电路板,同时记录下不同刻度时的传感器输出电压值,根据实验 1 中得到的传感器灵敏度 $S$ 换算出对应的磁感应强度 $B$,从而得到通电($I = 0.030$ A)螺线管磁感应强度大小随位置变化的分布曲线.

若采用自动测量技术,则硬件连接和软件设置同实验 1,在软件中创建一个新页面,建立一个新的图表,点击图表中的纵坐标"选择测量"→"UO(mV)",点击横坐标时间(s).

点击软件的"记录"按钮,匀速缓慢地移出传感器电路板,当传感器移至螺线管外面后,点击软件的"停止"按钮.此时得到的磁场分布曲线,如图 3.3-12 所示.因为传感器匀速移动,所以横轴的时间对应于位置坐标.

3. GMR 开关(数字)传感器的磁电转换特性测量

将 GMR 模拟传感器与比较电路、晶体管放大电路集成在一起,就构成了 GMR

开关(数字)传感器,它的结构如图 3.3-13 所示.

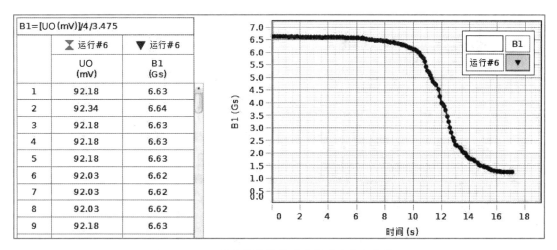

| B1=[UO(mV)]/4/3.475 | | |
|---|---|---|
| | ⏳ 运行#6 | ▼ 运行#6 |
| | UO (mV) | B1 (Gs) |
| 1 | 92.18 | 6.63 |
| 2 | 92.34 | 6.64 |
| 3 | 92.18 | 6.63 |
| 4 | 92.18 | 6.63 |
| 5 | 92.18 | 6.63 |
| 6 | 92.03 | 6.62 |
| 7 | 92.03 | 6.62 |
| 8 | 92.03 | 6.62 |
| 9 | 92.18 | 6.63 |

图 3.3-12　通电螺线管的磁感应强度分布曲线

比较电路的功能是:当电桥电压低于比较电压时,输出低电平;当电桥电压高于比较电压时,输出高电平.选择合适的 GMR 电桥并调节比较电压,可调节开关传感器开关点对应的磁感应强度.

图 3.3-14 是 GMR 开关(数字)传感器的磁电转换特性曲线.当磁感应强度的绝对值从小到大时,开关打开(输出高电平),当磁感应强度的绝对值从大到小时,开关关闭(输出低电平).

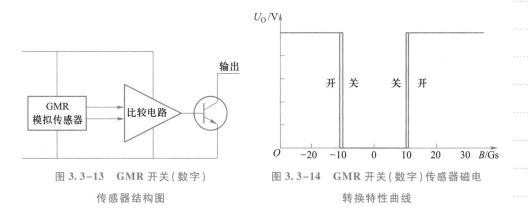

图 3.3-13　GMR 开关(数字)　　　图 3.3-14　GMR 开关(数字)传感器磁电
传感器结构图　　　　　　　　　转换特性曲线

(1)实验线路连接.

按如图 3.3-15 所示的方式连接导线,将 GMR 开关(数字)传感器置于螺线管磁场中,使功能切换按钮处于"传感器测量(SENSOR MEASUREMENT)"(即黄色按钮弹出)状态.实验仪的恒流源输出电流设置为 0~0.2 A(即黄色按钮弹出),电压表量程选择 0~2.0 V,所有电压、电流旋钮都逆时针调到底,再次确认导线连接无误后,打开电源开关.

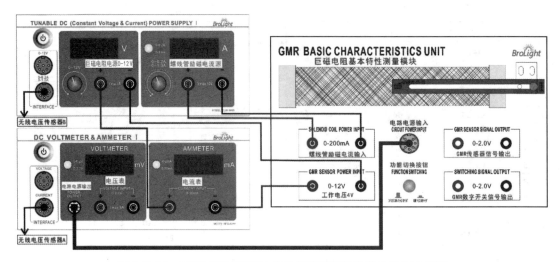

图 3.3-15 GMR 开关(数字)传感器的磁电转换特性测量连线图

(2)调节磁感应强度,测量磁电转换特性(手动).

将传感器电源电压设置为 4 V,励磁电流从 0.1 A 逐渐减小,输出电压从高电平(开)转变为低电平(关);当电流减至 0 后,交换恒流输出接线的极性,使电流反向,再增大励磁电流,此时流经螺线管的电流与磁感应强度的方向为负,输出电压从低电平(关)转变为高电平(开),记录相应的输出电压.将电流从 -0.1 A 到 0.1 A 的过程再重复一次,记录相应的输出电压,作出传感器磁电转换特性曲线.

(3)传感器的磁电转换特性测量(数据自动采集和测量).

① 双击软件右侧工具条中的"表格"和"图表"图标,创建一个图表和一个表格.点击表格 1 中工具条的"在右侧插入空列",点击"选择测量",表格第一列选择"UO(mV)",表格第二列选择"IM(mA)",表格第三列选择"B(Gs)".

② 点击图表 1 中的纵坐标"选择测量"→"UO(mV)",点击横坐标时间(s)→"B(Gs)",设置完成的界面如图 3.3-16 无数据时的界面.

③ 设置两路数据的通用采样率为 10 Hz.

④ 调节巨磁电阻电源电压至 4 V,调节励磁电流至 0.100 A,再次检查连线无误,然后点击软件的"记录"按钮.

⑤ 缓慢旋转电流旋钮,逐步减少电流,当电流值调到 0 后,点击软件的"停止"按钮.交换恒流输出接线的极性,使电流反向;同时也要交换连接到无线电压传感器 B 上的红黑导线极性.再次点击软件的"记录"按钮,增大励磁电流 $I_M$,此时流经螺线管的电流与磁感应强度的方向为负,当电流值调到 0.100 A 后,点击软件的"停止"按钮.将电流从 -0.1 A 到 0.1 A 的过程再重复一次,计算机生成的磁感应强度 $B$ 和输出开关电压 $U_0$ 的关系曲线如图 3.3-16 所示,根据实验结果曲线确定高

NOTE

电平和低电平.

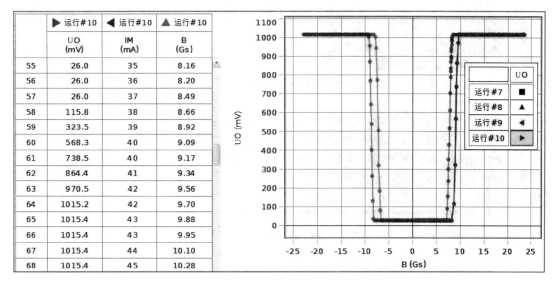

| | ▶ 运行#10 | ◀ 运行#10 | ▲ 运行#10 |
|---|---|---|---|
| | UO (mV) | IM (mA) | B (Gs) |
| 55 | 26.0 | 35 | 8.16 |
| 56 | 26.0 | 36 | 8.20 |
| 57 | 26.0 | 37 | 8.49 |
| 58 | 115.8 | 38 | 8.66 |
| 59 | 323.5 | 39 | 8.92 |
| 60 | 568.3 | 40 | 9.09 |
| 61 | 738.5 | 40 | 9.17 |
| 62 | 864.4 | 41 | 9.34 |
| 63 | 970.5 | 42 | 9.56 |
| 64 | 1015.2 | 42 | 9.70 |
| 65 | 1015.4 | 43 | 9.88 |
| 66 | 1015.4 | 43 | 9.95 |
| 67 | 1015.4 | 44 | 10.10 |
| 68 | 1015.4 | 45 | 10.28 |

图 3.3–16　GMR 开关(数字)传感器的磁电转换特性曲线

#### 4. GMR 磁阻特性测量

将基本特性测量模块的功能切换按钮切换为"巨磁电阻测量(GMR MEAS-UREMENT)"(即黄色按钮按下),此时被磁屏蔽的两个电桥电阻 $R_3$、$R_4$ 被短路,而 $R_1$、$R_2$ 并联.将电流表串联进电路中,测量不同磁场时回路中电流的大小,就可以通过欧姆定律计算磁阻,原理如图 3.3–17 所示.

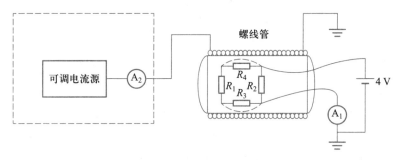

图 3.3–17　磁阻特性测量原理图

(1)实验线路连接.

按照图 3.3–18 连接导线,将 GMR 模拟传感器置于螺线管磁场中,使功能切换按钮处于"巨磁电阻测量(GMR MEASUREMENT)",即黄色按钮按下状态.将实验仪恒流源输出电流设置为 0～0.2 A(即黄色按钮弹出),实验仪电流表量程选择 0～2.0 mA,所有电压、电流旋钮都逆时针调到底,再次确认导线连接无误后,打开电源开关.

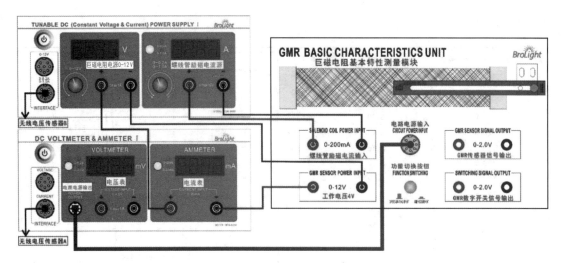

图 3.3-18 磁阻特性测量连线图

（2）调节磁感应强度，测量磁阻特性（手动）.

调节巨磁电阻电源电压为 4 V，励磁电流从 0.150 A 逐渐减小，当电流减至 0 后，交换恒流输出接线的极性，使电流反向；再次增大电流，此时流经螺线管的电流与磁感应强度的方向为负，测量此过程中传感器回路的电流，并根据欧姆定律算出巨磁电阻值.将电流从 -0.150 A 到 0.150 A 的测量过程再重复一次.以磁感应强度 $B$ 为横坐标，巨磁电阻值为纵坐标作出磁阻特性曲线.

（3）磁阻特性的测量（数据自动采集和测量）.

① 双击软件右侧工具条中的"表格"和"图表"图标，创建一个图表和一个表格.因为电压传感器采集到的数据是电压值，需要做以下换算.点击"计算器"，编辑磁阻电流：IS = ［电压，通道 A：（伏 V），▼］* 10，单位设置为"mA"；编辑励磁电流：IM = ［电压，通道 B：（伏 V），▼］* 1000，单位设置为"mA".最后点击"计算器"，隐藏该对话框.

② 点击表格 1 中工具条的"在右侧插入空列"，点击"选择测量"，表格第一列选择"IM（mA）"，表格第二列选择"B（Gs）"，表格第三列选择"IS（mA）".点击表格 1 工具条的"创建关于选定列数据的新计算"，插入一列可计算的数据列，点击"计算 1"选择重命名为"R"，单位为"Ohm"，输入其计算公式：R = 4000/［IS（mA）］.

③ 点击图表 1 中的纵坐标"选择测量"→选择"R（Ohm）"，点击横坐标时间（s）→选择"B（Gs）"，设置完成的界面如图 3.3-19 无数据时的界面.

④ 设置两路数据的通用采样率为 10 Hz.

⑤ 将巨磁电阻电源电压调为 4 V，调节励磁电流至 150 mA，再次检查连线无误，然后点击软件"记录"按钮.

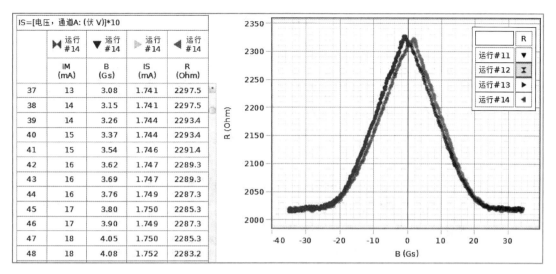

图 3.3-19　磁感应强度 $B$ 和磁阻的关系曲线

⑥ 缓慢旋转电流旋钮,逐步减少电流,当电流值调到 0 后,点击软件"停止"按钮.交换恒流输出接线的极性,使电流反向;同时也要交换连接到无线电压传感器 B 上的红黑导线极性.再次点击软件的"记录"按钮,增大励磁电流 $I_M$,此时流经螺线管的电流与磁感应强度的方向为负,当电流值调到 150 mA 后,点击软件的"停止"按钮.将电流从 -150 mA 到 150 mA 的过程再重复一次.最后,得到如图 3.3-19 所示的磁感应强度 $B$ 和磁阻的关系曲线.

【数据与结果】

1. GMR 模拟传感器磁电转换特性的测量

(1)设计表格,记录励磁电流从 0.150 A 变到 -0.150 A 然后反向变化的过程中相应的磁感应强度(由 $B = 0.23 I_M$ 计算)和输出电压,并记录相关的实验参量.

(2)以磁感应强度 $B$(Gs)为横坐标、电压表的读数(mV)为纵坐标作出磁电转换特性曲线.

(3)根据所作磁电转换特性曲线,选取传感器测量磁场的线性范围为 1.5 ~ 10.5 Gs 的数据(也可以在计算机上选取自动测量数据,进行线性拟合),计算巨磁电阻传感器灵敏度[传感器技术指标中传感器灵敏度范围为 3.0 ~ 4.2 mV/(V·Gs)].

2. 用 GMR 模拟传感器测量通电螺线管的磁场分布曲线

(1)设计表格,记录励磁电流为 0.030 A 时,螺线管产生磁场的磁感应强度(通过传感器的灵敏度求出)随位置变化的分布情况,并记录相关的实验参量.

(2)在方格纸上画出磁感应强度随位置变化的分布曲线,分析螺线管磁场的特点.

3. GMR 开关(数字)传感器的磁电转换特性测量

(1)设计表格,记录励磁电流从 0.10 A 变化到 -0.10 A 然后反向变化的过程中相应的磁感应强度[由(3.3-1)式计算]和输出电压,并记录相关的实验参量.

(2)以磁感应强度 B 作横坐标、输出电压为纵坐标作出开关(数字)传感器的磁电转换特性曲线.

(3)根据实验得到的磁电转换特性曲线确定低电平和高电平.

4. GMR 磁阻特性的测量

(1)设计表格,记录励磁电流从 0.15 A 变化到 -0.15 A 然后反向变化的过程中流过磁阻的电流和相应的磁感应强度[由(3.3-1)式计算],由欧姆定律 $R = U/I_S$ 计算磁阻,并记录相关的实验参量.

(2)以磁感应强度 B 为横坐标、磁阻为纵坐标作出磁阻特性曲线.

(3)简要分析磁阻的特点.

【注意事项】

1. 由于巨磁电阻传感器具有磁滞现象,因此,在实验中恒流源只能单方向调节,不可回调.否则测得的实验数据将不准确.实验表格中的电流只是作为一种参考,实验时以实际显示的数据为准.

2. 实验过程中,实验仪器不得处于强磁场环境中.

【思考题】

1. 什么是巨磁电阻效应?

2. 巨磁电阻效应有哪些应用?

3. GMR 模拟传感器的磁电转换特性曲线中,为何两条线不重合?

4. 在实验过程中,为什么励磁电流调节过程中只能单向进行?

5. 利用巨磁电阻传感器设计一个非接触性的电流测量实验,即利用无线长通电直导线周围的磁感应强度来测量内部电流,并与理论值相对照.

【附录1】使用无线电压传感器测量的实验准备

1. 启动 PASCO Capstone 软件.

2. 点击"硬件设置",此时在硬件设置窗口中,没有任何硬件信息.

3. 用 USB 数据线连接无线电压传感器 A 到计算机 USB 端口,此时软件的硬件设置窗口如图 3.3-20 所示.

4. 用 USB 数据线连接无线电压传感器 B 到计算机 USB 端口,此时软件的硬件设置窗口如图 3.3-21 所示.

图 3.3-20　无线电压传感器 A 设置

图 3.3-21　无线电压传感器 B 设置

5. 设置 2 个电压传感器的属性:点击图 3.3-21 中的 2 个无线电压传感器的属性设置按钮,弹出如图 3.3-22 所示的对话框,将"电压范围设置"选为"±5 伏 V",然后点击"立即将传感器归零"来消除传感器的零位漂移,最后点击"确定"保存设置.设置完成后,点击"硬件设置"隐藏该窗口.注:2 个无线电压传感器都需要做上述设置.

图 3.3-22　电压传感器的属性设置

**【附录2】**

### 实验一　巨磁电阻测量电流模块(图 3.3-23)

电流测量模块中,将导线置于 GMR 模拟传感器旁,用 GMR 模拟传感器测量导线通入不同大小电流时导线周围的磁场变化,就可确定电流大小.与一般测量电流需将电流表接入电路的方法相比,这种非接触测量不干扰原电路的工作,这是它的优点.

GMR 模拟传感器在一定的范围内输出电压与磁感应强度成线性关系,且灵敏度高,线性范围大,因此我们可以方便地将 GMR 制成磁场计,测量磁感应强度或其他与磁场相关的物理量.作为应用示例,我们用它来测量导线电流.

由理论分析可知,有一通有电流 $I$ 的无限长直导线,在与导线距离为 $r$ 的一点处的磁感应强度为

$$B = \mu_0 I/2\pi r = 2I \times 10^{-7}/r \tag{3.3-3}$$

在 $r$ 不变的情况下,磁感应强度与电流成正比.

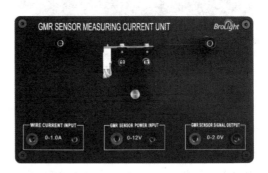

图 3.3-23   巨磁电阻电流测量模块

在实际应用中,为了使 GMR 模拟传感器工作在线性区,提高测量精度,还常常预先给传感器施加一个固定已知磁场,称为磁偏置,其原理类似于电子电路中的直流偏置,实验原理图见图 3.3-24.

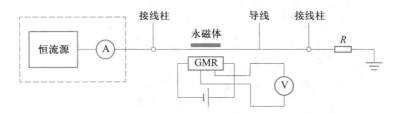

图 3.3-24   用 GMR 模拟传感器测量电流实验的原理图

按图 3.3-25 连接导线,将恒流源输出电流设置为 0 ~ 1.0 A(即按下黄色按钮),电压表量程选择 0 ~ 0.2 V,所有电压、电流旋钮都逆时针调到底,再次确认导线连接无误后,打开电源开关.

将巨磁电阻电源电压调至 4 V,将待测电流调至 0.将偏置磁铁转到远离 GMR 模拟传感器的位置,调节磁铁与传感器的距离,使输出电压约为 30 mV.

将电流增大到 1 A,再逐渐减小,记录相应的输出电压.由于恒流源本身不能提供负向电流,当电流减至 0 后,交换恒流输出接线的极性,使电流反向.再次增大电流,此时电流方向为负,记录相应的输出电压.将待测电流从 −1 A 到 1 A 的过程再重复一次.

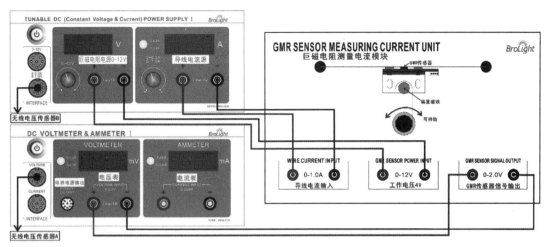

图 3.3-25　GMR 模拟传感器测量电流实验的连线图

将待测电流调节至 0. 将偏置磁铁转到接近 GMR 模拟传感器的位置,调节磁铁与传感器的距离,使输出电压约为 150 mV. 用与低磁偏置时同样的实验方法,测量适当磁偏置时待测电流与输出电压的关系.

1. 自拟表格,记录上述实验数据.

2. 以电流值为横坐标、以传感器输出电压为纵坐标作图.

3. 参考巨磁电阻模拟传感器的磁电转换特性测量实验中自动测量的方法,自行在计算机上完成自动测量.

由测量数据及所作图形可以看出,适当磁偏置时线性较好,斜率(灵敏度)较高. 由于待测电流产生的磁场远小于偏置磁场,磁滞对测量的影响也较小,根据输出电压的大小就可确定待测电流的大小.

**实验二　巨磁电阻角位移测量模块**(图 3.3-26)

角位移测量组件用巨磁电阻梯度传感器作为传感元件,铁磁性齿轮转动时,齿牙干扰了梯度传感器上偏置磁场的分布,使梯度传感器的输出发生变化,每转过一齿,就输出类似一个周期正弦波的波形. 利用该原理我们可以测量角位移(转速、速度). 汽车上的转速与速度测量仪就是利用该原理制成的.

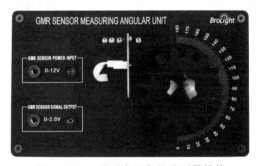

图 3.3-26　巨磁电阻角位移测量模块

将 GMR 电桥两对对角电阻分别置于集成电路两端,4 个电阻都不加磁屏蔽,即构成梯度传感器,如图 3.3-27 所示.

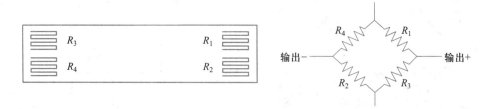

图 3.3-27　GMR 梯度传感器结构图

这种传感器若置于均匀磁场中,由于 4 个桥臂电阻的阻值变化相同,电桥输出为零.如果磁场存在一定的梯度,各 GMR 电阻受到的磁场不同,磁阻变化不一样,就会有信号输出.以检测齿轮的角位移为例,说明其应用原理,如图 3.3-28 所示.

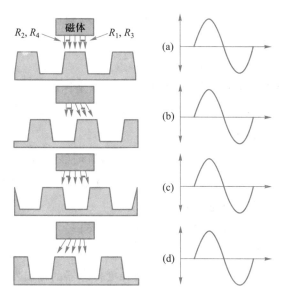

图 3.3-28　用 GMR 梯度传感器检测齿轮位移

将永磁体放置于传感器上方,若齿轮是铁磁材料,永磁体产生的空间磁场在相对于齿牙不同位置时,产生不同的梯度磁场.在如图(a)所示的位置处,输出为一个中间值.在如图(b)所示的位置处,$R_1$、$R_2$ 受到的磁感应强度大于 $R_3$、$R_4$,输出高电压.在如图(c)所示的位置处,输出回归中间值.在如图(d)所示的位置处,$R_1$、$R_2$ 受到的磁感应强度小于 $R_3$、$R_4$,输出低电压.于是,在齿轮转动过程中,每转过一个齿牙便产生一个完整的波形输出.这一原理已普遍应用于转速(速度)与位移监控,在汽车及其他工业领域得到广泛应用.

参照图 3.3-29 连接导线,电压表量程选择 $0\sim0.2$ V,所有旋钮都逆时针调到底,再次确认导线连接无误后,打开电源开关.调节巨磁电阻电源电压为 4 V.

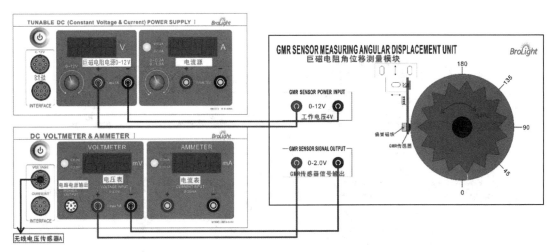

图 3.3-29 用 GMR 梯度传感器检测齿轮位移连线图

逆时针慢慢转动齿轮,从角度 0° 开始记录输出电压,以后每转 2° 记录一次角度与电压表的读数.转动 48° 齿轮转过 2 齿,输出电压变化 2 个周期.

1. 自拟表格,记录上述实验数据.

2. 以齿轮实际转过的度数为横坐标、电压表的读数为纵坐标作图.

3. 参考巨磁电阻模拟传感器的磁电转换特性测量实验中自动测量的方法,自行在计算机上完成自动测量.

### 实验三 巨磁电阻磁卡读写模块

磁卡读写模块用于演示磁卡记录与读出的原理.磁卡作为记录介质,通过写磁头时可写入数据,通过读磁头时可将写入的数据读出来.

磁记录是当今数码产品记录与储存信息的主要方式之一,由于巨磁电阻的出现,存储密度有了成百上千倍的提高.在当今的磁记录领域,为了提高记录密度,读、写磁头是分离的.写磁头是绕线的磁芯,线圈中通过电流时产生磁场,在磁记录材料上记录信息.读磁头则是利用磁记录材料上磁场不同时电阻的变化读出信息.

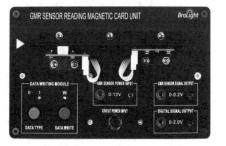

图 3.3-30 巨磁电阻磁卡读写模块

用户可自行设计一个二进制码,按二进制码写入数据,然后将读出的结果记录下来.

参照图 3.3-31 连接导线,电压表量程选择 0~2 V,所有电压、电流旋钮都逆时针调到底,再次确认导线连接无误后,打开电源开关.调节巨磁电阻电源电压为

4 V.(注:如果读到的输出电压全部是高电平,则应把电源电压调节到 3.5 V.)

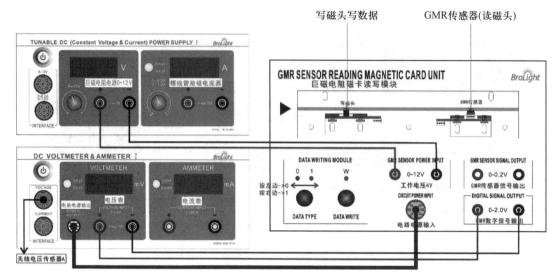

图 3.3-31  巨磁电阻磁卡读写数据测量连线图

1. 磁卡读数据实验

将磁卡有刻度区域的一面朝前,沿着箭头标识的方向插入卡槽,将磁卡上的刻度线对准传感器(读磁头)(位于卡槽右边区域),将在电压表上读出的电压按照磁卡上的编号记录在表 3.3-1 中(磁卡已经设置了一个 8 位的二进制码).

2. 磁卡写数据实验

(1) 设计一个 8 位二进制码,将需要写入的二进制码记入表 3.3-1 第 2 行.

(2) 磁卡退磁:通过按键将数据类型切换为写数据"0",对应"0"的指示灯亮.将磁卡有刻度区域的一面朝前,沿着箭头标识的方向插入卡槽,同时按住"写数据"(DATA WRITE)键不放,此时蓝灯亮,然后将磁卡慢慢地划过写磁头区域,这样磁卡便完成了退磁,其实磁卡的写"0"过程即为退磁过程,此时磁卡 8 位二进制码全部为"0".

(3) 写数据:通过按键将数据类型切换为写数据"1",对应"1"的指示灯亮.在磁卡上给需要写"1"的区域充磁.写数据时按住"写数据"(DATA WRITE)键不放,此时蓝灯亮,然后在写磁头区域从磁卡上刻度线的旁边开始慢慢移动到对准刻度线后结束,此时该刻度线位置即完成数据写入.

因为磁卡的写"0"过程为退磁过程,写"1"过程为充磁过程,所以每次实验开始前可以将磁卡全部写"0",然后在需要写"1"的地方写"1",就可完成数据的写入.注意:为了保护写磁头,磁卡每次写数据时按键不能超过 6 s,如果超过时间,仪器会自动保护,此时蓝灯熄灭,只需稍等片刻,即可恢复正常工作.完成写数据后,松开"DATA WRITE"键,此时组件就处于读状态了.

表 3.3-1 二进制码的写入与读出

| 十进制码 | | | | | | | | |
|---|---|---|---|---|---|---|---|---|
| 二进制码 | | | | | | | | |
| 磁卡区域号 | 1 | 2 | 3 | 4 | 5 | 6 | 7 | 8 |
| 读出电平 | | | | | | | | |

此实验演示了磁记录与磁读出的原理与过程.

注:由于测试卡区域的两端数据记录可能不准确,因此实验中只记录中间的 1~8 号刻度线区域的数据.

## 实验 3.4 新能源电池综合特性实验

能源为人类社会发展提供动力,长期依赖矿物能源使人类面临环境污染之害、资源枯竭之困.本实验涉及燃料电池和太阳能电池两大新能源.

燃料电池以氢和氧为燃料,通过电化学反应直接产生电力,能量转化效率高于燃烧燃料的热机.燃料电池的反应生成物为水,对环境无污染,单位体积氢的储能密度远高于现有的其他电池.太阳能电池是没有污染、无枯竭危险、市场空间大的行业,它的研究与开发越来越受到世界各国的广泛重视.随着技术的进步与产业规模的扩大,太阳能发电的成本在逐步降低,其应用具有光明的前景.

课件

视频

未来的能源系统中,太阳能将作为主要的一次能源替代目前的煤、石油和天然气,而燃料电池将成为取代汽油、柴油和化学电池的清洁能源.

【实验目的】

1. 了解燃料电池和太阳能电池的工作原理.
2. 理解燃料电池和太阳能电池的输出特性.
3. 根据质子交换膜电解池的特性,验证法拉第电解定律.
4. 掌握太阳能电池对储能装置(超级电容)充电实验.
5. 掌握太阳能电池直接带负载实验.

【实验原理】

1. 燃料电池

燃料电池的工作过程实际上是电解水的逆过程,其基本原理早在 1839 年就由英国律师兼物理学家格鲁夫(Grove)提出,他是世界上第一位实现电解水逆反应并产生电流的科学家.一个多世纪以来,燃料电池除了被用于宇航等特殊领域外,极少受到人们关注.只是到近十几年来,随着保护环境、节约能源、保护有限自然资源的意识的加强,燃料电池才开始得到重视和发展.

质子交换膜(PEM,proton exchange membrane)燃料电池在常温下工作,具有启动快速、结构紧凑的优点,最适宜作为汽车或其他可移动设备的电源,其基本结构如图 3.4-1 所示.

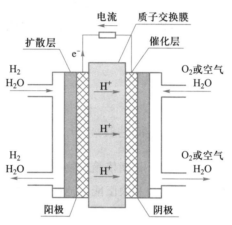

图 3.4-1  质子交换膜燃料电池结构示意图

PEM 的中央部分是一层质子导电的全氟磺酸聚合物薄膜,厚度为 0.05 ~ 0.1 mm,它提供氢离子(质子)从阳极到达阴极的通道,而电子或气体不能通过;薄膜两边被一层催化剂所覆盖,催化层是将纳米数量级的铂粒子用化学或物理的方法附着在质子交换膜表面,厚度约为 0.03 mm,对阳极上氢的氧化和阴极上氧的还原起催化作用.膜两边的阳极和阴极由石墨化的碳纸或碳布做成,厚度为 0.2 ~ 0.5 mm,导电性能良好,其上的微孔提供气体进入催化层的通道,又称为扩散层.

进入阳极的氢气通过电极上的扩散层到达质子交换膜.氢分子在阳极催化剂的作用下解离为 2 个氢离子,即质子,并释放出 2 个电子,阳极反应式为

$$H_2 = 2H^+ + 2e^- \tag{3.4-1}$$

氢离子以水合质子 $H^+(nH_2O)$ 的形式,在质子交换膜中从一个磺酸基转移到另一个磺酸基,最后到达阴极,实现质子导电,质子的这种转移导致阳极带负电.在电池的另一端,氧气或空气通过阴极扩散层到达阴极催化层,在阴极催化层的作用下,氧与氢离子和电子反应生成水,阴极反应式为

$$O_2 + 4H^+ + 4e^- = 2H_2O \tag{3.4-2}$$

阴极反应使阴极缺少电子而带正电,阴极是电池的正极,阳极是电池的负极,

结果在阴、阳极间产生电势差,在阴、阳极间接通外电路,就可以向负载输出电能.总的化学反应如下:

$$2H_2+O_2 \xrightarrow{\quad\quad} 2H_2O \tag{3.4-3}$$

由上述原理可知,在质子交换膜燃料电池中,$H^+$离子从阳极通过质子交换膜到达阴极,并且在阴极与氧原子结合生成水分子 $H_2O$.

2. 燃料电池输出特性

在一定的温度与气体压强下,燃料电池的输出电压与输出电流之间的关系如图3.4-2 所示,电化学家将其称为极化特性曲线.

理论分析表明,如果燃料的所有能量都被转化成电能,则理想电动势为 1.229 V. 实际燃料的能量不可能全部转化成电能,故燃料电池的开路电压低于理想电动势.

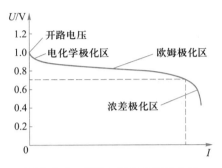

图 3.4-2　燃料电池极化特性曲线

随着电流从零增大,输出电压有一段下降较快,主要是因为电极表面的反应速度有限,若有电流输出,电极表面的带电状态改变,驱动电子输出阳极或输入阴极时,产生的部分电压会被损耗掉,这一段被称为电化学极化区.

输出电压的线性下降区的电压降,主要是电子通过电极材料及各种连接部件、离子通过电解质的阻力引起的,这种电压降与电流成正比,所以这一段被称为欧姆极化区.

输出电流过大时,燃料供应不足,电极表面的反应物浓度下降,使输出电压迅速降低,而输出电流基本不再增加,这一段被称为浓差极化区.

综合考虑燃料的利用率(恒流供应燃料时可表示为燃料电池电流与电解电流之比)及输出电压与理想电动势的差异,燃料电池的效率为

$$\eta = \frac{I_{FUC} \cdot U_{FUC}}{I_{WE} \cdot 1.23} \times 100\% \tag{3.4-4}$$

式中 $I_{FUC}$、$U_{FUC}$ 分别为燃料电池的输出电流和输出电压,$I_{WE}$ 为水电解池电解电流,电解池燃料电池系统的最大效率定义为

$$\eta_{max} = \frac{P_{max}}{I_{WE} \cdot 1.23} \times 100\% \tag{3.4-5}$$

式中 $P_{max}$ 为燃料电池的最大输出功率. 燃料电池输出特性测量原理如图 3.4-3 所示.

3. 电解池中水的电解

电解池将水电解产生氢气和氧气,这与燃料电池中氢气和氧气反应生成水互为

逆过程,质子交换膜电解池的基本原理如图 3.4-4 所示.

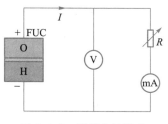

图 3.4-3  燃料电池输出
特性测量原理

(1)外加电源向电解池两极施加直流电压,水在阳极发生电解,生成氢离子、电子和氧,氧从水分子中分离出来生成氧气,从氧气通道溢出,其反应过程为

$$2H_2O \Longrightarrow O_2 + 4H^+ + 4e^- \qquad (3.4-6)$$

(2)电子通过外电路从电解池阳极流动到电解池阴极,氢离子透过质子交换膜从电解池阳极转移到电解池阴极,在阴极还原成氢分子,从氢气通道中溢出,完成整个电解过程,即

$$2H^+ + 2e^- \Longrightarrow H_2 \qquad (3.4-7)$$

总的反应方程式为

$$2H_2O \Longrightarrow 2H_2 + O_2 \qquad (3.4-8)$$

NOTE

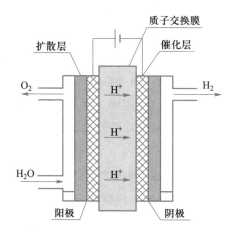

图 3.4-4  质子交换膜电解池工作原理

4. 质子交换膜电解池的特性

理论分析表明,若不考虑电解池的能量损失,在电解池上加 1.23 V 电压就可使水分解为氢气和氧气,实际由于各种损失,输入电压高于 1.6 V 时电解池才开始工作. 通常使电解池输入电压为 1.6～2 V.

电解池的效率为

$$\eta = \frac{1.23}{U_{in}} \times 100\% \qquad (3.4-9)$$

根据法拉第电解定律,电解生成物的量与输入电荷量成正比. 在标准状况下,设电解电流为 $I$,经过时间 $t$ 生产的氢气体积的理论值为

$$V_{H_2} = \frac{It}{2F} \times 22.4 \text{ L} \tag{3.4-10}$$

式中法拉第常量 $F = eN_A = 9.65 \times 10^4$ C/mol,电子电荷量的绝对值 $e = 1.602 \times 10^{-19}$ C, 阿伏伽德罗常量 $N_A = 6.022 \times 10^{23}$/mol, $It/2F$ 为产生的氢气的物质的量,22.4 L 为标准状况下气体的摩尔体积.

若实验时的摄氏温度为 $T$,所在地区大气压强为 $p$,根据理想气体状态方程,可对(3.4-10)式做修正:

$$V_{H_2} = \frac{273+T}{273} \cdot \frac{p_0}{p} \cdot \frac{It}{2F} \times 22.4 \text{ L} \tag{3.4-11}$$

式中 $p_0$ 为标准大气压强.由于水的相对分子质量为 18 g/mol,且每克水的体积为 1 cm³,故电解池消耗的水的体积为

$$V_{H_2O} = \frac{It}{2F} \times 18 \text{ cm}^3 = 9.33It \times 10^{-5} \text{ cm}^3 \tag{3.4-12}$$

应当指出,(3.4-11)式和(3.4-12)式对燃料电池同样适用,只是其中的 $I$ 代表燃料电池输出电流,$V_{H_2}$ 代表消耗燃料的体积,$V_{H_2O}$ 代表电池中生成的水的体积.

5. pn 结与太阳能电池

太阳能电池能够将光能转化成电能.太阳能电池技术是以半导体晶体材料(譬如硅和锗)作为基础的,其主要器件是半导体 pn 结.

(1) pn 结的形成.

n 型半导体(n 为 negative 的字头,由电子带负电荷而得名):掺入少量杂质磷元素(或锑元素)的硅晶体(或锗晶体)中,由于半导体原子(如硅原子)被杂质原子取代,磷原子外层的五个外层电子的其中四个与周围的半导体原子形成共价键,多出的一个电子几乎不受束缚,较容易成为自由电子.于是,n 型半导体就成为含电子浓度较高的半导体,其导电性主要是因为自由电子导电.

p 型半导体(p 为 positive 的字头,由空穴带正电而得名):掺入少量杂质硼元素(或铟元素)的硅晶体(或锗晶体)中,由于半导体原子(如硅原子)被杂质原子取代,硼原子外层的三个外层电子与周围的半导体原子形成共价键的时候,会产生一个"空穴",这个空穴可能吸引束缚电子来"填充",使得硼原子成为不带负电的离子.这样,这类半导体由于含有较高浓度的"空穴"("相当于"正电荷),便成为能够导电的物质.

在一块完整的硅片上,用不同的掺杂工艺使其一边形成 n 型半导体,另一边形成 p 型半导体,我们称两种半导体的交界面附近的区域为 pn 结.由于 n 型区内自由电子为多子,空穴(几乎为零)为少子,而 p 型区内空穴为多子,自由电子为少子,在它们的交界处就出现了电子和空穴的浓度差.由于自由电子和空穴的浓度差,有

一些电子从 n 型区向 p 型区扩散,也有一些空穴要从 p 型区向 n 型区扩散.它们扩散的结果就使 p 型区一边失去空穴,留下了带负电的杂质离子,n 型区一边失去电子,留下了带正电的杂质离子.开路中半导体中的离子不能任意移动,因此不参与导电.这些不能移动的带电粒子在 p 型区和 n 型区交界面附近,形成了一个空间电荷区,空间电荷区的薄厚和掺杂物浓度有关.

在空间电荷区形成后,正负电荷之间的相互作用在空间电荷区形成了内电场,其方向是从带正电的 n 型区指向带负电的 p 型区.显然,这个电场的方向与载流子扩散运动的方向相反,可阻止扩散.

另一方面,这个电场将使 n 型区的少子空穴向 p 型区漂移,使 p 型区的少子电子向 n 型区漂移,漂移运动的方向正好与扩散运动的方向相反.从 n 型区漂移到 p 型区的空穴补充了原来交界面上 p 型区所失去的空穴,从 p 型区漂移到 n 型区的电子补充了原来交界面上 n 型区所失去的电子,这就使空间电荷减少,内电场减弱.因此,漂移运动的结果是使空间电荷区变窄,扩散运动加强.

最后,多子的扩散和少子的漂移达到动态平衡.在 p 型半导体和 n 型半导体的结合面两侧,留下离子薄层,这个离子薄层形成的空间电荷区便是 pn 结.pn 结的内电场方向由 n 型区指向 p 型区.在空间电荷区,由于缺少多子,所以也称耗尽区,如图 3.4-5 所示.

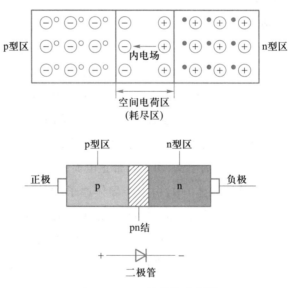

图 3.4-5　pn 结结构示意图

(2) 太阳能电池.

当光照在 pn 结附近时,部分电子被激发而产生电子-空穴对,在耗尽区激发的电子和空穴分别被势垒电场推向 n 型区和 p 型区,使 n 型区有过量的电子而带负电,p型区有过量的空穴而带正电,pn结两端形成电压,这就是光伏效应,若将pn结两端接入外电路,就可向负载输出电能.太阳能电池的基本结构就是一个大面积平面pn结.

6. 太阳能电池输出伏安特性曲线

在一定的光照条件下,太阳能电池输出伏安特性曲线如图3.4-6所示.$U_{oc}$代表开路电压,$I_{sc}$代表短路电流,图中虚线围出的面积为太阳能电池的输出功率.与最大功率对应的电压称为最大工作电压$U_m$,对应的电流称为最大工作电流$I_m$.

表征太阳能电池特性的基本参量包括光谱响应特性、光电转换效率、填充因子等.填充因子$FF$定义为

$$FF = \frac{U_m I_m}{U_{oc} I_{sc}} \tag{3.4-13}$$

它是评价太阳能电池输出特性好坏的一个重要参量,它的值越高,表明太阳能电池的光电转换效率越高.

太阳能电池的伏安特性通常采用伏安法进行测量,其原理如图3.4-7所示.

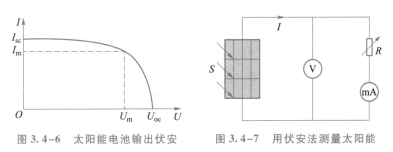

图3.4-6　太阳能电池输出伏安
特性曲线

图3.4-7　用伏安法测量太阳能
电池的伏安特性

7. 离网型太阳能电源系统

离网型太阳能电源系统如图3.4-8所示.

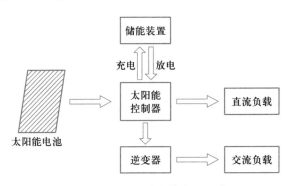

图3.4-8　太阳能光伏电源系统

太阳能控制器是用于太阳能发电系统,控制太阳能电池方阵对蓄电池充电以

及蓄电池给太阳能逆变器负载供电的自动控制设备. 它对蓄电池的充、放电条件加以规定和控制,并按照负载的电源需求控制太阳电池组件和蓄电池对负载的电能输出,是整个光伏供电系统的核心控制部分.

当太阳能电池方阵输出功率大于负载额定功率或负载不工作时,太阳能电池通过控制器向储能装置充电. 当太阳能电池方阵输出功率小于负载额定功率或太阳能电池不工作时,储能装置通过控制器向负载供电.

光伏系统常用的储能装置为蓄电池与超级电容器. 蓄电池是提供和存储电能的电化学装置. 光伏系统使用的蓄电池多为铅酸蓄电池,充放电时的化学反应式为

$$PbO_2 + 2H_2SO_4 + Pb \underset{充电}{\overset{放电}{\rightleftharpoons}} PbSO_4 + 2H_2O + PbSO_4 \qquad (3.4-14)$$

蓄电池放电时,化学能转化成电能,正极的氧化铅和负极的铅都转变为硫酸铅;蓄电池充电时,电能转化为化学能,硫酸铅在正、负极又恢复为氧化铅和铅.

蓄电池充电电流过大,会导致蓄电池的温度过高和活性物质脱落,影响蓄电池的寿命. 在充电后期,电化学反应速率降低,若维持较大的充电电流,会使水发生电解,正极析出氧气,负极析出氢气. 理想的充电模式是:开始时以蓄电池允许的最大充电电流充电,随电池电压升高逐渐减小充电电流,达到最大充电电压时立即停止充电.

蓄电池的放电时间一般规定为 20 小时. 放电电流过大和过度放电(电池电压过低)会严重影响电池寿命.

蓄电池具有储能密度(单位体积存储的能量)高的优点,但有充放电时间长(一般为数小时)、寿命短(约 1 000 次)、功率密度低的缺点.

超级电容器通过极化电解质来储能,它由悬浮在电解质中的两个多孔电极板构成. 在极板上加电压,正极板吸引电解质中的负离子,负极板吸引正离子,实际上形成两个容性存储层,它所形成的双电层和传统电容器中的电介质在电场作用下产生的极化电荷相似,从而产生电容效应. 由于紧密的电荷层间距比普通电容器电荷层间的距离小得多,因而超级电容器具有比普通电容器更大的电容量.

当超级电容器所加电压低于电解液的氧化还原电极电势时,电解液界面上电荷不会脱离电解液,超级电容器为正常工作状态. 如电容器两端电压超过电解液的氧化还原电极电势时,电解液将分解,为非正常状态. 超级电容器充电时不应超过其额定电压.

超级电容器的充放电过程始终是物理过程,没有化学反应,因此性能稳定,而且它可以反复充放电数十万次. 超级电容器具有功率密度高(可大电流充放电)、充放电时间短(一般为数分钟)、寿命长的优点. 但比蓄电池储能密度低. 若将蓄电池与超级电容器并联作蓄能装置,则可以在功率和储能密度上优势互补.

实验中直流负载采用直流风扇和直流 LED 灯. 交流负载采用交流 LED 照明灯泡.

**【实验仪器】**

氢氧燃料电池实验装置、太阳能控制及应用系统、太阳能电池、直流电压电流表、卤钨灯光源及支架、直流电阻箱、直流风扇和直流 LED 灯、交流 LED 照明灯泡、PASCO-无线电压传感器、Capstone 数据采集软件.

**【实验内容】**

1. 太阳能电池的特性测量

（1）手动测量.

① 打开光源预热 5 min, 待光照稳定. 按图 3.4-9 接线, 电阻箱的电阻调到零测量太阳能电池的短路电流, 断开电阻箱连线测量太阳能电池的开路电压, 记录短路电流和开路电压.

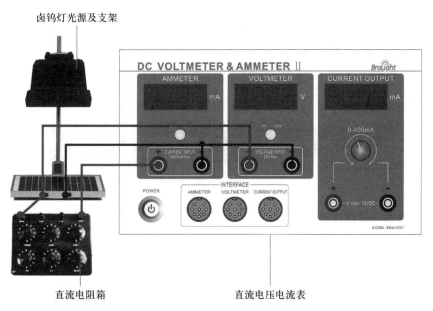

图 3.4-9　太阳能电池特性测量实验连线图

② 以直流电阻箱作为太阳能电池的负载. 实验时先将可变负载阻值调为最小, 然后逐渐增大电阻值, 记录太阳能电池的输出电压 $U$ 和电流 $I$, 并计算输出功率 $P = UI$.

（2）自动数据采集测量.

① 在手动实验连线图 3.4-9 的基础上把无线电压传感器 A 连接到直流电压

电流表的电压端口(INTERFACE→VOLTMETER),把无线电压传感器 B 连接到直流电压电流表的电流端口(INTERFACE→AMMETER),并将 USB 接口连接到计算机,硬件设置参见实验 3.3 的附录 1,其中的第四步"电压范围设置"选择"±15伏 V".

② 所有旋钮都逆时针旋到底,打开电源和光源的开关.将电阻箱电阻值调到9 999 Ω,光源预热 5 min;实验仪的电流表设置为 200 mA 挡,电压表设置为 20 V挡.与手动实验的方法类似,测量短路电流和开路电压.

③ 双击右侧工具条中的"表格"和"图表"图标,创建 2 个图表和 1 个表格页面.因为电压传感器采到的数据是电压值,需在软件上做以下换算.点击"计算器",编辑:I=[电压,565−722(V),▼] * 100,单位设置为"mA";编辑:U=[电压,325−953(V),▼],单位设置为"V".最后点击"计算器",隐藏该对话框.

④ 点击表格中的"选择测量",表格第一列选择"I(mA)",表格第二列选择"U(V)".点击表格工具条中的"创建关于选定列数据的新计算",插入一列可计算的数据列.点击"计算 1",选择重命名为 P,单位为"mW",并输入计算公式:P=[U(V),▼] * [I(mA),▼].

⑤ 点击图表 1 中的纵坐标"选择测量"→"I(mA)",点击横坐标时间(s)→"U(V)".点击图表 2 中的纵坐标"选择测量"→"P(mW)",点击横坐标时间(s)→"U(V)",设置完成时的无数据界面如图 3.4−11 所示.

⑥ 设置 2 路数据的通用采样率均为 10 Hz,如图 3.4−10 所示.

图 3.4−10  采样率设置

⑦ 点击"记录"按钮,选择记录模式为"保持模式".

⑧ 点击软件的"预览"按钮,将电阻箱的电阻值调到 0 Ω,点击"保留样本";然后将电阻值依次设置为 10,20,…,90,190,290,…,990,1 990,3 990,5 990,9 990(单位:Ω),再点击"保留样本".最后,得到太阳能电池的伏安特性曲线和功率电压曲线,如图 3.4−11 所示.

2. 质子交换膜电解池的特性测量

(1)手动测量.

① 组装好氢氧燃料电池实验装置(组装方法见本实验附录),关闭所有的止水夹.向盛水管和储气管中加入纯净水,确认水位在粗刻度线位置.打开止水夹 C,并确保电解池被水淹没(避免由于气泡原因电解池中无水进入),如果电解池没有被淹没,短暂打开电解池的止水夹 F(见图 3.4−24),使其被水淹没.

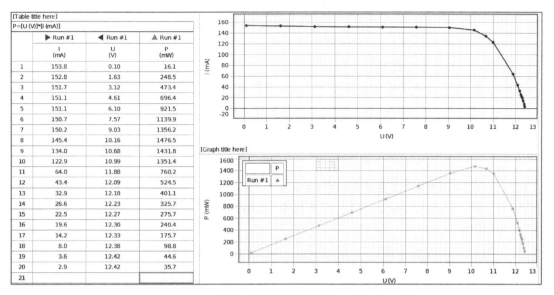

| [Table title here] | | | | | |
|---|---|---|---|---|---|
| P=[U (V)]*[I (mA)] | | | | | |
| | ▶ Run #1 | | ◀ Run #1 | | ▲ Run #1 |
| | I (mA) | | U (V) | | P (mW) |
| 1 | 153.8 | | 0.10 | | 16.1 |
| 2 | 152.8 | | 1.63 | | 248.5 |
| 3 | 151.7 | | 3.12 | | 473.4 |
| 4 | 151.1 | | 4.61 | | 696.4 |
| 5 | 151.1 | | 6.10 | | 921.5 |
| 6 | 150.7 | | 7.57 | | 1139.9 |
| 7 | 150.2 | | 9.03 | | 1356.2 |
| 8 | 145.4 | | 10.16 | | 1476.5 |
| 9 | 134.0 | | 10.68 | | 1431.8 |
| 10 | 122.9 | | 10.99 | | 1351.4 |
| 11 | 64.0 | | 11.88 | | 760.2 |
| 12 | 43.4 | | 12.09 | | 524.5 |
| 13 | 32.9 | | 12.18 | | 401.1 |
| 14 | 26.6 | | 12.23 | | 325.7 |
| 15 | 22.5 | | 12.27 | | 275.7 |
| 16 | 19.6 | | 12.30 | | 240.4 |
| 17 | 14.2 | | 12.33 | | 175.7 |
| 18 | 8.0 | | 12.38 | | 98.8 |
| 19 | 3.6 | | 12.42 | | 44.6 |
| 20 | 2.9 | | 12.42 | | 35.7 |
| 21 | | | | | |

图 3.4-11　太阳能电池的伏安特性曲线和功率电压曲线

② 如图 3.4-12 所示,将实验仪的恒流源输出端接入电解池(注意正负极),将电压表并联到电解池两端.打开止水夹 A、B,关闭止水夹 D 和 E.调节恒流源输出到最大(400 mA),让电解池迅速产生气体.当储气管下层的液面低于 20 mL 刻度线的时候,打开储气管的出气管止水夹 D、E,依次打开燃料电池的止水夹 F,排出储气管下层的气体,液面低于 5 mL 后马上关闭止水夹 F.如此反复 1~2 次后,储气管下层的空气基本排尽,剩下的就是纯净的氢气和氧气了.

NOTE

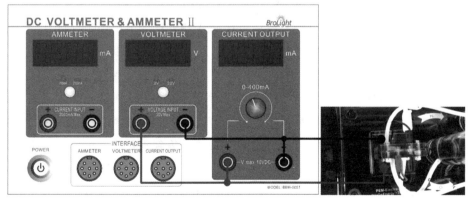

图 3.4-12　电解池特性测量连线图

③ 调节恒流源的输出电流,即改变电解池输入电流的大小,待电解池输出气体稳定后(约 1 min),打开燃料电池的止水夹 F,排出储气管下层的气体,直到储气管的下层水位低于 5 mL,关闭止水夹 F.然后从水位 5 mL 开始,测量输入电流分别

为 0. 10 A、0. 20 A、0. 30 A、0. 40 A 时的电压及产生 20 mL 氢气所用的时间（即水位到达 25 mL），记录相应的测量数据.

（2）自动数据采集测量.

① 在手动实验连线图 3.4−12 的基础上，将传感器接入直流电压电流表的电流输出端（CURRENT OUTPUT），所有旋钮都逆时针旋到底，打开电源开关.

② 硬件设置参见实验 3.3 的附录 1.

③ 双击右侧工具条中的"表格"和"图表"图标，创建 1 个图表和 2 个表格. 因为电压传感器采集到的数据是电压值，需在软件上做以下换算. 点击"计算器"，编辑：I = [电压，565−722（V），▼]，单位设置为"A"；最后点击"计算器"，隐藏该对话框.

④ 点击表格中的"选择测量"，表格第一列选择"I（A）"，删除表格第二列. 点击表格工具条中的"创建关于选定列数据的新计算"，插入两列可以编辑计算的数据列. 点击"计算 1"，重命名为"Q"，单位为"C"，输入计算公式：Q = [I（A），▼] * [Time（s），▼]；点击"计算 2"，重命名为"VH2"（氢气体积），单位为"mL"，输入计算公式：VH2 = （（26. 6+273）/273）* （101. 325/101. 09）* （[Q（C），▼]/96480）* 11. 2 * 1000（注意：26. 6 ℃ 为当时的实验室温度，101. 09 kPa 为当地大气压强，请根据当地实际数值修改）. 点击表格 2 中第 1、第 2 列，设置为"用户输入的数据"，第一列为氢气体积理论计算值 VH2−Count（mL），就是表格 1 的 VH2 的最后一个数值，第二列为氢气体积实际测试值 VH2−Measure（mL），即为实际通过氢气存储管上的氢气体积刻度值读数获得. 点击表格 2 工具条中的"创建关于选定列数据的新计算"，使其增加 1 列. 编辑计算列，重命名为"Error（%）"，输入计算公式：Error = （[VH2−Measure（mL），▼]−[VH2−Count（mL），▼]）/[VH2−Count（mL），▼] * 100；设置完成时的无数据界面如图 3.4−13 所示.

⑤ 设置数据的采样率为 1 Hz.

⑥ 软件设置完成以后，调节恒流源输出到最大（400 mA），让电解池迅速产生气体，氢气体积超过 20 mL 以后再排出储气管下层的气体，直到储气管的下层水位少于 5 mL. 调节恒流源的输出电流为 200 mA，然后等到水位为 5 mL 时，点击软件"记录"按钮，观察氢气的体积缓慢增加.

⑦ 等到氢气储气管下层水位达到 25 mL 时（即产生 20 mL 氢气后），点击软件的"停止"按钮. 最后，将氢气的理论计算值（即 VH2 的最后一行）填入"VH2−Count（mL）"，将实际获得的氢气体积（20 mL）填入"VH2−Measure（mL）"，如图 3.4−13 所示.

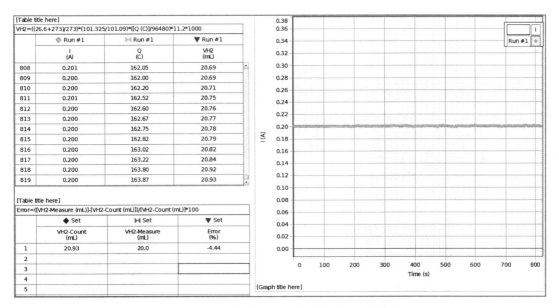

图 3.4-13 质子交换膜电解池的特性测量结果

3. 燃料电池输出特性的测量

（1）手动测量.

① 按照实验 2 的方法制备足够的氢气和氧气. 把电解池电解电流调到 300 mA, 使电解池快速产生氢气和氧气, 排出储气管中的空气, 等待储气管的水位下降到 20 mL 以下, 此时打开储气管的止水夹 D、E, 短暂打开燃料电池的止水夹 F, 此时燃料电池有足够浓度的氢气和氧气, 输出的开路电压将会保持不变.

② 按照图 3.4-14 连接导线, 将电压量程切换至 2 V, 电流量程按钮切换到 200 mA. 将可变电阻负载调至最大, 改变负载电阻的大小, 稳定后记录电压和电流值（若电流≥200 mA 需切换量程）.

注意: 负载电阻突然调得很低时, 电流会突然升到很高, 甚至超过电解电流值, 这种情况是不稳定的, 恢复稳定需较长时间. 为避免出现这种情况, 输出电流高于 200 mA 后, 每次调小电阻后, 应该快速地记录下电压和电流值, 并且迅速进行下一组数据的测量. 实验完毕后, 迅速将电阻箱的电阻值加大到 9 999 Ω, 避免燃料电池过长时间处于大电流输出状态. 并且关闭燃料电池与储气管之间的止水夹, 切断电解池输入电源.

（2）自动数据采集测量.

① 在手动实验连线图 3.4-14 的基础上把无线电压传感器 A 连接到直流电压电流表的电压端口（INTERFACE→VOLTMETER）, 把无线电压传感器 B 连接到直流电压电流表的电流端口（INTERFACE→AMMETER）, 并将 USB 接口连接到计算机, 硬件设置参见实验 3.3 的附录 1.

*NOTE*

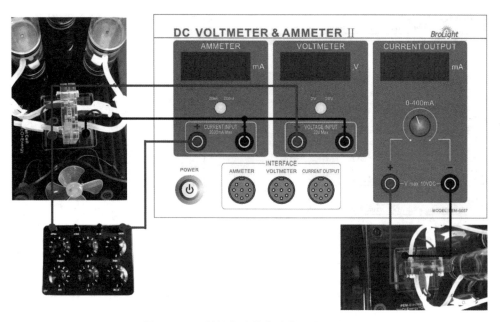

图 3.4-14　燃料电池输出特性测量连线图

② 所有旋钮都逆时针旋到底,打开电源的开关;将电阻箱电阻调到 9 999.9 Ω;实验仪的电流表设置为 200 mA,电压表设置为 2 V.按照实验 2 的方法制备足够的氢气和氧气(体积>20 mL),并且调节电解池电流源的输出电流为 300 mA,持续制备氢气和氧气.

③-④ 与实验 1(太阳能电池的特性测量)的自动测量软件设置方法相同.

⑤ 点击图表 1 中的纵坐标"选择测量"→"U(V)",点击横坐标时间(s),选择"I(mA)".点击图表 2 中的纵坐标"选择测量"→"P(mW)",点击横坐标时间(s)→选择"U(V)".

⑥-⑦ 与实验 1 的自动测量软件设置方法相同.

⑧ 点击软件的"预览"按钮.先将燃料电池的 2 根进气管打开,等到储气管中的氢气和氧气超过 20 mL 以后,将燃料电池的 2 根排气管快速地打开一下,让氢气和氧气充满燃料电池内部.然后将电阻箱的电阻值调到 9 999.9 Ω,点击"保留样本";然后电阻值依次设置为 5 999.9 Ω→1 999.9 Ω→999.9 Ω→899.9 Ω→⋯→199.9 Ω→99.9 Ω→89.9 Ω→⋯→19.9 Ω→9.9 Ω→8.9 Ω→⋯→1.9 Ω→0.9 Ω→0.8 Ω→⋯→0.1 Ω,再点击"保留样本".注意:电阻小于 1 Ω 以后电流变化很大,需要快速地完成数据采集.实验完成后,必须马上将电阻箱电阻值调到 9 999.9 Ω,防止电流过大损坏电阻箱.最后,得到燃料电池的伏安特性曲线和功率电压曲线,如图 3.4-15 所示.

| [Table title here] | | | |
|---|---|---|---|
| I=[Voltage, 565-722 (V)]*100 | | | |
| | ⋈ Run #1 | ▼ Run #1 | ⧗ Run #1 |
| | I (mA) | U (V) | P (mW) |
| 1 | 0.0 | 0.983 | 0.05 |
| 2 | 0.4 | 0.983 | 0.37 |
| 3 | 0.8 | 0.980 | 0.83 |
| 4 | 1.6 | 0.975 | 1.56 |
| 5 | 4.7 | 0.955 | 4.50 |
| 6 | 9.1 | 0.936 | 8.56 |
| 7 | 13.1 | 0.926 | 12.08 |
| 8 | 23.2 | 0.907 | 21.03 |
| 9 | 43.6 | 0.879 | 38.32 |
| 10 | 80.9 | 0.841 | 68.02 |
| 11 | 88.5 | 0.834 | 73.80 |
| 12 | 97.7 | 0.825 | 80.64 |
| 13 | 109.2 | 0.815 | 88.94 |
| 14 | 124.0 | 0.802 | 99.41 |
| 15 | 143.2 | 0.784 | 112.37 |
| 16 | 169.9 | 0.763 | 129.66 |
| 17 | 208.6 | 0.732 | 152.65 |
| 18 | 271.4 | 0.684 | 185.75 |
| 19 | 388.1 | 0.596 | 231.39 |

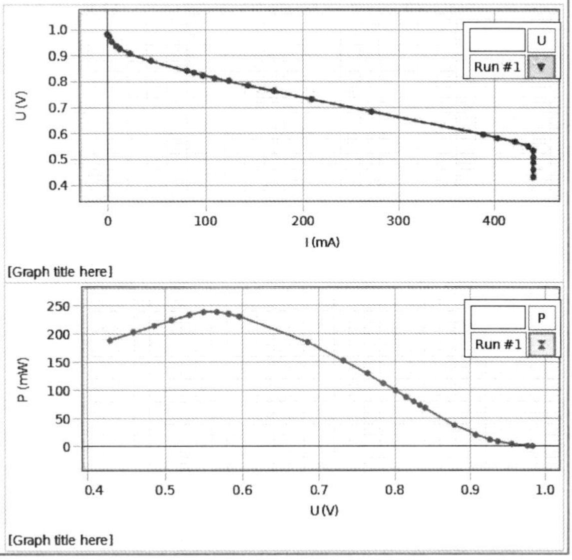

图 3.4-15 燃料电池输出特性的测量结果

*4. 太阳能电池对储能装置(超级电容器)充电实验

本实验用太阳能电池直接对超级电容器充电,了解充电情况下超级电容器的 $U$-$t$、$I$-$t$、$P$-$t$ 曲线.

(1)按图 3.4-16(a)接线,首先将电阻箱接入超级电容器放电电路.调节电阻箱电阻值至 99.9 Ω,慢慢减小电阻控制放电电流,使其始终<150 mA,最后使电容电压低于1 V.

注意:连接电路前,先把电压表量程置于 20 V,电流表量程置于 200 mA.电阻箱阻值调到≥99.9 Ω,以防止初始放电电流过大烧毁电阻箱.

(2)按图 3.4-16(b)接线,做太阳能电池直接对超级电容器充电的实验.充电至电压稳定(一般为 13 V 左右),充电电流接近 1 mA 时停止充电.每 30 s 记录一次数据.

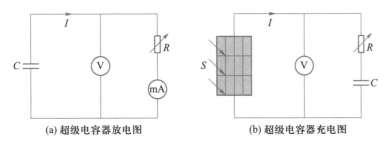

(a) 超级电容器放电图　　　　　　(b) 超级电容器充电图

图 3.4-16 太阳能电池对储能装置(超级电容器)充电实验图

*5. 太阳能电池直接带负载实验

本实验模拟负载功率大于太阳能电池最大输出功率的情况,观察并联超级电容器前后太阳能电池输出功率和负载实际获得功率的变化.

（1）按图 3.4-17 接线,断开超级电容器,连接直流风扇,记录并联超级电容器前,太阳能电池输出电压和电流,计算输出功率 $P = UI$.

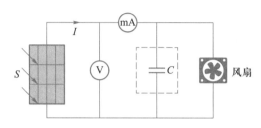

图 3.4-17　太阳能电池带负载实验图

（2）将充电至约 12 V 的超级电容器并联至负载风扇,由于超级电容器电容值较小,可看到负载端电压从 12 V 一直下降,在实际应用系统中,只要储能器容量足够大,下降速率会非常慢. 当超级电容器电压降至接近太阳能电池最佳工作电压时,记录太阳能电池的相应参量.

\*6. 加 DC-DC 模块匹配电源电压与负载电压实验

太阳能电池输出电压与直流负载工作电压不一致时,太阳能电池输出需经 DC-DC 模块转换成负载电压,再连接至负载.

如图 3.4-18 所示,测量未加 DC-DC 模块（不接入下图中虚线部分）时直流 LED 灯的电压和电流,计算负载获得的功率. 接入 DC-DC 模块后,调节旋钮使输出电压达到直流 LED 灯负载的额定电压(15 V),记录此时负载的电压和电流,计算负载获得的功率. 比较加 DC-DC 模块前后负载获得的功率变化并加以讨论.

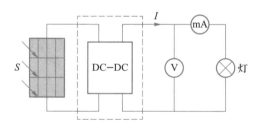

图 3.4-18　加 DC-DC 模块匹配电源电压与负载电压实验图

\*7. 太阳能电池电网应用实验

实验搭建太阳能实际应用系统:太阳能充电储能-逆变升压电网供电的应用模型.太阳能电池通过太阳能控制器,对蓄电池进行充电,然后太阳能控制器输出 12 V 直流电压,最后将输出的低压直流电通过逆变升压器转换成交流 220 V 的电源对交流负载进行供电.

　　按图 3.4-19 连接导线,太阳能控制器的输入端连接太阳能电池,蓄电池端口连接蓄电池模块,电压输出端口串联直流电流表后连接逆变器模块(DC-AC).打开逆变器模块的电源开关,用直流电压表测量控制器输出端直流电压,用交流电压表测量逆变器输出端交流电压,然后关闭电源,连接交流负载 LED 灯,再打开逆变器电压开关,交流负载 LED 灯点亮.记录逆变器输入端的直流电压和直流电流,逆变器输出端的交流电压,并计算输入功率.

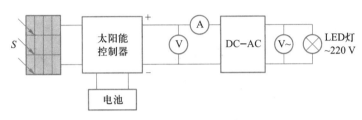

图 3.4-19　太阳能充电储能-逆变升压电网供电的应用模型图

*8. 太阳能电池与燃料电池组合实验

　　在熟悉太阳能电池的输出特性后,可利用太阳能电池输出的电能来电解水,从而可将太阳能电池与燃料电池结合起来,以燃料电池的风扇作为最终负载,实现如图 3.4-20 所示的能量转化过程.

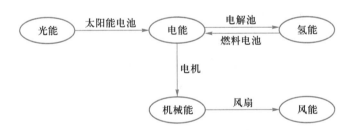

图 3.4-20　太阳能电池与燃料电池组合实验中涉及的能量转化过程示意图

　　该实验为能量转化过程的演示实验,其电路原理如图 3.4-21 所示.实验前,关闭两输气管的止水夹,打开光源,实现太阳能电池电能输出(光能→电能).实验时 PEM 电解池产生的气体累积在储气管中并储存起来(电能→氢能),待氢气和氧气体积约为 15 mL 以后,打开止水夹,让氢气和氧气在燃料电池中充分混合产生电能(氢能→电能),此时连接氢氧装置右侧的风扇导线,风扇开始转动(电能→机械能→风能).

【数据与结果】

1. 太阳能电池输出伏安特性测量

(1)设计表格,记录实验数据.

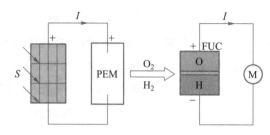

**图 3.4-21　太阳能电池与燃料电池组合实验电路图**

（2）绘制所用太阳能电池的输出伏安特性曲线.

（3）在实验的光照条件下，计算最大输出功率 $P_m$、最大工作电压 $U_m$、最大工作电流 $I_m$ 和填充因子 $FF$.

2. 质子交换膜电解池的特性测量

（1）设计表格，记录实验数据.

（2）计算氢气产生量的理论值，与氢气产生量的测量值比较.（若不管输入电压与电流大小，氢气产生量只与电荷量成正比，且测量值与理论值接近，即验证了法拉第电解定律.）

3. 燃料电池输出特性测量

（1）设计表格，记录实验数据.

（2）作出所测燃料电池的极化曲线；作出燃料电池输出功率随输出电压的变化曲线.

（3）计算该燃料电池最大输出功率和最大输出功率对应的效率.

\*4. 太阳能电池对储能装置（超级电容）充电实验

（1）设计表格，记录实验数据.

（2）绘制充电情况下超级电容的 $U-t$、$I-t$、$P-t$ 曲线，掌握超级电容的充电特性.

\*5. 太阳能电池直接带负载实验

（1）设计表格，记录实验数据.

（2）计算太阳能电池输出功率增加率 $(P_2-P_1)/P_1$.

**【注意事项】**

1. 该实验系统必须使用纯净水，容器必须清洁干净，否则将损坏系统.

2. PEM 电解池的工作电压<2 V，电流<600 mA，所加的电源极性必须正确，否则将极大地伤害 PEM 电解池.

3. 太阳能电池板和配套光源在工作时温度较高，切不可用手触摸，以免被烫伤.

4. 绝不允许用水打湿太阳能电池板和配套光源,以免触电和损坏该部件.

5. 电流表的输入电流不得超过 1 A,电压表的最高输入电压不得超过 30 V,否则将烧毁表头.

6. 太阳能应用实验中的各部分模块,使用前请注意其电压、电流、功率要求,切勿超出其额定使用范围,各部分模块只能使用于该实验系统中.

7. 长时间遮挡对太阳能电池有一定损坏,实验时请勿遮挡太阳能板.

8. 逆变器输出端电压 220 V,注意高压危险,请勿用金属直接触碰或用手触摸其输出端口.

【思考题】

1. 燃料电池和太阳能电池的优缺点分别是什么?

2. 什么是光伏效应?

3. 蓄电池和超级电容器的优缺点分别有哪些?

4. 并联超级电容后太阳能电池输出是否增加?

5. 若负载电阻不变,负载获得功率与电压的平方成正比. 计算负载功率增加率$(U_2^2-U_1^2)/U_1^2$,若该增加率大于太阳能电池输出增加率,多余的能量由哪部分提供?

【附录】质子交换膜电解池与质子交换膜燃料电池的安装

1. 警告:电解池与燃料电池必须严格按照图 3.4-22 中指示的方法安装,避免造成不必要的损坏.

(1) 将模块竖直插入卡槽内,确保其在正确的位置.

(2) 将底板上红色/黑色插头插入相应的红色/黑色接线柱内.

图 3.4-22  质子交换膜电解池与质子交换膜燃料电池的安装示意图

2. 盛水管和储气管的安装,如图 3.4-23 所示.

(1) 注意密封 O 型圈需要完全贴合盛水管内壁.

（2）注意出水口以及进气口的方向.

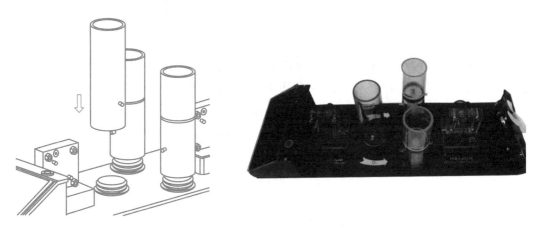

图 3.4-23　盛水管和储气管的安装

3. 按图 3.4-24 所示,依次连接软管及止水夹.

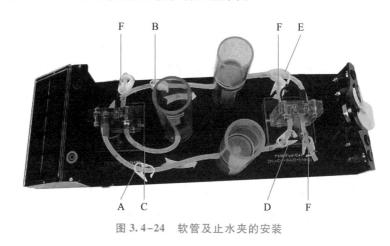

图 3.4-24　软管及止水夹的安装

4. 缓慢地向盛水管和储气管中注入纯净水,注意水位不要超过管子上的液位线(粗刻度线),与之齐平即可.请不要使用自来水.

## 实验 3.5　pn 结特性和玻耳兹曼常量测量实验

半导体 pn 结物理特性是半导体物理学的重要基础内容之一,它在实践中有着广泛的应用,如各种晶体管、太阳能电池、半导体激光器、半导体制冷、发光二极管等都由半导体 pn 结组成.本实验研究 pn 结扩散电流与电压的指数分布规律;测量物理学重要常量——玻耳兹曼常量;研究 pn 结电压 $U_{be}$ 与热力学温度 $T$

的关系,求得半导体 pn 结用作传感器的灵敏度 $S$,并近似求得 0 K 时硅材料的禁带宽度等.

【实验目的】

1. 测绘不同温度下 pn 结正向电压随正向电流的变化曲线,求得玻耳兹曼常量.

2. 在恒定正向电流条件下,测绘 pn 结正向压降随温度的变化曲线,计算结电压随温度变化的灵敏度.

3. 计算在 0 K 时半导体(硅)材料的禁带宽度.

课件

【实验原理】

1. pn 结伏安特性与玻耳兹曼常量的测定

从 pn 结的形成原理可以看出(详见实验 3.4 的实验原理),要想让 pn 结导通形成电流,必须消除其空间电荷区的内部电场的阻力. 很显然,给它加一个反方向的更大的电场,即 p 型区接外加电源的正极,n 型区接负极,如图 3.5-1 所示,就可以抵消其内部自建电场,使载流子可以继续运动,从而形成正向电流. 而外加反向电压则相当于内建电场的阻力更大,pn 结不能导通,仅有极微弱的反向电流(由少数载流子的漂移运动形成,因少子数量有限,电流饱和). 当反向电压

视频

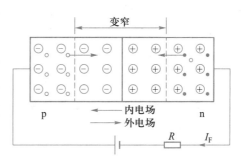

图 3.5-1 pn 结外加正向电场

增大至某一数值时,因少子的数量和能量都增大,会碰撞破坏内部的共价键,使原来被束缚的电子和空穴被释放出来,不断增大电流,最终 pn 结将被击穿(变为导体)损坏,反向电流急剧增大.

由半导体物理学可知,pn 结外加正向电压时(如图 3.5-1 所示),其正向电流–电压关系满足(3.5-1)式

$$I_{\mathrm{F}} = I_0 (\mathrm{e}^{\frac{eU_{\mathrm{be}}}{kT}} - 1) \qquad (3.5-1)$$

式中 $I_{\mathrm{F}}$ 通过 pn 结的正向电流,$I_0$ 为反向饱和电流,$T$ 是热力学温度,$e$ 是电子电荷量的绝对值,$U_{\mathrm{be}}$ 为 pn 结正向压降. 由于在常温 $T = 300$ K 时,$kT/e \approx 0.026$ V,而 pn 结正向压降为十分之几伏,则 $\mathrm{e}^{\frac{eU_{\mathrm{be}}}{kT}} \gg 1$,于是有

$$I_{\mathrm{F}} = I_0 \mathrm{e}^{\frac{eU_{\mathrm{be}}}{kT}} \qquad (3.5-2)$$

即 pn 结正向电流随正向电压按指数规律变化. 若测得 pn 结 $I_{\mathrm{F}} - U_{\mathrm{be}}$ 关系值,则利用

(3.5-2)式可以求出$e/kT$. 在测得温度$T$后,把电子电荷量的绝对值$e$作为已知量代入,就可以求得玻耳兹曼常量.

为了精确测量玻耳兹曼常量,我们不用常规的加正向压降、测正向微电流的方法,而是采用可调精密微电流源,这样可以有效避免测量微电流的不稳定,还能准确地测量正向压降.

在实际测量中,二极管的正向$I_F-U_{be}$关系虽然能较好地满足指数关系,但求得的常量$k$往往偏小. 这是因为通过二极管电流不只是扩散电流,还有其他电流. 一般二极管电流包括三个部分:

(1) 扩散电流,严格遵循(3.5-2)式.

(2) 耗尽层复合电流,正比于$e^{\frac{eU_{be}}{2kT}}$.

(3) 表面电流,由 Si 和 SiO$_2$ 界面中的杂质引起,其值正比于$e^{\frac{eU_{be}}{mkT}}$,一般$m>2$.

因此,为了验证(3.5-2)式及求出准确的$e/k$常量,不宜采用硅二极管,而应采用硅三极管接成共基极线路(把三极管的 b、c 极短路,测量 b、e 极两端的二极管),如图 3.5-2 所示,此时集电极与基极短接,集电极电流中仅仅是扩散电流. 复合电流主要在基极出现,测量集电极电流时,将不包括它.

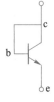

图 3.5-2　硅三极管

2. pn 结的结电压$U_{be}$与热力学温度$T$关系的测量

pn 结通过恒定小电流(通常电流$I = 1\ 000\ \mu A$),由半导体物理学可知$U_{be}$和$T$的近似关系为

$$U_{be} = ST + U_{go} \tag{3.5-3}$$

式中$S \approx -2.4$ V/℃为 pn 结温度传感器的灵敏度,$U_{go}$是温度为 0 K 时半导体的结电压. 由$U_{go}$可求出温度为 0 K 时半导体材料的近似禁带宽度$E_{go} = eU_{go}$. 硅材料的$E_{go}$约为 1.20 eV.

**【实验仪器】**

pn 结特性实验仪、温控电源Ⅱ、pn 结加热装置、pn 结样品探头、PASCO 无线电压传感器、PASCO Capstone 软件等.

**【实验内容】**

1. 实验系统的连接与检查

(1) 按照图 3.5-3 连接导线,并仔细检查,确保连接正确.

(2) 连接样品:选择待测 pn 结样品,先将样品插入 pn 结加热装置的任一插孔中,再将样品的 2 个电极分别连接到实验仪的"PN INPUT"的 2 个对应的接线柱上

（注意"同色相连"）.

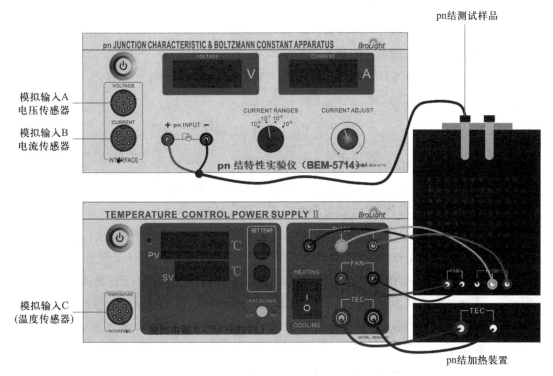

图 3.5-3　实验连线图

（3）设置温控电源Ⅱ的温控开关处于中间位置"0"，此时既不加热，也不制冷，温度即为室温.

（4）打开 2 个电源开关，各数字表即有显示.若发现数字乱跳或溢出，则应检查信号电缆插头是否插好或检查待测 pn 结、测温元件连线是否正常.正常情况下，在室温时 pn 结的电压应该是 0.2～0.7 V，实时温度表显示的温度应该是室温.

2. 测绘 $I_F - U_{be}$ 曲线，计算玻耳兹曼常量（手动测量）

（1）在室温下测量 $I_F - U_{be}$ 曲线.

实验仪的电流量程选择开关置于 $10^{-7}$ A 挡，调节电流旋钮，将 $I_F$ 电流值调到 5（该值显示于电流表中），连续增加电流，选择测量 10 组左右的电流和电压值并记录.

注意：室温下测量时，温控装置不加热也不制冷，温控开关处于中间位置.

（2）在其他温度下测量 $I_F - U_{be}$ 曲线.

按温度设定按键，设定温度到所需值（如 50 ℃），将加热速率切换开关置于慢挡（即按钮处于弹出状态，SLOW 挡），温控开关拨到上面的"HEATING"（加热），待"实时温度显示"窗口（"PV"窗口）所显示的数值稳定在设定值以后，重复以上测量并分析比较测量结果.

*(3) 在其他电流量程下测量 $I_F - U_{be}$ 曲线.

将实验仪的电流量程选择开关置于其他挡位(如 $10^{-6}$ A、$10^{-7}$ A、$10^{-8}$ A、$10^{-9}$ A 挡),重复以上测量并分析比较测量结果.

(4) 分析与计算玻耳兹曼常量.

由(3.5-2)式得

$$U_{be} = \frac{kT}{e}(\ln I_F - \ln I_0) \tag{3.5-4}$$

可见,$U_{be}$ 与 $\ln I_F$ 成线性关系,$kT/e$ 即为斜率.

画出 pn 结正向电压 $U_{be}$ 与正向电流 $I_F$ 的关系曲线;再画出正向电压 $U_{be}$ 与 $\ln I_F$ 的关系曲线,求其斜率,进而求得玻耳兹曼常量 $k$.

3. 测绘 $I_F - U_{be}$ 曲线,计算玻耳兹曼常量(自动数据采集测量)

(1) 在手动实验连线图 3.5-3 的基础上,用八针转红黑线连接实验仪的 "VOLTAGE"数据接口和无线电压传感器 A 的电压输入端口(红黑插座端口).用八针转红黑线连接实验仪的"CURRENT"数据接口和无线电压传感器 B 的电压输入端口(红黑插座端口),并将 USB 接口连接到计算机.硬件设置参见实验 3.3 的附录 1.

(2) 双击右侧工具条中的"表格"和"图表"图标,创建 2 个图表和 2 个表格页面.

(3) 因为电压传感器采集到的数据是电压值,需要在软件上做一个换算:点击 "计算器",编辑:Ube=[电压,通道 A:(伏 V),▼],单位设置为"V";编辑:IF=[电压,通道 B:(伏 V),▼]* 1 000,单位设置为" *10^-7A",最后点击"计算器",隐藏该对话框(如图 3.5-4 所示).

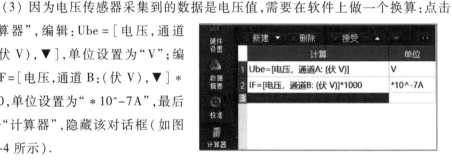

图 3.5-4　计算器窗口设置

(4) 点击表格 1 中"选择测量",表格第一列选择"Ube(V)",表格第二列选择"IF( *10^-7A)".点击表格 1 工具条的"创建关于选定列数据的新计算",插入一列可计算的数据列,点击"计算 1"选择重命名为 LnI,并输入其计算公式:LnI=ln([IF( *10^-7A),▼] *10^-7).

点击表格 2 中的"选择测量",表格 2 第一列选择"新建"→"用户输入的数据",修改其名字为"Slope"(斜率),表格 2 第二列选择"新建"→"用户输入的数据",修改其名字为"T",单位为"K".点击表格 2 工具条的"创建关于选定列数据的新计算",插入两列可计算的数据列,点击"计算 2"选择重命名为"k",单位为" *10^-23J/K",并输入其计算公式：k = 16 022 * [Slope(单位),▼]/[T(K),▼]. 点击"计算 3"，选择重命名为"Error"，单位为"%"，并输入其计算公式：Error = ([k( * 10^-23J/K),▼] − 1.381)/1.381 * 100.

点击图表 1 中的纵坐标"选择测量"→"Ube(V)"，点击横坐标时间(s)→"IF ( * 10^-7A)". 点击图表 2 中的纵坐标"选择测量"→"Ube(V)"，点击横坐标时间(s)→"LnI(units)". 设置完成的表格和图表如图 3.5-6 无数据时的界面.

（5）设置两路数据的通用采样率均为 10 Hz，如图 3.5-5 所示.

图 3.5-5　数据采样率设置

（6）在室温下测量时，温控装置不加热也不制冷，温控开关处于中间位置. 打开所有电源开关，实验仪的电流量程选择开关置于 $10^{-7}$ A 挡，调节电流旋钮，将 $I_F$ 电流值调到 5（该值显示于电流表中）.

（7）再次检查连线无误，然后点击软件的"记录"按钮. 缓慢旋转电流旋钮，逐步升高电流，当电流值调到 1 000 后，点击软件的"停止"按钮. 此曲线即为正向电压和正向电流的关系曲线，记录下此时的温度值.

注意：电流旋钮刚开始调节的时候一定要旋转得非常缓慢，等电流值超过 100 以后可以适当转得快些，因为电流小的时候电压变化非常迅速，所以开始的时候转得慢可以多采集一些数据点，也可以测量得更为精准.

（8）点击图表 2 工具条中的曲线拟合工具"将选定的曲线拟合应用于活动数据/选择要显示的曲线拟合"，选择"线性 mx+b"拟合，获得 $U_{be}$-ln$I$ 曲线的斜率.

（9）将获得的斜率和温度填到表格 2 中，软件会自动计算玻耳兹曼常量 $k$ 和误差，结果如图 3.5-6 所示.

（10）如果需要改变不同的参量做实验（例如改变温度），可以重复以上测量步骤.

4. 测量 $U_{be}$-$T$ 曲线，求待测 pn 结正向压降随温度变化的灵敏度 $S$(mV/℃)，估算半导体（硅）材料的禁带宽度（手动测量）.

（1）将实验仪的电流量程选择开关置于 $10^{-6}$ A 挡，调节电流旋钮将 $I_F$ 电流值调到 100（该值显示于电流表中，即为 100 μA）. 按温度设定按键，设定温度到所需值（如 90 ℃），加热速率切换开关置于快挡（即按钮处于按下状态，FAST 挡），温控开关按到上面的"HEATING"（加热），待"实时温度显示"窗口（"PV"窗口）所显示的数值到达设定值以后，关闭温控开关（温控开关处于中间位置），停止加热. 此时，pn 结样品的温度会缓慢下降，由于刚开始温度下降速率比较快，温度变化比较迅速,所以从 80 ℃开始记录 $U_{be}-T$ 数据,选择 8 ~ 10 组数据,并设计表格记录.

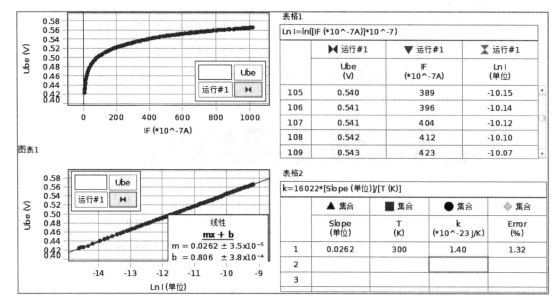

图 3.5-6　自动测量 $I_F-U_{be}$ 曲线的实验结果

NOTE

注意:在整个实验过程中降温速率比较慢,预计整个过程需要 30 min,如果室温较高,接近室温的时候温度下降得非常缓慢,为了节省等待时间,可以测试到 40 ℃就停止实验数据记录.

(2)计算待测 pn 结正向压降随温度变化的灵敏度 $S(mV/℃)$.以 $T(℃)$ 为横坐标,$U_{be}(V)$ 为纵坐标,作 $U_{be}-T$ 曲线,其斜率就是 $S$.

(3)根据(3.5-3)式,将以上求得的灵敏度 $S$、测得的任意一组 $U_{be}(V)$ 和温度 $T(K)$(注意单位为 K)代入上式,即可求得 $U_{go}$,进而由 $E_{go}=eU_{go}$ 求得禁带宽度 $E_{go}$.然后,将实验所得的 $E_{go}$ 与公认值 $E_{go}=1.205\ eV$ 比较,求其相对误差.

注意:采用降温曲线记录 $U_{be}-T$ 数据,因为降温过程比加热过程更加稳定,温度变化速率比较慢,加热装置到 pn 结样品的热量传导比较充分,实验结果也就更为准确.

5. 测量 $U_{be}-T$ 曲线,求被测 pn 结正向压降随温度变化的灵敏度 $S(mV/℃)$,估算半导体(硅)材料的禁带宽度(自动数据采集测量).

(1)用八针转红黑线连接实验仪的“VOLTAGE”数据接口和无线电压传感器 A 的电压输入端口(红黑插座端口).用八针转红黑线连接温控电源的“TEMPERA-TURE”数据接口和无线电压传感器 B 的电压输入端口(红黑插座端口).硬件设置参见实验 3.3 的附录 1.

（2）双击右侧工具条中的"表格"和"图表"图标,创建 1 个图表和 2 个表格页面.

（3）因为电压传感器采集到的数据是电压值,需要在软件上做一个换算:点击"计算器",编辑:Ube＝［电压,通道 A:（伏 V）,▼］,单位设置为"V";编辑:T＝［电压,通道 B:（伏 V）,▼］＊100,单位设置为"℃",最后点击"计算器",隐藏该对话框.计算器界面参考图 3.5-4 所示.

（4）点击表格 1 中"选择测量",表格第一列选择"Ube（V）",表格第二列选择"T（℃）".点击表格 1 工具条的"创建关于选定列数据的新计算",插入一列可计算的数据列,点击"计算 1"选择重命名为 TK,并输入其计算公式:TK＝［T（℃）,▼］＋273.

点击表格 2 工具条的"在右侧插入空列",变成 3 列.点击表格 2 中"选择测量",表格 2 第一列选择"新建"→"用户输入的数据",修改其名字为"S"（斜率就是灵敏度）,单位为 V/℃;第二列选择"新建"→"用户输入的数据",修改其名字为"Ube1",单位为 V.第三列选择"新建"→"用户输入的数据",修改其名字为"TK1",单位为 K.点击表格 2 工具条的"创建关于选定列数据的新计算",插入 2 列可计算的数据列,点击"计算 2"选择重命名为"Ego",单位为"eV",并输入其计算公式:Ego＝［Ube1（V）,▼］－［TK1（K）,▼］＊［S（v/℃）,▼］.点击"计算 3"选择重命名为 Error1,单位为"%",并输入其计算公式:Error1＝（［Ego（eV）,▼］－1.205）/1.205＊100.点击图表中的纵坐标"选择测量",选择"Ube（V）",点击横坐标时间（s）,选择"TK（K）".设置完成的表格和图表可见图 3.5-7（无数据时的界面）.

（5）设置 2 路数据的通用采样率均为 1 Hz.

（6）打开实验仪和温控电源的电源开关,将实验仪的电流量程选择开关置 $10^{-6}$ A 挡,调节电流旋钮将 $I_F$ 电流值调到 100（该值显示于电流表中,即为 100 μA）.

（7）按温度设定按键,设定温度到所需值（如 90 ℃）,加热速率切换开关置于快挡（即按钮按下状态,FAST 挡）,温控开关按到上面位置"HEATING"（加热）,待"实时温度显示"窗口（"PV"窗口）所显示的数值到达设定值以后,关闭温控开关（温控开关处于中间位置"O"）,停止加热.

（8）此时,pn 结样品的温度会缓慢下降,由于刚开始温度下降速率比较快,为了测量温度的准确,我们从 80 ℃开始记录 $U_{be}$-$T$ 数据.

（9）等待温度接近 80 ℃时,点击软件"记录"按钮.耐心等待,当温度下降到 35 ℃左右后,点击软件"停止"按钮.此时曲线即为正向电压对温度的变化曲线.

（10）点击图表 1 工具条中的曲线拟合工具"将选定的曲线拟合应用于活动数

据/选择要显示的曲线拟合",选择"线性 mx+b"拟合,获得 $U_{be}-T$ 曲线的斜率即为灵敏度 $S(V/℃)$;

(11) 将以上得到的灵敏度 S、测得的任意一组 $Ube1(V)$ 和温度 $TK1(K)$(注意单位为 K)填到表格 2 中,软件会自动计算禁带宽度 $E_{go}$ 和误差,如图 3.5-7 所示.

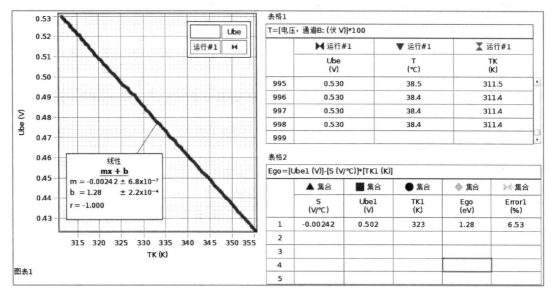

图 3.5-7 自动测量 $U_{be}-T$ 曲线实验结果

**【数据与结果】**

1. 室温下测量 $I_F-U_{be}$ 曲线和玻耳兹曼常量.

(1) 设计表格,记录实验数据.

(2) 以 $I_F$ 为横坐标、$U_{be}$ 为纵坐标作出 pn 结正向伏安特性曲线.

(3) 以 $\ln I_F$ 为横坐标、$U_{be}$ 为纵坐标作图求出玻耳兹曼常量,并与公认值比较,求相对误差.

(4) 简要分析误差的主要来源.

2. 测量 $U_{be}-T$ 曲线,求待测 pn 结正向压降随温度变化的灵敏度 $S(mV/℃)$,估算半导体(硅)材料的禁带宽度.

(1) 设计表格,记录实验数据.

(2) 以 $T(℃)$ 为横坐标、$U_{be}(V)$ 为纵坐标,作 $U_{be}-T$ 曲线,求灵敏度 S 和半导体(硅)材料的禁带宽度.

注:$T/K = t/℃ + 273$.

(3) 计算禁带宽度的相对误差,并分析误差的主要来源.

【思考题】

1. 在实验中,为了准确地测量玻耳兹曼常量,为什么没有采用硅二极管,而采用硅三极管接成共基极线路?

2. 测量 $I_F$-$U_{be}$ 曲线时,调节电流的过程中,需要注意什么?

3. 测量 $U_{be}$-$T$ 曲线时,采用降温法测量的原因是什么?

4. 测量的玻耳兹曼常量和理论值之间存在误差的主要原因是什么?

NOTE

# 第四章 综合与近代物理实验

本章选择的 8 个实验涉及近代光学、原子物理学、量子物理和物理效应综合设计实验等方面内容,其中一部分是和诺贝尔物理学奖相关的经典实验.这些代表人类顶尖智慧的实验可培养学生的科学创新意识.此外,本章实验面向工程,具有应用技术背景,学生在实验时能感受到科学与技术的互动推动科学的发展的历程,体会实验探究之旅的美妙.

NOTE

## 实验 4.1 用动态悬挂法测定杨氏模量

课件

视频

杨氏模量是工程材料的一个重要物理参量,它标志着材料抵抗弹性形变的能力.由于受弛豫过程等的影响,静态拉伸法(详见实验 2.5)不能真实地反映材料内部结构的变化,无法对脆性材料进行测量.本实验用动态悬挂法测出试样振动时的固有基频,并根据试样的几何参量测得材料的杨氏模量.该方法是国家标准 GB/T 2105-91 所推荐的测量方法.

托马斯·杨是英国医生、物理学家,是光的波动说的奠基人之一.他不仅在物理学领域成果丰硕,并且涉猎甚广,在造船工程、潮汐理论、语言学、动物学、埃及学等领域均有所建树.他对艺术也颇有兴趣,热爱美术,几乎会演奏当时所有的乐器,并且会制造天文器材,还研究了保险经济问题.

【实验目的】

1. 掌握用动态悬挂法测定金属材料杨氏模量的物理学原理.

2. 培养学生综合应用物理仪器的能力.

*3. 拓展实验,培养学生勇于探索的科学精神.

【实验原理】

任何物体都有其固有的振动频率,这个固有振动频率取决于试样的振动模式、边界条件、杨氏模量、密度以及试样的几何尺寸、形状等.只要从理论上建立了一定振动模式、边界条件和试样的固有频率及其他参量之间的关系,就可通过测量试样的固有频率、质量和几何尺寸来计算杨氏模量.

1. 棒振动的基本方程与自由振动的基频和角频率

一细长棒做微小横(弯曲)振动时(见图 4.1-1),取棒的一端为坐标原点,以棒的长度方向为 $x$ 轴建立坐标系,利用牛顿力学和材料力学的基本理论可推出棒的振动方程:

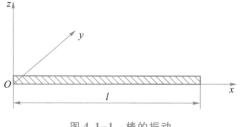

图 4.1-1 棒的振动

$$\frac{\partial^4 y}{\partial x^4} + \frac{\rho S}{EJ}\frac{\partial^2 y}{\partial t^2} = 0 \tag{4.1-1}$$

式中 $y(x,t)$ 为棒上任一点 $x$ 在时刻 $t$ 的横向位移, $E$ 为杨氏模量, $\rho$ 为质量密度, $J$ 为绕垂直于棒并通过横截面中心的轴的惯性矩(moment of inertia), 是一个建筑几何量, 通常被用来描述截面抵抗弯曲的性质.

用分离变量法解微分方程(4.1-1)式可推导出棒自由振动的角频率, 为

$$\omega = \left(\frac{K^4 EJ}{\rho S}\right)^{\frac{1}{2}} \tag{4.1-2}$$

其中 $S$ 为棒的截面积, $K$ 为求解过程中引入的系数, 若只考虑棒以基频振动的情况(棒的固有振动频率可以有多个, 正如两端固定的弦线有许多振动模式一样, 实验上常测量其基频, 因此, 这里只讨论其基频解), 利用边界条件(即利用 $x=0$ 和 $x=l$ 处自由棒的振动情况), 可求得基频振动时系数 $K=1.506\pi/l$, 这里 $l$ 为棒的长度.

2. 杨氏模量的测量公式

将 $K=1.506\pi/l$ 代入方程(4.1-2)式得

$$\omega^2 = \frac{(1.506\pi)^4 EJ}{l^4 \rho S} = \frac{(1.506\pi)^4 EJ}{l^3 m} \tag{4.1-3}$$

对圆形棒, 取质量 $m=\rho l S=\rho l \dfrac{d^2}{4}\pi$, 而圆形棒惯性矩 $J=\dfrac{\pi}{64}d^4$, $d$ 为棒的直径. 由于 $\omega=2\pi f$, 故有

$$E = 1.606\,7\,\frac{ml^3}{d^4}f^2 \tag{4.1-4}$$

上式中若质量的单位为 g, $d$ 的单位为 mm, 取 $l$ 的单位亦为 mm, 基频频率 $f$ 的单位为 Hz, 计算出的杨氏模量 $E$ 的单位为 N/m$^2$. 这样, 实验中测得棒的质量、长度、直径及固有频率, 即可求得杨氏模量.

3. 棒的固有频率的测量

为了测出测试棒在室温下的基频频率, 实验时可采用如图 4.1-2 所示的装置.

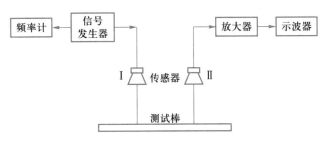

图 4.1-2　杨氏模量实验仪原理图

由信号发生器输出的等幅正弦波信号, 加在传感器 I(激振)上. 通过传感器 I 把电信号转变成机械振动, 再由悬线把机械振动传给棒, 使棒做横向受迫振动. 棒

另一端的悬线把棒的振动传给传感器Ⅱ(拾振),这时机械振动又转变成电信号.该信号经放大后送到示波器中显示.当信号发生器的频率不等于棒的固有频率时,棒不发生共振,示波器上几乎没有信号波形或波形很小.当信号发生器的频率等于棒的固有频率时,棒发生共振.这时示波器上的波形突然增大,此时读出的频率就是棒在该温度的共振频率.根据(4.1-4)式,即可计算出该温度下的杨氏模量.

值得注意的是,在推导测量公式(4.1-4)式时,要求棒做自由振动,但实验时用悬线传递振动信号,棒就不是自由的了,因此测量公式(4.1-4)式的条件就不满足了.为了解决这一问题,一个简单的处理方法是把悬线吊扎在棒的波节处,即此处棒不振动,悬线吊扎对棒的振动不产生影响,但在波节处,没有振动信号,无法产生共振.因此,从理论上讲,这一实验装置是无法直接测出固有频率的.所以,实验上简单的处理办法是将悬线吊扎在波节附近,既使棒处于近似的自由振动状态,又能使悬线传递出振动信号.对于基频振动,棒有两个波节,分别位于 $0.224l$ 与 $0.776l$ 处,因此,将两悬线分别吊扎在这两个位置附近.

**【实验仪器】**

杨氏模量实验仪[包括测试棒、杨氏模量测试台、YM-2 信号发生器(面板示意图见图 4.1-3)]、ST16 示波器(面板示意图见图 4.1-4).

*NOTE*

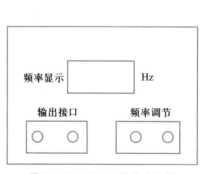

图 4.1-3 YM-2 信号发生器

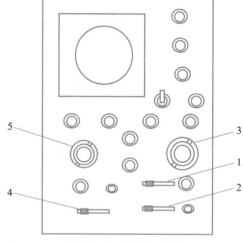

图 4.1-4 ST16 示波器

**【实验内容】**

1. 实验操作前的估计与准备

(1)在室温下,不锈钢和铜的杨氏模量分别为 $2.0\times10^{11} \text{ N/m}^2$ 和 $1.2\times10^{10} \text{ N/m}^2$,先由(4.1-5)式估算出共振频率 $f$,以便实验操作时寻找共振点.

（2）把测试棒用细丝挂在测试台上,悬挂点的位置与端面距离约为 $0.224l$ 和 $0.776l$.

（3）把信号发生器的输出端与测试台的输入端相连,测试台的输出与放大器的输入相接,放大器的输出与示波器的 Y 输入相接.

（4）把示波器触发信号选择开关置于"内置"（图 4.1-4 中 1、2 都置于左边）,Y 增益 4 置于合适挡,Y 轴极性 3 置于"AC".

2. 固有频率的寻找与测量

杨氏模量实验仪的电压表指示输出的电压幅值,其值由幅度调节旋钮 5 调节.频率调节分为频率粗调和频率细调,在实验室中两者必须配合使用.因测试棒共振状态的建立需要一个过程,且共振峰十分尖锐,因此在共振点附近调节信号频率时,必须十分缓慢地进行,直至示波器的屏幕上出现最大的信号,然后记下频率值（由五位数码显示管显示）.

3. 其他物理量的测量

测定测试棒（铜棒和钢棒）的长度 $l$、直径 $d$ 和质量 $m$,每个物理量各测 5 次.然后通过计算得到铜棒和钢棒的杨氏模量.

【数据与结果】

1. 用游标卡尺多次测量测试棒（铜棒和钢棒）的长度 $l$ 和直径 $d$ 的值并列表记录,对质量做单次测量.

2. 记录单次测量的测试棒共振频率值,并根据仪器提供的精度,估算其不确定度,得到$(f±\Delta_f)$.

3. 杨氏模量 $E$ 及其不确定度 $\Delta_E$ 的计算,将实验结果表示为$(\bar{E}±\Delta_E)$（单位:$N/m^2$）.

4. 分析误差的主要来源.

*5. 拓展实验:试设计准确找到自由共振频率的实验方案,并测出其频率.

【思考题】

1. 试讨论:测试棒的长度 $l$、直径 $d$、质量 $m$、共振频率 $f$ 分别应该采用什么规格的仪器测量? 为什么?

2. 实验中为什么吊扎点要偏离节点?

3. 除本实验中使用的方法外,鉴别共振还有哪些方法?

## 实验 4.2　弦上的驻波实验

课件

视频

巴赫优美动听的"G 弦上的咏叹调"只用小提琴的 G 弦(最粗的弦)演奏. 大提琴、小提琴和钢琴,都是以弦的振动和共鸣箱来发声的. 我们可以通过调节弦的松紧、长短获得不同的声音. 而最早研究小提琴弦振动基频与弦的长度、拉紧度(即弦中的张力)和密度关系的是数学家泰勒. 他研究了微积分对一系列物理问题的应用,其中有关弦的横向振动尤为重要. 他导出了基本频率公式,开创了研究弦振动问题的先河.

振动和波动是自然界中常见的两个现象,二者关联密切. 振动是产生波动的根源,波动是振动的传播;波动具有反射、衍射、折射、干涉等现象,驻波是干涉的特例.

本实验研究波在弦上的传播过程、驻波形成的条件,定量测量弦长、拉紧度、弦密度、驱动频率等对波形的影响.

【实验目的】

1. 了解波在弦上的传播及驻波形成的条件.

2. 研究共振频率与弦长、弦密度、弦的拉紧度之间的关系.

3. 测量弦振动时波的传播速度.

【实验原理】

若一正弦波沿着 $x$ 轴方向传播,其波动方程可表示为

$$y_1 = A\cos\left(\omega t - \frac{2\pi}{\lambda}x\right) \tag{4.2-1}$$

当同一波反射回来,其反射波可表示为

$$y_2 = A\cos\left(\omega t + \frac{2\pi}{\lambda}x\right) \tag{4.2-2}$$

值得注意的是,为方便起见,上面两个波动方程中我们均假设初相位为零. 入射波和反射波具备相干条件,叠加得到驻波,其方程为

$$y = y_1 + y_2 = 2A\cos\left(\frac{2\pi x}{\lambda}\right)\cos(\omega t) \tag{4.2-3}$$

从(4.2-3)式可知,在某一时刻 $t_0$,波的形状是振幅为 $2A\cos(\omega t_0)$ 的正弦波形;在某一固定位置 $x_0$,波做振幅为 $2A\cos\left(\frac{2\pi x_0}{\lambda}\right)$ 的简谐振动. 其驻波波节位置满足条件

$$x_0 = (2k+1)\frac{\lambda}{4} \qquad (k=0, \pm 1, \pm 2, \cdots) \tag{4.2-4}$$

波腹位置满足条件

$$x_0 = k\frac{\lambda}{2} \qquad (k = 0, \pm 1, \pm 2, \cdots) \tag{4.2-5}$$

　　实验中弦两端固定,当波传到两端时发生反射.因此在两端拉紧、长为 $L$ 的弦中传播的波经过两端反射后在弦上形成驻波,两固定端点都为波节.因此,弦上形成驻波的波长必须满足

$$L = n\frac{\lambda_n}{2} \qquad (n = 1, 2, 3, \cdots) \tag{4.2-6}$$

其中 $\lambda_n$ 表示与某一 $n$ 值对应的波长,由此得弦长为 $L$ 的波长为

$$\lambda_n = \frac{2L}{n} \tag{4.2-7}$$

将(4.2-7)式代入波速、波长、频率公式 $u = \lambda_n \nu_n$,得其频率为

$$\nu_n = n\frac{u}{2L} \tag{4.2-8}$$

　　假设弦柔性很好,波在弦上的传播速度 $u$ 将取决于两个变量:弦密度 $\mu$ 和弦的拉紧度 $T$,关系式为

$$u = \sqrt{\frac{T}{\mu}} \tag{4.2-9}$$

　　满足(4.2-8)式的频率称为弦的共振频率或者固有频率,其中 $n = 1$ 的频率称为基频 $\nu_1$, $n$ 取 $2, 3, \cdots$ 时分别称为一次、二次……谐频.大提琴、小提琴和钢琴等弦乐器的音调就是由基频决定的.

　　本实验将研究拉紧弦的基频 $\nu_1$ 与其弦密度 $\mu$、弦长 $L$ 和拉紧度 $T$ 的关系,以及振动在弦上的传播速度.


【实验仪器】

FB301 型弦振动实验仪、FB302 型弦振动实验信号源、双踪示波器等.实验仪器结构描述见图 4.2-1.

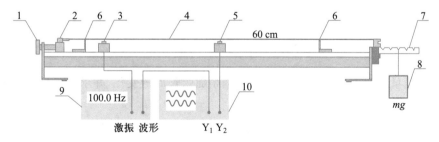

图 4.2-1　弦振动实验装置

1—调节螺杆;2—圆柱螺母;3—驱动线圈;4—弦;5—接收线圈;

6—支撑板;7—拉力杠杆;8—悬挂砝码;9—信号源;10—示波器.

【实验内容】

1. 实验前的准备

（1）取一根待测的弦,将弦上带有铜圈的一端固定在拉力杠杆的钩槽中,把另一端固定到调节螺杆上圆柱螺母上端的小螺钉上.

（2）调整调节螺杆,使拉力杠杆处于水平状态.

（3）把两块支撑板分开放在弦下两点上(其间距就是实验中弦的长度 $L$ ).

（4）将砝码挂到实验所需弦的拉力杠杆上,调节螺杆,使拉力杠杆水平(根据杠杆原理,这样才能由悬挂的砝码质量精确地确定弦的拉紧度),如图 4.2-2 所示.如果将质量为 $m$ 的砝码挂在拉力杠杆的挂钩槽 1 处,弦的拉紧度等于 $mg$ , $g$ 为重力加速度(杭州 $g = 9.793$ m/s$^2$ ),如果砝码挂在钩槽 2 处,弦的拉紧度为 $2mg$ ,以此类推.注意:悬挂砝码时应轻拿轻放,以免弦线崩断,砝码坠落而发生事故.

（5）按图 4.2-1 接好信号源、驱动线圈、接收线圈和示波器.调节信号源,产生正弦波.驱动线圈产生周期性的驱动力,使弦振动,接收线圈接收弦振动信号,并传输到示波器中.当弦振动最强时,示波器接收到的波形振幅最大,弦线达到了共振,此时的驻波频率就是共振频率.

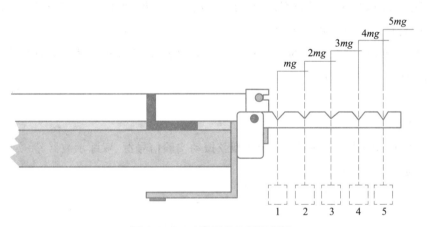

图 4.2-2　砝码悬挂位置示意图

2. 测量弦密度 $\mu$ 、拉紧度 $T$ 一定时基频随弦长 $L$ 的变化,并求出振动在弦上传播的速度 $u$

（1）放置两个支撑板,使它们相距 40 cm,装上一根弦.在拉力杠杆上挂上重 $2mg$ 的砝码,调节螺杆,使拉力杠杆处于水平状态,把驱动线圈放在离支撑板大约 5 cm 处,把接收线圈放在弦的中心位置.

（2）调节信号发生器,产生正弦波.

（3）慢慢地升高信号源频率,观察示波器接收到的波形振幅的改变.当弦振动最强时,示波器接收到的波形振幅最大,弦达到了共振.仔细观察振动的弦,当两固定端之间只有一个周期的波形时,此时的频率就是基频.

（4）记下基频,通过信号源读出频率.

（5）将两个支撑板的间距调整为 40 cm、45 cm、50 cm、55 cm 和 60 cm,重复以上步骤,测出相应的基频.

（6）自拟表格,记录拉紧度和弦密度不变的条件下弦长不同时的基频 $\nu_1$.通过作图法求出振动在弦上的传播速度 $u'$,并与根据(4.2-9)式得到的理论值进行比较,计算相对误差,并分析误差的主要来源.

3. 测量弦密度 $\mu$ 和长度 $L$ 一定时基频随弦拉紧度 $T$ 的变化

（1）在两个支撑板相距 $L=60$ cm,且保持不变时,装上一根弦.在拉力杠杆上挂上大约 $mg$ 的砝码,调节螺杆,使拉力杠杆处于水平状态,把驱动线圈放在离支撑板大约 5 cm 处,把接收线圈放在弦的中心位置.实验操作与实验 1 相同,测出拉紧度为 $mg$ 时的基频.

（2）当拉紧度分别为 $2mg$、$3mg$、$4mg$、$5mg$ 时,测出其基频.

（3）自拟表格,记录弦基频随弦拉紧度的变化的测量值,以 $\sqrt{T}$ 为横坐标、$\nu_1$ 为纵坐标,在同一坐标纸上作出基频 $\nu_1$ 与 $\sqrt{T}$ 关系的实验曲线和理论曲线,并分析两条曲线不重合的主要原因.

【数据与结果】

1. 测量弦密度 $\mu$、拉紧度 $T$ 一定时基频随弦长 $L$ 的变化,并求出振动在弦上传播的速度 $u$.

2. 自拟表格记录基频共振频率与弦长之间的关系,用作图法求出其传播速度,并与理论值 $u$ 比较,计算相对误差,分析误差主要来源.

3. 测量弦密度 $\mu$ 和弦长 $L$ 一定时,基频 $\nu_1$ 随拉紧度 $T$ 的变化.列表记录实验数据,并作出相对应的实验曲线和理论曲线,并分析两者不一致的原因.

【思考题】

1. 当两端固定的弦发生共振时,只可能有一个共振频率吗?

2. 拉力杠杆如果不水平,对实验结果将产生怎样的影响?

### 实验 4.3　声速的测量

课件

视频

声音是人类最早研究的物理现象之一.世界上最早的声学研究工作是关于音乐的.据《吕氏春秋》记载,黄帝令伶伦取竹作律,增损长短成十二律;伏羲作琴,三分损益成十三音.1957 年于河南信阳出土了一套春秋时期的编钟,其音阶完全符合自然律,可以用来演奏现代音乐,这是中国古代声学成就的证明.明朝著名律学家朱载堉于 1584 年左右提出的十二平均律,与当代西方乐器制造中使用的乐律完全相同,但比西方早提出数十年.

现代物理研究表明,声波是一种在弹性介质中传播的纵波,其传播速度与介质的特性及状态等因素有关,而与频率无关.因而用超声波(频率超过 $2 \times 10^4$ Hz 的声波,方向性好)作为波源可测量声音在介质中的传播速度,从而了解介质的特性或状态变化.例如,测量氯气密度、蔗糖(溶液)的浓度、氯丁橡胶乳液的密度以及输油管中不同油品的分界面等问题,都可以通过测定这些物质中的声速来解决.可见,声速测定在工业生产上具有重要的实用意义.

【实验目的】

1. 了解压电陶瓷换能器的功能.

2. 用共振干涉法和相位比较法测量声速.

3. 进一步熟悉示波器的使用.

4. 通过时差法在多种介质的测量中的应用,了解声呐技术的原理及其重要的实用意义.

【实验原理】

由波动理论得知,声波的传播速度 $v$、声波频率 $f$ 和波长 $\lambda$ 之间的关系为 $v=f\lambda$.所以只要测出声波的频率和波长,就可以求出声速.其中声波频率可由产生声波的信号发生器的频率读出,波长则可用共振法和相位比较法进行测量.而应用时差法,我们可通过测量一定间隔内声音传播的时间来测量声波的传播速度.

1. 压电陶瓷换能器

本实验采用压电陶瓷换能器来实现声压和电压之间的转换.压电陶瓷换能器主要由压电陶瓷片、轻金属铝(做成喇叭形状,增加辐射面积)和重金属(如铁)组成.压电陶瓷片由多晶结构的压电材料锆钛酸铅制成.如图 4.3-1 所示,在压电陶瓷片的两个底面上加正弦交变电压,它就会按正弦规律发生纵向伸缩,从而发出超声波;同样,压电陶瓷可以在

图 4.3-1

声压的作用下把声波信号转换为电信号.压电陶瓷换能器在声-电转换过程中信号频率保持不变.

2. 用共振干涉法测量波长 $\lambda$

如图 4.3-2 所示,$S_1$ 作为声波发射器,它把电信号转换为声波信号向空间发射.$S_2$ 是信号接收器,它把接收到的声波信号转换为电信号供观察.其中 $S_1$ 是固定的,而 $S_2$ 可以左右移动.

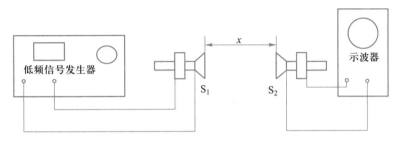

图 4.3-2 用共振干涉法测量声速的实验装置

由声源 $S_1$ 发出的声波(频率为 $f$),经介质(空气)传播到 $S_2$,$S_2$ 在接收声波信号的同时反射部分声波信号.如果接收面($S_2$)与发射面($S_1$)严格平行,入射波即在接收面上垂直反射,入射波与反射波相干涉形成驻波.反射面处是位移的波节、声压的波腹.改变接收器与发射源之间的距离 $x$,在一系列特定的距离上,空气中会出现稳定的驻波共振现象.此时 $x$ 等于半波长的整数倍,驻波的幅度达到极大;同时,在接收面上的声压波腹也相应地达到极大值.通过压电转换,产生的电信号的电压值也最大(示波器显示波形的幅值最大).因此,若保持频率不变,通过测量相邻两次接收信号达到极大值时接收面之间的距离 $\Delta x$,即可得到该波的波长 $\lambda$($\lambda = 2\Delta x$),并用 $v = f \cdot \lambda$ 计算出声速.

3. 用相位比较法测量波长 $\lambda$

声源 $S_1$ 发出声波后,在其周围形成声场,声场在介质中任一点的振动相位是随时间而变化的,但它和声源振动的相位差 $\Delta\varphi$ 不随时间变化.

设声源的振动方程可写成

$$y = y_0 \cos \omega t$$

距声源 $x$ 处 $S_2$ 接收到的振动为

$$y' = y_0' \cos \omega \left( t - \frac{x}{v} \right)$$

两处振动的相位差为

$$\Delta\varphi = \omega \frac{x}{v}$$

_NOTE_

若把两处振动分别输入到示波器的 X 轴和 Y 轴(如图 4.3-3 所示),那么当 $x = n\lambda$,即 $\Delta\varphi = 2n\pi$ 时,合振动为一斜率为正的直线.当 $x = (2n+1)\dfrac{\lambda}{2}$,即 $\Delta\varphi = (2n+1)\pi$ 时,合振动为一斜率为负的直线.当 $x$ 为其他值时,合振动为椭圆.

移动 $S_2$,当合振动为直线的图形斜率正负更替变化一次时,$S_2$ 移动的距离

$$\Delta x = (2n+1)\frac{\lambda}{2} - n\lambda = \frac{\lambda}{2}$$

则

$$\lambda = 2\Delta x$$

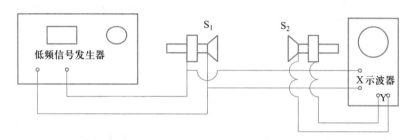

图 4.3-3　用相位比较法测量声速的实验装置

### 4. 用时差法测量的原理

以上两种方法中,声速的测量都是用示波器观察波谷和波峰,或观察两个波间的相位差来实现的,原理是正确的,但读数位置不易确定.较精确的测量声速的方法是时差法.时差法在工程中得到了广泛的应用,它是将经脉冲调制的电信号加到发射器上,声波在介质中传播,经过 $\Delta t$ 时间后,到达距离 $L$ 的接收器处,所以可以用以下公式求出声波在介质中传播的速度,见图 4.3-4.

$$v = \frac{L}{\Delta t}$$

图 4.3-4　时差法测量原理

【实验仪器】

声速测量组合仪、声速测量专用信号源、示波器等.

【实验内容】

1. 准备与声速测量系统的连接

（1）示波器开关 POWER 置于 ON，调节辉度（INTENSITY）和聚焦（FOCUS），使波形清晰.

（2）触发源（TRIG SOURCE）开关置于 INT，触发方式（TRIG MODE）开关置于 AUTO，触发电平（TRIG LEVEL）右旋至锁定（LOCK）状态.

（3）测量声速时，专用信号源、测量组合仪、示波器之间的连接方法见图 4.3-5.

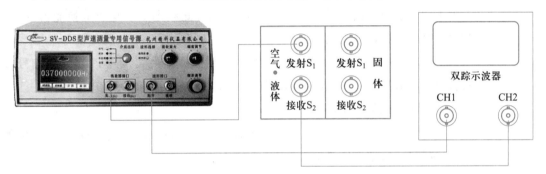

(a) 用共振干涉法、相位比较法测量连线图

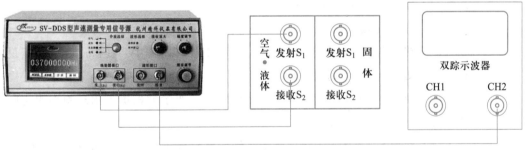

(b) 用时差法测（空气或液体）声速连线图

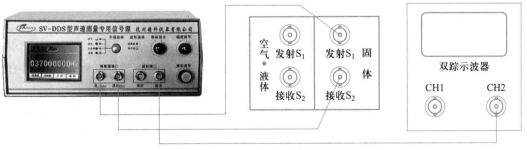

(c) 用时差法测（固体）声速连线图

图 4.3-5　测试连线图

2. 谐振频率的调节

我们将专用信号源输出的连续正弦波信号频率调节到换能器的谐振频率，以

使换能器发射出较强的超声波,这样能较好地进行声能与电能的相互转化,以得到较好的实验效果,具体方法如下:

(1)将"波形选择"设置到"连续波",采用测量组合仪下部的一对压电换能器,按图 4.3-5(a)所示连好线.按下 CH1 开关,调节示波器,直至能清楚地观察到同步的正弦波信号.

(2)调节专用信号源上的发射强度旋钮,使其输出电压在 20 V 左右,然后将测量组合仪接线盒上的接收端接至示波器,将两声能转换探头靠近,按下 CH2 开关,调节信号频率,观察接收波的电压幅度变化,在某一频率点处(34.5 ~ 39.5 kHz 之间,因不同的换能器或介质而异)电压幅度最大,此频率即是与压电换能器 $S_1$、$S_2$ 相匹配的频率点.记录此频率 $f$.

(3)改变 $S_1$、$S_2$ 间的距离,使示波器的正弦波振幅最大,再次调节正弦信号频率,直至示波器显示的正弦波振幅达到最大值.共测 5 次,取平均值.

3. 用共振干涉法测声速

(1)将 $S_2$ 移动接近 $S_1$ 处(注意不要接触),再缓缓地移动 $S_2$,当示波器上出现最大振幅信号时,记下位置 $x_0$.

(2)由近及远改变接收器 $S_2$ 的位置,可观察到正弦波形发生周期性的变化,逐个记下振幅最大的 $x_1$,$x_2$,$\cdots$,$x_9$,共 9 个点.

4. 用相位比较法测声速

(1)在共振干涉法实验的基础上,将示波器"SEC/DIV"旋钮逆时针旋至最左边"X-Y"处,即可观察到椭圆.

(2)使 $S_2$ 稍靠拢 $S_1$,然后再慢慢地移离 $S_2$,当示波器屏上出现斜率为正的直线时,记下 $S_2$ 的位置 $x_0'$.

(3)移动 $S_2$,依次记下示波器上直线斜率出现正负变化时 $S_2$ 的对应位置 $x_1'$,$x_2'$,$\cdots$,$x_9'$.

5. 用时差法测量声速

(1)空气介质.

采用测量组合仪下部的一对压电换能器,移去储液槽(如果储液槽内有水的话).

测量空气声速时,将专用信号源上的"介质选择"置于"空气"位置,然后将信号源与测量组合仪及示波器用带插头的电缆连接["空气·液体"专用插座(见图 4.3-5(b)].

将"波形选择"设置到"脉冲波".使 $S_1$ 和 $S_2$ 之间有一定距离(≥50 mm).调节接收增益,使示波器上显示的接收波信号幅度为 300 ~ 400 mV(峰-峰值),以使专用信号源工作在最佳状态.记录此时的距离值 $L$ 和显示的时间值 $t$(时间由专用信号源时间显示窗口直接读出);转动调节鼓轮来移动 $S_2$,当时间读数增加 30 $\mu$s 时,记录下这时的距离值和显示的时间值 $L_i$、$t_i$. 依次记录十一组数据(间隔 30 $\mu$s),舍弃第一组数据,用逐差法计算出 30 $\mu$s 所经过的距离,代入公式计算出声速.

需要说明的是,由于声波的衰减,移动换能器使测量距离变大(这时时间也变大)时,如果测量时间值出现跳变,则应顺时针方向微调"接收放大"旋钮,以补偿信号的衰减;反之测量距离变小时,如果测量时间值出现跳变,则应逆时针方向微调"接收放大"旋钮,以使计时器能正确计时.

(2) 液体介质.

采用测量组合仪下部的一对压电换能器,安装储液槽.

当使用液体为介质测试声速时,向储液槽注入液体,直至液面线处,但不要超过液面线(注意:在注入液体时,不能将液体淋在仪表上),然后将储液槽装回测量组合仪.

将专用信号源上的"介质选择"置于"液体"位置,换能器的连接线接至测量组合仪上的"空气·液体"专用插座[见图 4.3-5(b)],即可进行测试,步骤与(1)相同.

(3) 固体介质(只能用时差法测量).

采用测量组合仪上部的一对压电换能器.

测量非金属(有机玻璃棒)、金属(黄铜棒)固体介质时,可按以下步骤进行实验.

① 将专用信号源的"波形选择"设置到"脉冲波"."介质选择"位置按测试材质的不同,置于"非金属"或"金属"位置,如图 4.3-5 所示.

② 拔出发射器尾部的连接插头(测量组合仪上部),再将待测的测试棒端头小螺柱旋入接收器中心螺孔内,再将另一端头的小螺柱旋入发射器,使固体棒的两端头与两换能器可靠、紧密接触(注意:旋紧时,应该用力均匀,不要用力过猛,以免损坏螺纹),拧紧至两换能器端面与测试棒两端紧密接触即可. 调换测试棒时,应先拔出发射器尾部的连接插头,然后旋出发射换能器的一端,再旋出接收器的一端.

③ 把发射器尾部的连接插头插回,信号源与测量组合仪("固体"专用插座)及示波器用带插头电缆连接,即可开始测量.

④ 记录信号源的时间读数,单位为 $\mu$s. 测试棒的长度可用游标卡尺测量得到,记录长度数据.

⑤ 用以上方法调换第二种长度及第三种长度的测试棒,重新测量并记录数据.

⑥ 用逐差法处理数据,根据不同测试棒的长度差和测得的时间差计算出测试棒内的声速.

【数据与结果】

1. 自拟表格,记录所有的实验数据.表格的设计要便于用逐差法求相应位置的差值和计算 $\lambda$ 和 $\lambda'$.

2. 算出共振干涉法和相位比较法测得的波长平均值 $\overline{\lambda}$ 和 $\overline{\lambda'}$ 及其标准偏差 $S_\lambda$ 和 $S_{\lambda'}$. 经计算可得波长的测量结果 $\lambda = \overline{\lambda} \pm \Delta_\lambda$, $\lambda' = \overline{\lambda'} \pm \Delta'_\lambda$.

3. 计算按前两种方法测量的 $v$ 和 $v'$ 以及 $\Delta_v$ 和 $\Delta_{v'}$,并写出实验结果 $v = \overline{v} \pm \Delta_v$ 和 $v' = \overline{v'} \pm \Delta_{v'}$.

4. 按理论值公式(空气中) $v_S = v_0 \sqrt{\dfrac{T}{T_0}}$ 算出理论值 $v_S$ [式中 $v_0 = 331.45$ m/s 为 $T_0 = 273.15$ K 时的声速, $T/\text{K} = t/(\text{℃}) + 273.15$]. 并将 $v$ 和 $v'$ 与 $v_S$ 比较,用相对误差表示,并分析产生误差的原因.

5. 计算用时差法测量的声速 $v$,并将 $v$ 与 $v_S$ 比较,得出它们的相对误差.

【思考题】

1. 本实验为什么要在谐振频率条件下进行声速测量? 如何调节和判断测量系统是否处于谐振状态?

2. 两列波在空间相遇时产生驻波的条件是什么? 如果发射面 $S_1$ 和接收面 $S_2$ 不平行,结果会怎样?

3. 相位比较法中,为什么选直线图形作为测量基准? 从斜率为正的直线变到斜率为负的直线过程中相位改变了多少?

4. 在相位比较法中,调节哪些旋钮可改变直线的斜率? 调节哪些旋钮可改变李萨如图形的形状?

5. 用逐差法处理数据的优点是什么? 还有没有别的合适的方法可处理数据并且计算 $\lambda$ 的值?

【附录1】SV5(6)型声速测量组合仪使用说明书

1. 概述

本仪器可用共振干涉法(驻波法)、相位比较法(行波法)和时差法对声波在空气中、液体中以及固体的传播速度进行定量的测定.仪器内声波的发射与接收均采用超声压电换能系统,完全符合教学大纲对实验的要求.

严格地说,仪器发射的声波属于特定频率的次超声波,即频率在 35 ~ 40 kHz 的范围内.因为压电换能系统的工作频带宽度在几千赫的范围内,所以本仪器不适于对任意波长的声波在空气中的传播速度进行测定.

本仪器在使用时配合专用信号源及示波器使用即可进行实验.上述通用示波器一般物理实验室均有配备.

2. 仪器的结构

实验仪器由 SV5(6)型声速测量组合仪和 SV-DDS 型声速测量专用信号源组成,见图 4.3-6.

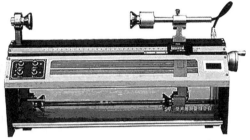

图 4.3-6　实验仪器

3. 主要技术指标

(1)在支架上同时安装两个压电换能器(其中位于支架上部的一个单独用于固体声速测量);谐振频率:$f=(35\pm3)$ kHz.

(2)测量介质:空气、液体、固体(不同长度的金属、非金属样品各 3 根).

(3)测量距离:0 ~ 350 mm,读数装置:带游标尺的数显表,分辨率:0.01 mm.

(4)测量方法:共振干涉法、相位比较法和时差法.

(5)储液槽与测试架可分离,有利于液体存放.

(6)声速测定的相对误差:2.5%,用时差法测量的误差:2.0%.

(7)增加数字式环境温度显示表,温度显示范围:0 ~ 50 ℃,分辨率:0.1 ℃.

【附录 2】SV-DDS 型多功能物理实验信号源

该信号源采用多功能 DDS 数字频率合成技术大规模集成电路,大大提高了稳定性、分辨率,扩大了调节范围(0.001 ~ 999 999.999 Hz),仪器中还设计了能断电后保存当前最佳频率位置的功能.显示屏为彩色点阵液晶屏,图形更清晰,解决了因数码管显示容易缺笔画、模拟信号不稳、电位器接触不良、使用寿命短和容易损坏等问题.

1. 介质选择

按下面板上的"介质选择"按钮,可选"空气""液体""非金属""金属",选中后对应指示灯亮.

### 2. 波形选择

开机默认为"连续波"的"正弦波",按下屏幕上的"方波"或"正弦波"按钮,可改为连续的方波或正弦波输出.

按下屏幕上的"时差法"按钮,可改为"脉冲波"输出,对应指示灯亮.

### 3. 频率调节

轻触屏幕需要调节的频率数字位,该选中的数字位会显示白色方框,然后旋转频率调节旋钮,可调节该位频率.也可以按下频率调节旋钮,再旋转该旋钮进行频率快速调节.

### 4. 断电记忆

轻触屏幕上的"返回"按钮一次,就能断电记录当前频率,下次开机就是此频率.

### 5. 接收放大

旋转接收放大旋钮,可调节接收到的信号的放大量.

### 6. 幅度调节

旋转幅度调节旋钮,可调节输出信号的幅度.

### 7. 注意事项

触屏时不能用尖硬物件,否则将损坏屏幕.

## 【附录3】数显表头的使用方法及维护

声速测量组合仪储液槽上方的显示两换能器移动距离的数显表头的使用方法如下:

(1)"inch/mm"按钮为英/公制转换按钮,测量声速时用"mm".

(2)"OFF""ON"按钮为数显表头电源开关.

(3)"ZERO"按钮用于表头数字归零.

(4)数显表头在标尺范围内时,接收器处于任意位置都可设置"0"位.摇动丝杆,接收器移动的距离为数显表头显示的数字.

(5)数显表头右下方的"▼"处为更换表头内纽扣式电池处.

(6)使用时,严禁将液体淋到数显表头上,若不慎将液体淋入,可用电吹风吹干(电吹风用低挡,并保持一定距离,使温度不超过70 ℃).

(7)数显表头与数显标尺的配合极其精确,应避免剧烈的冲击和重压.

(8)仪器使用完毕后,应关闭数显表头的电源,以免不必要地消耗电池.

## 【附录4】不同介质中的声速

### 1. 标准大气压下空气介质中的声速

由 $v_s = v_0\sqrt{\dfrac{T}{T_0}}$ 算出理论值 $v_s$ [式中 $v_0 = 331.45$ m/s 为 $T_0 = 273.15$ K 时的声速，

$T/\mathrm{K} = t/(\text{℃}) + 273$].

2. 液体中的声速

| | |
|---|---|
| （1）淡水 | 1 480 m/s |
| （2）甘油 | 1 920 m/s |
| （3）变压器油 | 1 425 m/s |
| （4）蓖麻油 | 1 540 m/s |

3. 固体中的声速

| | |
|---|---|
| （1）有机玻璃 | 1 800 ~ 2 250 m/s |
| （2）尼龙 | 1 800 ~ 2 200 m/s |
| （3）聚氨酯 | 1 600 ~ 1 850 m/s |
| （4）黄铜 | 3 100 ~ 3 650 m/s |
| （5）金 | 2 030 m/s |
| （6）银 | 2 670 m/s |

注意：对于固体材料，由于其材质、密度、测试的方法各有差异，故其声速仅供参考.

### 实验 4.4 用迈克耳孙干涉仪测 He-Ne 激光的波长

19 世纪 80 年代，美国物理学家迈克耳孙（Michelson）根据分振幅干涉精心设计了第一台干涉仪——迈克耳孙干涉仪，迈克耳孙用这种干涉仪做了历史上极有价值的三个实验：他与莫雷（Male）合作，完成了著名的迈克耳孙-莫雷"以太"漂移实验，实验结果否定了"以太"的存在，为爱因斯坦（Einstein）建立相对论提供了实验依据；迈克耳孙和莫雷最早用干涉仪观察到氢的 $H_\alpha$ 线是双线结构，并系统地研究了光谱线的精细结构，这在现代原子理论中起了重要作用；迈克耳孙首次用干涉仪测得镉红线波长 $\lambda = 643.846\,96$ nm，并以此波长测定了标准米的长度，1 m = 1 553 164.13$\lambda_{镉红线}$，为用自然基准（光波波长）代替实物基准（铂铱米原器）奠定了基础. 迈克耳孙因为精密光学仪器的研制和借助这些仪器所进行的光谱学和度量学方面的研究，获得了 1907 年度诺贝尔物理学奖.

迈克耳孙干涉仪原理简明，构思巧妙，堪称精密光学仪器的典范，是其他干涉仪的基础. 目前，根据迈克耳孙干涉仪的基本原理研制的各种精密仪器已广泛地应用于生产、生活和科技领域.

课件

视频

本实验用迈克耳孙干涉仪测定 He-Ne 激光的波长,并观察光的非定域干涉、等倾干涉、等厚干涉等现象.

## 【实验目的】

1. 了解迈克耳孙干涉仪的结构、原理,并学习调节方法.
2. 利用迈克耳孙干涉仪观察干涉现象.
3. 利用迈克耳孙干涉仪测 He-Ne 激光的波长.

## 【实验原理】

1. 迈克耳孙干涉仪的结构和原理

迈克耳孙干涉仪由一套精密的机械传动系统和四个高质量、装在底座上的光学镜片组成,其结构如图 4.4-1 所示. $G_1$、$G_2$ 是两块材料、厚度均相同的平行平面玻璃板,它们的镜面与导轨中线成 45°角, $G_1$ 称为分光板,它的背面镀有银质半反半透膜(使照在上面的光线既能反射又能透射,且这两部分光的强度相等), $G_2$ 称为补偿板. $M_1$、$M_2$ 是两个平面反射镜,放置在互相垂直的两臂上. 其中 $M_2$ 位置固定, $M_1$ 装在可由精密丝杆带动、沿导轨前后移动的拖板上. 平面反射镜倾角的调节,可以通过它们背面的调节螺钉来实现,若要更精细地调节 $M_2$ 的方位,可通过调节其下端的一对互相垂直的拉簧螺钉 2、4 来实现. 整个仪器的水平可通过调节底座上的三个水平调节螺钉 6 来实现. 转动粗调手轮 1 或微动鼓轮 3 都可使丝杆转动,从而使其上的 $M_1$ 镜沿导轨移动.

图 4.4-1 迈克耳孙干涉仪

可通过三个读数尺确定 $M_1$ 的位置:装在导轨侧面的毫米刻度尺(主尺)、粗调手轮 1 及微动鼓轮 3,粗调手轮 1 每转一圈,$M_1$ 镜平移 1 mm,粗调手轮 1 每一圈刻有 100 个小格,故每走一格 $M_1$ 镜平移(1/100)mm.而微动鼓轮 3 每转一圈,粗调手轮 1 仅走一圈,微动鼓轮 3 一圈又刻有 100 个小格,所以微动鼓轮 3 每走一格,$M_1$镜移动(1/10 000)mm.因此测 $M_1$ 镜移动的距离时,若 $m$ 是主尺读数(mm),$l$ 是粗调手轮 1 的读数,$n$ 是微动鼓轮 3 的读数,则有

$$e = m + l\frac{1}{100} + n\frac{1}{10\,000}\ (\text{mm})$$

微动鼓轮还可以估读一位,因此,若以 mm 为单位可以读到小数点后五位.

迈克耳孙干涉仪原理图如图 4.4-2 所示,激光器 S 发出的 He-Ne 激光经扩束镜 L 扩束后,射向 $G_1$ 板而分成两束光:光束(1)被半镀银面反射折向 $M_1$ 镜,光束(2)透过半镀银面射向 $M_2$ 镜,两束光经平面反射镜反射后仍按原路返回,又回到 $G_1$ 的半镀银面上,再会聚成一束光射向观察者 E(或接收屏),相遇发生干涉.

$G_2$ 板的作用是使光束(2)与光束(1)一样都经过玻璃三次,其光程差就纯粹是由 $M_1$、$M_2$ 镜与 $G_1$ 板的距离不同而引起.

为清楚起见,光路可简化为如图 4.4-3 所示,观察者自 E 处向 $G_1$ 板看去,直接看到 $M_2$ 镜在 $G_1$ 板的反射像,此虚像以 $M_2'$ 表示.对于观察者来说,$M_1$、$M_2$ 镜所引起的干涉,显然与 $M_1$、$M_2'$ 之间的空气层所引起的干涉等效.因此在考虑干涉时,$M_1$、$M_2'$ 之间的空气层就成为仪器的主要部分.本仪器设计的优点也就在于 $M_2'$ 不是实物,因而可以任意改变 $M_1$、$M_2'$ 之间的距离——可以使 $M_2'$ 在 $M_1$ 镜的前面或后面,也可以使它们完全重叠或相交.

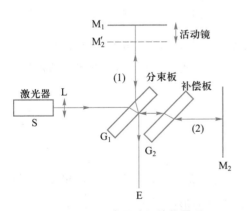

图 4.4-2　迈克耳孙干涉仪原理

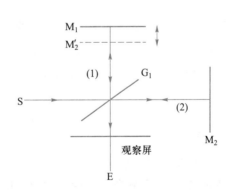

图 4.4-3　迈克耳孙干涉仪简化光路图

## 2. 等倾干涉及波长的测量

当 $M_1$、$M_2'$ 完全平行时,将获得等倾干涉,其干涉条纹的形状取决于光源平面上的入射角 $i$(如图 4.4-4 所示),在垂直于观察方向的光源平面 $S$ 上,自以 $O$ 点为中心的圆周上各点发出的光以相同的倾角 $i_k$ 入射到 $M_1$、$M_2'$ 之间的空气层,所以它的干

涉图样是同心圆环,其位置取决于光程差 $\Delta L$.

若空气层的厚度为 $e$,则当入射角为 $i_k$ 的光在空气层前后两表面反射产生的光程差为

$$\Delta L = 2e/\cos i_k - 2e\tan i_k \cdot \sin i_k = 2e\cos i_k$$

$$(4.4-1)$$

当 $2e\cos i_k = k\lambda$($k = 1, 2, 3, \cdots$)时,我们看到一组明圆纹.

若入射角 $i_k$ 较小,$\cos i_k \approx 1 - \dfrac{1}{2}i_k^2$,$\dfrac{i_k + i_{k+1}}{2} \approx i_k$,相邻两条纹的角距离 $\Delta i_k$ 为

$$\Delta i_k = i_{k+1} - i_k \approx -\frac{\lambda}{2ei_k} \qquad (4.4-2)$$

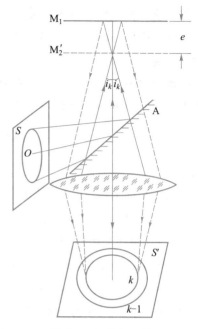

图 4.4-4　等倾干涉

若用眼盯着第 $k$ 级明圆纹不放,当改变 $M_1$ 与 $M_2'$ 的位置,使其间隔 $e$ 增大时,若要保持 $2e\cos i_k = k\lambda$ 不变,则必须以减小 $\cos i_k$ 来达到,因此 $i_k$ 必须增大——这就意味着干涉条纹从中心向外"冒出". 反之当 $e$ 减小时,则 $\cos i_k$ 必然增大,这就意味着 $i_k$ 减小,所以相当于干涉圆环一个一个地向中心"缩进". 在圆环中心 $i_k = 0$,$\cos i_k = 1$,故 $2e = k\lambda$,则

$$e = \frac{\lambda}{2}k \qquad (4.4-3)$$

可见,当 $M_1$ 与 $M_2'$ 之间的距离 $e$ 增大(或减小)$\dfrac{\lambda}{2}$ 时,则干涉条纹就从中心"冒出"(或向中心"缩进")一圈. 如果在迈克耳孙干涉仪上测出 $M_2'$ 始末两态的位置,即可求出 $M_2'$ 走过的距离 $\Delta e$,同时数出在这期间干涉条纹变化(冒出或缩进)的圈数 $\Delta N$,则可以计算出此时光波的波长 $\lambda$:

$$\lambda = \frac{2\Delta e}{\Delta N} \qquad (4.4-4)$$

### 3. 等厚干涉

如果 $M_1$ 与 $M_2'$ 成一很小的交角(交角太大则看不到干涉条纹),则出现等厚干涉条纹. 条纹定域在空气楔表面或其附近,条纹的形状是一组平行于 $M_1$ 与 $M_2'$ 的直条纹. 随着 $e$ 增大,即楔形空气薄膜的厚度由 0 逐渐增加,则直条纹将逐渐变成双曲线、椭圆等. 这是由于 $e$ 较大,$\cos i_k$ 的影响不能忽略,$i_k$ 增大,$\cos i_k$ 值减少,由 $2e\cos i_k = k\lambda$ 可知,要保持相同的光程差,$e$ 必须增大. 所以干涉条纹在 $i_k$ 逐渐增大的地方要向 $e$ 增大的方向移动,使得干涉条纹逐渐变成弧形,而且条纹的弯曲方向凸向 $M_1$ 与 $M_2'$ 的交线,如图 4.4-5 所示.

#### 4. 白光干涉条纹(彩色条纹)

因为干涉条纹的明暗决定光程差与波长的关系,比如说当光程差是 1 520.0 nm 时,这刚好是红光(760.0 nm)的整数倍,满足明纹的公式(4.4-1)式,可看到红的干涉明条纹,可是它对绿光(500.0 nm)就不满足,所以看不到绿色的明纹.用白光光源,只有在 $e=0$ 的附近(几个波长范围内)才能看到干涉条纹,在

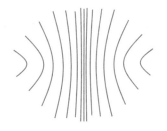

图 4.4-5　等厚干涉

正中央 $M_1$、$M_2'$ 交线处($e=0$),对各种波长的光来说,其光程差均为 0,故中央明条纹不是彩色的.中央明条纹两旁有十几条对称分布的彩色条纹,$e$ 再大时因对各种不同波长的光,其满足暗纹的情况也不同,所产生的干涉条纹,明暗互相重叠,结果显不出条纹来,因而在整个干涉场中,只能看见几条彩色条纹.

【实验仪器】

SM-100 型迈克耳孙干涉仪、He-Ne 激光器、扩束镜.

【实验内容】

1. 迈克耳孙干涉仪的调节

迈克耳孙干涉仪是一种精密、贵重的光学测量仪器,因此必须在熟读教材、弄清结构、弄懂操作要点后,才能动手调节、使用.

(1)对照教材,结合实物弄清本仪器的结构原理和各个旋钮的作用.

(2)调节水平调节螺钉6(见图4.4-1,最好将水准仪放在迈克耳孙干涉仪平台上),将干涉仪调至水平.

(3)转动粗调手轮1,使 $M_1$ 沿导轨移动,将 $M_1$ 到 $G_1$ 半镀银面的距离和 $M_2$ 到 $G_1$ 半镀银面的距离调至近似相等(在本实验室中 $M_1$ 位于主尺 48 cm 刻线附近).

(4)分别调节 $M_1$ 和 $M_2$ 镜背后的两个调节螺钉,使其松紧适度,并使 $M_2$ 的两个微调拉簧螺钉2、4处于中央位置,即弹簧不要过紧或过松.

(5)开启 He-Ne 激光器,使激光束以 45°角入射于迈克耳孙干涉仪的 $G_1$ 板上(用目测来判断),并均匀照亮 $G_1$ 板.注意:共轴、等高.

2. 观察非定域干涉现象(等倾干涉条纹)

(1)使 He-Ne 激光束大致垂直于 $M_2$,调节激光器的高低左右,使反射回来的光束按原路返回.

(2)拿掉观察屏,往 $M_1$ 方向看去,可看到分别由 $M_1$ 和 $M_2$ 反射的两排光点,每排四个光点,中间两个较亮,旁边两个较暗,调节 $M_1$ 或 $M_2$ 背面的两个螺钉,使两排光点重合,此时 $M_1$ 和 $M_2$ 垂直.装上观察屏,这时一般观察屏上就会出现干涉条纹.

（3）调节 $M_2$ 镜座下两个微调拉簧螺钉 2、4 直至看到位置适中、清晰的圆环状非定域干涉条纹（把观察屏移动到其他位置，也能观察到干涉条纹，则条纹是非定域的）.

（4）轻轻地转动微动鼓轮 3，使 $M_1$ 前后平移，可看到条纹的"冒出"或"缩进"，观察并解释条纹的粗细、疏密与 $e$ 的关系.

3. 测量 He-Ne 激光的波长

（1）读数装置调零：为了使读数指示正常，还需调零，其方法是：先将微动鼓轮 3 指示线转到和"0"刻线对准（此时，粗调手轮也跟随转动，读数窗口刻线随着变化），然后再转动粗调手轮 1，将粗调手轮 1 转到 1/100 mm 刻度线的整数线上（此时微动鼓轮 3 并不跟随转动，即仍指原来的"0"位置），这时调零过程就结束了. 调好后不要再转动粗调手轮.

（2）消除空程差：完成以上步骤后，并不能马上测量，还必须消除空程差. 所谓空程差，是指如果现在转动微动鼓轮的方向与原来调零时转动微动鼓轮的方向相反，则在一段时间内，微动鼓轮虽然在转动，但读数窗口并未计数，因为转动反向后，蜗轮与蜗杆的齿并未啮合. 消除空程差的方法是：沿同一方向转动微动手轮，待条纹"冒出"或"缩进"顺畅时再开始计数测量，并一直沿一个方向转动测量.

（3）慢慢地转动微动鼓轮，可观察到条纹一个一个地"冒出"或"缩进"，待操作熟练后开始测量. 记下 $M_1$ 的初始位置读数 $e_0$，每当"冒出"或"缩进"$N = 50$ 个圆环时记下 $e_i$，连续测量 9 次，记下 9 个 $e_i$ 值，每测一次算出相应的 $\Delta e_i = |e_{i+1} - e_i|$，以检验实验的可靠性. 然后用逐差法处理数据，求出"冒出"或"缩进"$\Delta N = 250$ 个条纹对应的 $\Delta e$.

4. 观察等厚干涉的变化

在利用等倾干涉条纹测定 He-Ne 激光波长的基础上，继续增大或减少光程差，使 $e \to 0$（即转动微动鼓轮 3，使 $M_1$ 镜背离或接近 $G_1$，从而使 $M_1$、$G_1$ 的距离逐渐等于 $M_2$、$G_1$ 之间的距离），则逐渐可以看到等倾干涉条纹的曲率由大变小（条纹慢慢变直），再由小变大（条纹反向弯曲又成等倾干涉条纹）的全过程.

【数据与结果】

1. 自拟表格，记录实验数据. $\Delta_{仪} = 0.000\,05$ mm，求出 $\lambda = \bar{\lambda} \pm \Delta_\lambda$.

2. 与标准值比较，计算相对误差（He-Ne 激光波长为 632.8 nm）.

3. 分析产生误差的主要原因.

【思考题】

1. 迈克耳孙干涉仪是怎么产生两束相干光的？其光程差和什么因素有关？

2. 迈克耳孙干涉仪的光路调节的要求是什么？为什么？

3. 如何避免测量过程中的空程差？为什么要进行多次测量？

4. 是否所有圆条纹都是等倾干涉条纹？你能举例说明哪些圆条纹不是等倾干涉条纹吗？

## 实验 4.5　用光电效应测定普朗克常量

课件

视频

　　1887 年，赫兹在研究电磁波的实验中偶然发现，接收电路的间隙如果受到光照，就更容易产生电火花.这就是最早发现的光电效应，也是赫兹细致观察的意外收获.后来这一现象引起许多物理学家的关注.德国物理学家伦纳德、英国物理学家 J. J. 汤姆孙等相继进行了实验研究，证实了这个现象.光电效应实验对于认识光的本质及早期量子理论的发展，具有里程碑的意义.

　　然而光电效应存在的截止频率、饱和电流、遏止电压和瞬时性等现象无法用经典电磁理论解释，这引发了物理学家们的认真思考.爱因斯坦在普朗克量子假说的启发下，在 1905 年发表了题为《关于光的产生和转化的一个试探性观点》的文章.他表示，普朗克关于黑体辐射问题的崭新观点还不够彻底，仅仅认为振动的带电微粒的能量不连续是不够的.为了解释光电效应，必须假定电磁波本身的能量也是不连续的，即认为光本身就是由一个个不可分割的能量子组成的，频率为 $\nu$ 的光的能量子为 $h\nu$，其中，$h$ 为普朗克常量.这些能量子后来被称为光子.

　　按照爱因斯坦的理论，当光子照到金属上时，它的能量可以被金属中的某个电子全部吸收，金属中的电子吸收一个光子获得的能量是 $h\nu$，在这些能量中，一部分大小为 $W_0$ 的能量被电子用来脱离金属（逸出功），剩下的是逸出后电子的初动能，即

$$\frac{1}{2}mv^2 = h\nu - W \tag{4.5-1}$$

上式称为爱因斯坦光电效应方程.对于爱因斯坦的假说，从 1905 年爱因斯坦的论文问世后，密立根经过十年左右艰苦卓绝的工作，1916 年发表了详细的实验论文，证实了爱因斯坦的方程，并精确测出了普朗克常量，$h = 6.57 \times 10^{-34}$ J·s，其相对不确定度大约为 0.5%.这一数据与现在的公认值比较，相对误差也只有 0.9%.爱因斯坦和密立根都因光电效应等方面的贡献，分别于 1921 年和 1923 年获得诺贝尔物理学奖.

　　目前利用光电效应制成的光电器件和光电管、光电池、光电倍增管等已成为生产和科研中不可缺少的重要器件.

【实验目的】

1. 了解光电效应的基本规律,验证爱因斯坦光电效应方程.

2. 掌握用光电效应法测定普朗克常量 $h$.

【实验原理】

光电效应的实验示意图如图4.5-1所示,图中 GD 是光电管;K 是光电管阴极;A 为光电管阳极;G 为微电流计;V 为电压表;E 为电源;R 为滑线变阻器,调节 $R$ 可以得到实验所需的加速电势差 $U_{AK}$. 在光电管的 A、K 之间可获得从 $-U$ 到 0 再到 $+U$ 连续变化的电压.

1. 光电效应的实验规律

(1)饱和电流的大小与光的强度成正比.

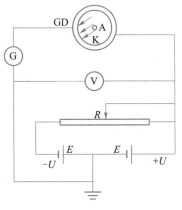

图 4.5-1 光电效应实验示意图

无光照阴极时,由于阳极和阴极是断路的,所以 G 中无电流通过.用光照射阴极时,由于阴极释放出电子而形成阴极光电流(简称阴极电流).加速电势差 $U_{AK}$ 越大,阴极电流越大,当 $U_{AK}$ 增加到一定数值后,阴极电流不再增大而达到某一饱和值 $I_H$,$I_H$ 的大小和照射光的强度成正比(如图 4.5-2 所示).

(2)遏止电势差 $U_a$ 与光强无关,随照射光频率的增大而增大.

加速电势差 $U_{AK}$ 变为负值时,阴极电流会迅速减少,当加速电势差 $U_{AK}$ 达到负半轴一定数值时,阴极电流变为 0,与此对应的电势差称为遏止电势差.这一电势差用 $U_a$ 来表示.$U_a$ 的大小与光的强度无关,而是随着照射光频率的增大而增大(如图4.5-3 所示).

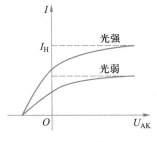

图 4.5-2 光电管的伏安特性

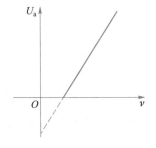

图 4.5-3 光电管遏止电势差的频率特性

光电子从阴极逸出时具有初动能,其最大值等于它反抗电场力而做的功,即

$$\frac{1}{2}mv^2 = eU_a$$

因为 $U_a \propto \nu$，所以初动能大小与光的强度无关，只是随着频率的增大而增大. $U_a \propto \nu$ 的关系可用爱因斯坦方程表示如下：

$$U_a = \frac{h}{e}\nu - \frac{W}{e} \qquad (4.5\text{-}2)$$

实验时用的单色光是从低压汞灯光谱中用干涉滤色片过滤得到的，其波长分别为 365 nm、405 nm、436 nm、546 nm 和 577 nm. 测出相对应的遏止电压（$U_{a1}$、$U_{a2}$、$U_{a3}$、$U_{a4}$ 和 $U_{a5}$），然后作出 $U_a$–$\nu$ 图，由此图的斜率即可以求出 $h$.

（3）阴极的截止频率 $\nu_0$ 和逸出功 $W_0$.

如果光子的能量 $h\nu \leqslant W_0$ 时，无论用多强的光照射，都不可能逸出光电子. 与此相对应的光的频率则称为阴极的截止频率，且用 $\nu_0$（$\nu_0 = W_0/h$）来表示. 实验时可以从 $U_a$–$\nu$ 图的截距求得阴极的截止频率和逸出功. 本实验的关键是正确确定遏止电势差，作出 $U_a$–$\nu$ 图. 至于在实际测量中的遏止电势差，还必须根据所使用的光电管来决定. 下面就专门对如何确定遏止电势差的问题做一简要的分析与讨论.

2. 遏止电势差的确定

如果使用的光电管对可见光都比较灵敏，而暗电流也很小，由于阳极包围着阴极，即使加速电势差为负值，阴极发射的光电子仍能大部分到达阳极. 而阳极材料的逸出功又很高，可见光照射时是不会发射光电子的，其理想电流特性曲线如图 4.5-4 所示. 图中电流为零时的电势就是遏止电势差 $U_a$. 然而，光电管在制造过程中，工艺上很难保证阳极不被阴极材料所污染（这里污染的含义是：阴极表面的低逸出功材料溅射到阳极上），而且这种污染还会在光电管的使用过程中日趋加重. 被污染后的阳极逸出功降低，当从阴极反射过来的散射光照到它时，便会发射出光电子而形成阳极电流. 实验中测得的电流特性曲线，是阳极电流和阴极电流叠加的结果，如图 4.5-5 中实线所示.

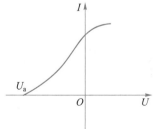

图 4.5-4　光电管的理想电流特性曲线　　图 4.5-5　光电管老化后的电流特性曲线

由图 4.5-5 可见，由于阳极的污染，实验时出现了反向电流. 特性曲线与横轴交点的电流虽然等于0,但阴极电流并不等于0,交点的电势差 $U'_a$ 也不等于遏止电势差 $U_a$.两者之差由阴极电流上升的快慢和阳极电流的大小所决定.阴极电流上升越快,阳极电流越小,$U'_a$ 与 $U_a$ 之差也越小.从实际测量的电流特性曲线上看,正向(阴极)电流上升越快,反向(阳极)电流越小,则 $U'_a$ 与 $U_a$ 之差也越小.

由图 4.5-5 可以看到,由于电极结构等种种原因,实际上阳极电流往往饱和缓慢,在加速电势差达到 $U_a$ 时,阳极电流仍未达到饱和,所以阳极电流刚开始饱和的拐点电势差 $U''_a$ 也不等于遏止电势差 $U_a$.两者之差视阳极电流的饱和快慢而异.阳极电流饱和得越快,两者之差越小.若在反向电压增至 $U_a$ 之前阳极电流已经饱和,则拐点电势差就是遏止电势差 $U_a$.

总而言之,对于不同的光电管应该根据其电流特性曲线的不同采用不同的方法来确定其遏止电势差.假如阴极电流上升得很快,阳极电流很小,则可以把阴极电流特性曲线与阳极电流特性曲线交点的电势差 $U'_a$ 近似地当成遏止电势差 $U_a$(交点法).若阳极特性曲线的反向电流虽然较大,但其饱和速度很快,则可把阳极电流开始饱和时的拐点电势差 $U''_a$ 当成遏止电势差 $U_a$(拐点法).

**【实验仪器】**

BEX-8504AB 智能光电效应实验仪(面板见图 4.5-6)、无线电压传感器、计算机等.

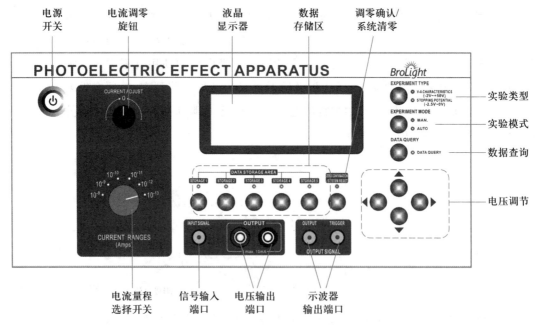

图 4.5-6　光电效应实验仪面板功能

**【实验内容】**

1. 测量前的准备

（1）连接导线：用 BNC 同轴电缆线将实验仪的信号输入端口连接到光电管盒后板"K"．用红黑导线连接实验仪的电压输出端口连接到光电管暗盒的后板红黑接线端．

（2）盖上汞灯遮光罩．

（3）将汞灯与光电管的距离调至 350～400 mm．

（4）打开电源开关，汞灯和实验仪预热 20min．

（5）放大器调零：将电流量程选择开关置于所选挡位，仪器在充分预热后，进行测试前调零．实验仪在开机或改变实验类型、实验模式后，都会自动进入调零状态，此时调零确认/系统清零指示灯闪烁．旋转电流调零旋钮使电流 $I_A$ 显示为"0"．调节好后，按调零确认/系统清零键，系统进入测试状态，此时调零确认/系统清零指示灯熄灭．

2. 测普朗克常量 $h$

由于本实验仪器的电流放大器灵敏度高，稳定性好，光电管阳极电流、暗电流水平也较低，所以在测量各谱线的遏止电势差 $U_a$ 时，可采用零电流法（即交点法），即直接将各谱线照射下测得的电流为零时对应的电压 $U_A$ 的绝对值作为遏止电势差 $U_a$．此法的前提是阳极电流、暗电流和本底电流都很小，用零电流法测得的遏止电势差与真实值相差较小．且各谱线的遏止电势差都相差 $\Delta U$，对 $U_a$-$\nu$ 曲线的斜率无大的影响，因此对 $h$ 的测量不会产生大的影响．测试步骤如下：

测量遏止电势差时，实验类型（伏安特性测试/遏止电势差测试）键应为遏止电势差测试状态，电流量程选择开关应处于 $10^{-13}$ A 挡．

（1）手动测量．

① 使实验模式（手动/自动）键处于手动模式．

② 将光电管暗盒前面的转盘用手轻轻拉出，把直径为 4 mm 的光阑对准上面的白色刻线．再把装滤色片的转盘放在挡光位，即"0"刻线对准上面的白色刻线．在调零确认/系统清零键指示灯闪烁的状态下，对放大器进行调零，再按下调零确认/系统清零键进入测量状态．

③ 打开汞灯遮光盖，把 365 nm 的滤色片转到通光口，此时液晶屏显示 $U_A$ 的值，单位为伏；电流显示 $I_A$ 的值，单位为所选择的电流量程．用电压调节键→、←、↑、↓可调节 $U_A$ 的值，→、←键用于选择调节位，↑、↓键用于调节值的大小．

④ 从低到高调节电压（绝对值减小），观察电流值的变化，寻找电流 $I_A$ 为零（或电流最接近零）时对应的 $U_A$，以其绝对值作为该波长对应的 $U_a$ 的值，并将数据

记于表格中.

⑤ 依次换上 405 nm、436 nm、546 nm、577 nm 的滤色片,重复以上测量步骤.

（2）用无线电压传感器数字化测量普朗克常量 $h$.

① 用 8 针转红黑线连接实验仪的"CURRENT"数据接口和无线电压传感器 A 的电压输入端口（红黑插座端口）,用 8 针转红黑线连接实验仪的"VOLTAGE"数据输出接口和无线电压传感器 B 的电压输入端口（红黑插座端口）,并与计算机 USB 接口连接.

② 打开所有电源开关,将汞灯和电源预热 20min.

将光电管暗盒前面的转盘设置为直径为 4 mm 的光阑,再把滤色片的转盘转到"0"刻线.

③ 用电流量程选择开关将量程设置为 $10^{-13}$ A.

④ 按实验模式键切换到自动模式.

⑤ 此时调零确认指示灯闪烁,对放大器进行调零,再按下调零确认/系统清零键进入测量状态.此时液晶屏上 U:$-2.000 \sim 0.000$ V 数字闪烁,表示系统处于自动测量扫描范围设置状态,用电压调节键可设置扫描起始和终止电压.对各条谱线,建议扫描范围大致设置为:365 nm（$-2.0 \sim -1.7$ V）、405 nm（$-1.7 \sim -1.3$ V）、436 nm（$-1.5 \sim -1.2$ V）、546 nm（$-1.0 \sim -0.5$ V）、577 nm（$-0.8 \sim -0.4$ V）.实验仪设有 5 个数据存储区,每个存储区最多可存储 1 250 组数据,并有指示灯表示其状态.灯亮表示该存储区已存有数据,灯不亮为空存储区,灯闪烁表示系统预选的或正在存储数据的存储区.注:在手动模式下按下存储区的按键可以删除对应存储的实验数据.

⑥ 设置扫描电压步长 $\Delta U$ 和扫描时间步长 $\Delta t$,用电压调节键→、←、↑、↓可设置 $\Delta U$ 和 $\Delta t$ 的数值.默认使用 $\Delta U = 0.004$ V,$\Delta t = 0.5$ s.

⑦ 把 365 nm 的滤色片转到通光口,打开汞灯遮光盖.进入光电效应实验界面（注:软件不升级）,点击左上角的"遏止电动势",进入遏止电动势测量.

⑧ 设置好扫描起始和终止电压（$-2.0 \sim -1.7$ V）后,按下相应的存储区存储 1 按键,仪器将先清除存储区原有数据,等待 30 s,点击光电效应实验软件的"记录"按钮.

⑨ 当电压值接近设定值后,点击软件"停止"按钮.在遏止电动势数据表格或者图表里读取 $I_A$ 为零（或电流接近为零）时对应的 $U_{AK}$,即为 365 nm 的遏止电动势,即得到 365 nm 的遏止电动势曲线.

⑩ 然后改变不同波长的滤色片,重复以上测量步骤.注:点击数据图表工具栏上面的"运行#",可以显示多组数据.

3. 测光电管的伏安特性曲线

测量伏安特性时,实验类型键应为伏安特性测试状态,电流量程选择开关应拨

至 $10^{-9}$ A 挡.

（1）手动测量

① 使实验模式键处于手动模式.

② 将光电管暗盒前面的转盘用手轻轻拉出,把直径为 4 mm 的光阑对准上面的白色刻线.再把装滤色片的转盘放在挡光位,即"0"刻线对准上面的白色刻线.在调零确认/系统调零指示灯闪烁的状态下,对放大器进行调零,再按下调零确认/系统调零健进入测量状态.

③ 把 436 nm 的滤色片转到通光口,测量的最大范围为 -2 ~ +50 V,测量时步长为 1 V,仪器功能及使用方法如前所述.

④ 将所测 $U_A$ 及 $I_A$ 的数据记录到表格中,在坐标纸上作对应于以上波长及光强的伏安特性曲线.

⑤ 观察 436 nm、546 nm 谱线在不同光阑(即不同光通量)、同一距离下的伏安特性饱和曲线.

在 $U_A$ 为 50 V 时,将仪器设置为手动模式,测量并记录对同一谱线、同一入射距离,光阑直径分别为 2 mm、4 mm、8 mm 时对应的电流值于表格中,验证光电管的饱和光电流与入射光强成正比.

⑥ 观察 436 nm、546 nm 谱线在不同距离(即不同光强)、同一光阑下的伏安特性饱和曲线.

在 $U_A$ 为 50 V 时,将仪器设置为手动模式,测量并记录对同一谱线、同一光阑直径,光电管与入射光在不同距离(如 300 mm、400 mm 等)时对应的电流值于表格中,同样验证光电管的饱和电流与入射光强成正比.

（2）用无线电压传感器量化测量伏安特性.

① 用电流量程选择开关将量程设置为 $10^{-9}$ A.

② 测量伏安特性时,"实验类型"(伏安特性测试/遏止电势差测试)按键应处于伏安特性测试状态,按"实验模式"按键切换到自动模式.

③ 此时调零确认/系统调零指示灯闪烁,对放大器进行调零,再按下"调零确认/系统调零"按键进入测量状态.此时液晶屏上"$U$:-2.0 ~ 50.0 V"闪烁,表示系统处于自动测量扫描范围设置状态,用"电压调节"按键可设置扫描起始和终止电压(此处设置为 -2.0 ~ 50.0 V).

④ 设置扫描电压步长 $\Delta U$ 和扫描时间步长 $\Delta t$,用"电压调节"按键→、←、↑、↓可设置 $\Delta U$ 和 $\Delta t$ 的数值.默认使用 $\Delta U = 0.2$ V,$\Delta T = 0.2$ s.

⑤ 把 365 nm 的滤色片转到通光口,打开汞灯遮光盖.

⑥ 打开光电效应实验软件,点击左上角的"伏安特性"进入伏安特性测量.

⑦ 设置好扫描起始和终止电压后,按下相应的存储区按键,仪器将先清除存

储区原有数据,等待 30 s,点击软件的"记录"按钮.

⑧ 当电压值接近设定值后,点击软件的"停止"按钮.此曲线即为 365 nm 谱线的伏安特性曲线.

⑨ 然后换用不同波长的滤色片,重复以上测量步骤.注:点击数据图表工具栏上面的"运行#",可以显示多组曲线.

[数据与结果]

1. 普朗克常量 $h$ 的测量

列表记录实验数据,作出 $U_a$-$\nu$ 图,求出直线的斜率 $k$,即可用 $h' = ek$ 求出普朗克常量,并与公认值比较,分别求出手动、自动测量时的相对误差.已知 $e = 1.602 \times 10^{-19}$ C,$h = 6.626 \times 10^{-34}$ J·s.

2. 光电管的伏安特性曲线测量

列表记录实验数据,用作图法画出光电管的伏安特性曲线,注意等精度作图.

3. 列表记录实验数据,用作图法画出不同谱线在不同光阑(即不同光通量)、同一距离下的伏安特性饱和曲线

4. 列表记录实验数据,用作图法画出 436 nm、546 nm 谱线在不同距离(即不同光强)、同一光阑下的伏安特性饱和曲线

[思考题]

1. 测定普朗克常量的关键是什么?怎样根据光电管的伏安特性曲线选择适宜的测定遏止电势差 $U_a$ 的方法?

2. 从遏止电势差 $U_a$ 与入射光的频率 $\nu$ 的关系曲线中,你能确定阴极材料的逸出功吗?

3. 光电管一般采用逸出功小的金属作为阴极,用逸出功大的金属作为阳极,为什么?

4. 反向电流如何形成?它对遏止电势差的测量有何影响?

5. 在实验中,能否将滤色片安装在光源的光阑口上?为什么?

## 实验 4.6　密立根油滴实验

1907 年开始,密立根在总结前人实验的基础上,对电子电荷量开始进行测量研究,最初他用水滴作为电荷的载体,由于水滴蒸发太快,不能得到满意的结果,之后改为以微小的油滴作为带电体,进行元电荷的测量,并于 1911 年宣布了实验的结

果,证实了电荷的量子化.此后,密立根又继续改进实验,精益求精,提高测量结果的精度,在前后近十年的时间里,做了几千次实验,取得了可靠的结果,最早完成了元电荷的测量工作.密立根的实验设备简单而有效,构思和方法巧妙而简洁,采用了宏观的力学模式来研究微观世界的量子特性,所得数据精确且结果稳定,无论在实验的构思还是在实验的技巧上都堪称一流,是一个著名的有启发性的实验,因而被誉为实验物理的典范.密立根在这一实验工作上花费了多年的心血,从而取得了具有重大意义的结果,那就是:(1)证明了电荷的不连续性(具有粒子性);(2)测量并得到了元电荷即电子电荷量的绝对值,其值为 $e = 1.60 \times 10^{-19}$ C.现公认 $e$ 是元电荷,对其值的测量精度不断提高,目前给出最好的结果为

$$e = 1.602\ 176\ 634 \times 10^{-19} \text{ C}$$

课件

视频

正是由于这一实验的成就,他荣获了 1923 年诺贝尔物理学奖.

100 多年来,物理学发生了根本的变化,而这个实验又重新站到实验物理的前列,近年来根据这一实验的设计思想改进的用磁漂浮的方法测量分立电荷的实验,使古老的实验又焕发了青春,也更说明密立根油滴实验是富有强大生命力的实验.

【实验目的】

1. 了解密立根将元电荷的测量转化为宏观量测量的实验思想,验证电荷的不连续性及测量元电荷的电荷量.

2. 学习并了解 CCD 图像传感器的原理与应用,学习电视显微测量方法.

3. 通过实验中对仪器的调节、油滴的选择、跟踪、测量及数据处理,教会学生科学的实验方法.

【实验原理】

一个质量为 $m$、电荷量为 $q$ 的油滴处在两块平行极板之间,在平行极板未加电压时,油滴受重力作用而加速下降,由于空气阻力的作用,下降一段距离后,油滴将做匀速运动,速度为 $v_g$,这时重力与阻力平衡(空气浮力忽略不计),如图 4.6-1 所示.根据斯托克斯定律,黏性阻力为

$$F_r = 6\pi a\eta v_g$$

式中 $\eta$ 是空气的黏度,$a$ 是油滴的半径,这时有

$$6\pi a\eta v_g = mg \tag{4.6-1}$$

当在平行极板上加电压 $U$ 时,油滴处在电场强度为 $\boldsymbol{E}$ 的静电场中,设电场力 $q\boldsymbol{E}$ 与重力方向相反,如图 4.6-2 所示,使油滴受电场力加速上升,由于空气阻力作用,上升一段距离后,油滴所受的空气阻力、重力与电场力达到平衡(空气浮力忽略不计),则油滴将以匀速上升,此时速度为 $v_e$,则有

$$6\pi a\eta v_e = qE - mg \qquad (4.6-2)$$

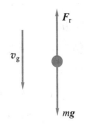

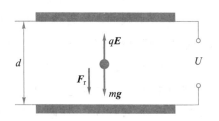

图 4.6-1 油滴受力分析　　　　图 4.6-2 平行极板

又因为

$$E = \frac{U}{d} \qquad (4.6-3)$$

由上述(4.6-1)式、(4.6-2)式、(4.6-3)式可解出

$$q = mg\,\frac{d}{U}\left(\frac{v_g + v_e}{v_g}\right) \qquad (4.6-4)$$

　为测定油滴所带电荷 $q$,除应测出 $U$、$d$ 和速度 $v_e$、$v_g$ 外,还需知油滴质量 $m$.

由于油滴在空气中悬浮和表面张力作用,可将油滴看成圆球,其质量为

$$m = \frac{4}{3}\pi a^3 \rho \qquad (4.6-5)$$

式中 $\rho$ 是油滴的密度.

由(4.6-1)式和(4.6-5)式,得油滴的半径

$$a = \left(\frac{9\eta v_g}{2\rho g}\right)^{\frac{1}{2}} \qquad (4.6-6)$$

将半径代入(4.6-5)式,便得油滴的质量.

考虑到油滴非常小,空气已不能看成连续介质,空气的黏度 $\eta$ 应修正为

$$\eta' = \frac{\eta}{1 + \dfrac{b}{pa}} \qquad (4.6-7)$$

式中 $b$ 为修正系数,$p$ 为空气压强,$a$ 为未经修正过的油滴半径,由于它在修正项中,不必计算得很精确,由(4.6-6)式计算就够了.

实验时取油滴匀速下降和匀速上升的距离相等,都设为 $l$,测出油滴匀速下降的时间 $t_g$、匀速上升的时间 $t_e$,则

$$v_g = \frac{l}{t_g}, \quad v_e = \frac{l}{t_e} \qquad (4.6-8)$$

将(4.6-5)式、(4.6-6)式、(4.6-7)式、(4.6-8)式代入(4.6-4)式,可得

$$q = \frac{18\pi}{\sqrt{2\rho g}} \left( \frac{\eta l}{1 + \frac{b}{pa}} \right)^{\frac{3}{2}} \frac{d}{U} \left( \frac{1}{t_e} + \frac{1}{t_g} \right) \left( \frac{1}{t_g} \right)^{\frac{1}{2}}$$

令

$$K = \frac{18\pi}{\sqrt{2\rho g}} \left( \frac{\eta l}{1 + \frac{b}{pa}} \right)^{\frac{3}{2}} d$$

得

$$q = K \left( \frac{1}{t_e} + \frac{1}{t_g} \right) \left( \frac{1}{t_g} \right)^{\frac{1}{2}} / U \qquad (4.6\text{-}9)$$

此式是用动态(非平衡)法测油滴电荷量的公式.

下面导出用静态(平衡)法测油滴电荷量的公式.

调节平行极板间的电压,使油滴不动,$v_e = 0$,即 $t_e \to \infty$,由(4.6-9)式可得

$$q = K \left( \frac{1}{t_g} \right)^{\frac{3}{2}} \frac{1}{U} \qquad (4.6\text{-}10)$$

上式即为用静态法测油滴电荷量的公式.

为了求元电荷,对实验测得的各个电荷量 $q$ 求最大公约数,就是元电荷 $e$ 的值,也就是电子电荷量的绝对值,也可以测得同一油滴所带电荷量的改变量 $\Delta q_1$(可以用紫外线或放射源照射油滴,使它所带电荷量改变),这时 $\Delta q_1$ 应近似为某一最小单位的整数倍,此最小单位即为元电荷 $e$.

## 【实验仪器】

OM98B CCD 密立根油滴仪.

## 【实验内容】

1. 采用静态法测量油滴带电量.

2. 采用动态法测量油滴带电量.

## 【实验步骤】

1. 仪器连接

将 OM98B CCD 密立根油滴仪(下称 OM98B 油滴仪)面板上最左边带有 Q9 插头的电缆线接至监视器后板下部的插座上,注意,一定要插紧,保证接触良好,否则会显示图像紊乱或只有一些长条纹.监视器阻抗选择开关一定要拨至 75 Ω 处.

2. 仪器调节

调节仪器底座上的三只调平手轮,将水泡(油滴盒内)调平.由于底座空间较

小,调手轮时若将手心向上,用中指和无名指夹住手轮调节较为方便.

照明光路调节:把 CCD 显微镜镜筒前端和底座前端对齐,喷油后再前后微调即可.在使用中,前后调焦范围不要过大,取前后调焦 1 mm 内的油滴较好.

3. 仪器使用

打开监视器和 OM98B 油滴仪的电源,在监视器上先出现"OM98B CCD 密立根油滴仪"等字样,5 s 后自动进入测量状态,显示出标准分划板刻度线及 $U$ 值、$s$ 值.开机后若想直接进入测量状态,按一下"计时/停"按钮即可.

若开机后屏幕上的字很乱或字重叠,应先关掉油滴仪的电源,过一会再开机即可.面板上 $K_1$ 用来选择平行电极上极板的极性,实验中置于"+"位置或"-"位置均可,一般不常变动.使用最频繁的是 $K_2$ 和 W 及"计时/停"($K_3$),若在使用中发现高压突然消失,这是供电线路强脉冲干扰所致,只需关闭油滴仪电源 30 s 左右再开机即可恢复(这种情况极少发生).

监视器门前有一小盒,压一下盒盖就可打开,内有 4 个调节旋钮,对比度一般置于最大(顺时针旋转到底或稍退回一些),亮度不要太亮.若发现刻度线上下抖动,这是"帧抖",微调左边第二个旋钮即可解决问题.

4. 测量练习

练习是顺利做好实验的重要一环,包括练习控制油滴运动、练习测量油滴运动时间和练习选择合适的油滴.

选择一颗合适的油滴十分重要.大而亮的油滴必然质量大,所带电荷也多,而匀速下降时间则很短,增大了测量误差并给数据处理带来困难,通常选择平衡电压为 60~120 V,匀速下落 1.5 mm(6 格)的时间在 8~20 s 的油滴较适宜.喷油后,$K_2$ 由"0 V"挡换至"平衡"挡,调节极板电压为 60~120 V,注意几颗缓慢运动、较为清晰明亮的油滴(试将 $K_2$ 置于"0 V"挡,观察各颗油滴下落的大概速度,从中选一颗作为测量对象).对于 22.9 cm(9 英寸)的监视器,目视油滴直径在 0.5~1 mm 的较适宜.过小的油滴观察困难,布朗运动明显,会引入较大的测量误差.

判断油滴是否平衡要有足够的耐性.用 $K_2$ 将油滴移至某条刻度线上,仔细调节平衡电压,这样反复操作几次,经一段时间观察油滴确实不再移动才可认为它达到平衡了.

测准油滴升高或降低某段距离所需的时间,一是要统一油滴到达刻度线什么位置才认为油滴已踏线;二是眼睛要平视刻度线,不要有夹角.反复练习几次,使测出的各次时间的离散性小.

5. 正式测量

实验方法可选用平衡法、动态法和同一油滴改变电荷法(第三种方法所用的射线源要用户自备).若采用平衡法测量,将已调平衡的油滴用 $K_2$ 控制移到"起跑"

线上,按 $K_3$(计时/停),让计时器停止计时,然后将 $K_2$ 拨向"0 V",油滴开始匀速下降的同时,计时器开始计时,到"终点"时,迅速将 $K_2$ 拨向"平衡",油滴立即静止,计时也立即停止.

动态法是分别测出施加电压时油滴上升的速度和不加电压时油滴下落的速度,代入相应公式,求出 $e$ 值.油滴的运动距离一般取 1~1.5 mm.对某颗油滴重复5~10 次测量,选择 10~20 颗油滴,求得平均值 $e$.在每次测量时都要检查和调节平衡电压,以减小偶然误差和油滴挥发而使平衡电压发生的变化.

平衡测量法测量,将所测数据填入表格.

计算油滴电荷量[式(4.6-10)]时,需要用到的参量有:油的密度 $\rho=981$ kg/$m^3$,重力加速度 $g=9.793$ m·$s^{-2}$(杭州)空气黏度 $\eta=1.83\times10^{-5}$ kg/(m·s),油滴匀速下降的距离 $l=1.5\times10^{-3}$ m,修正常量 $b=8.22\times10^{-3}$ Pa·m,大气压强 $p=1.01\times10^5$ Pa,平行极板间的距离 $d=6.00\times10^{-3}$ m.

计算出各油滴的电荷量后,求它们的最大公约数,即为元电荷 $e$ 值.若求最大公约数有困难,则可用作图法求 $e$ 值.设实验得到 $m$ 个油滴的带电量分别为 $q_1$,$q_2,\cdots,q_m$,由于电荷的量子化特性,应有 $q_i=n_ie$,此为一直线方程,$n$ 为自变量,$q$ 为因变量,$e$ 为斜率.因此 $m$ 个油滴对应的数据在 $n-q$ 坐标系中将在同一条直线上,若找到满足这一关系的直线,就可用斜率求得 $e$ 值.

如何在 $n-q$ 坐标系中找到满足这一关系的直线?在 $n-q$ 坐标系中,沿纵轴标出 $q_i$ 点,并过这些点作平行于横轴的直线.沿横轴等间隔地标出量子数 $n$,并过这些点作平行于纵轴的直线.如此,在 $n-q$ 坐标系中便形成一张网格,满足 $q_i=n_ie$ 关系的那些点必定位于网格的节点上,如图 4.6-3 所示,用一直尺,由过原点和过距原点最近的一个节

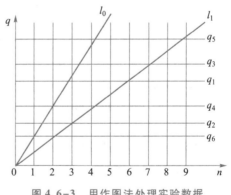

图 4.6-3 用作图法处理实验数据

点连成的一条直线 $l_0$ 开始,绕原点慢慢向下方扫过,直到每一条平行线上都有一个节点落在或接近直线 $l_1$.该线的斜率即是元电荷的实验值.

将 $e$ 的实验值与公认值比较,求相对误差.

【思考题】

1. 对实验结果造成影响的主要因素有哪些?

2. 如何判断油滴盒内平行极板是否水平?不水平对实验结果有何影响?

3. 与直接从显微镜中观测相比,用 CCD 成像系统观测油滴有何优点?

## 【附录】CCD 微机密立根油滴仪

### 1. 仪器结构

仪器主要由油滴盒、CCD 电视显微镜、电路箱、监视器等组成.

油滴盒是个重要部件,加工要求很高,其结构见图 4.6-4.

从图 4.6-4 上可以看到,上、下电极形状与一般油滴仪不同.取消了造成累积误差的"定位台阶",直接用精加工的平板垫在胶木圆环上,这样,极板间的不平行度、极板间的间距误差都可以控制在 0.01 mm 以下.在上电极板中心有一个 0.4 mm 的油雾落入孔中,在胶木圆环上开有显微镜观察孔、照明孔和一个备用孔.备用孔为采用紫外线等手段改变油滴电荷量时启用.

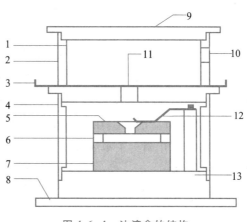

图 4.6-4　油滴盒的结构

1—油雾杯;2—溃雾孔;3—开关;4—防风罩;5—上电极;6—油滴盒;7—下电极;8—座架;
9—上盖板;10—喷雾口;11—落油孔;12—上电极压簧;13—油滴盒基座.

在油滴盒外套有防风罩,罩上放置一个可取下的油雾杯,杯底中心有一个落油孔及一个挡片,用来开关落油孔.

在基座上方有一个安全开关,当取下油雾杯时,平行电极就自行断电.

在上电极上方有一个可以左右拨动的压簧,注意,只有将压簧拨向最边上的位置,方可取出上极板.这一点也与一般油滴仪采用直接抽出上极板的方式不同,为的是保证压簧与电极始终接触良好.

照明灯安装在基座中间位置,在照明光源和照明光路设计上也与一般油滴仪不同.传统油滴仪的照明光路与显微光路间夹角为 120°,现根据散射理论,将此夹角增大为 150°~160°,油滴像特别明亮.一般油滴仪的照明灯为聚光钨丝灯,很易烧坏,OM98B 油滴仪采用了带聚光的半导体发光器件,使用寿命极长,为半永久性.

CCD 电视显微镜的光学系统是专门设计的,体积小巧,成像质量好.由于 CCD

摄像头与显微镜是整体设计,无须另加连接圈就可以方便地装上拆下,使用可靠、稳定,不易损坏 CCD 器件.

电路箱体内装有高压产生、测量显示等电路.底部装有三只调平手轮,面板结构见图 4.6-5.

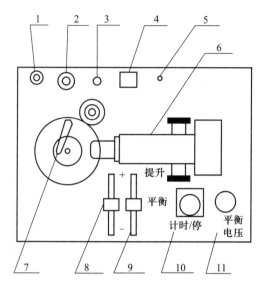

图 4.6-5　密立根油滴仪的面板结构

1—视频电缆;2—保险丝;3—电源线;4—电源开关;5—指示灯;
6—显微镜;7—上电极太簧;8—$K_1$;9—$K_2$;10—$K_3$;11—W.

由测量显示电路产生的电子分划板刻度,与 CCD 摄像头的行扫描严格同步,相当于刻度线是刻在 CCD 器件上的,所以,尽管监视器有大小,或监视器本身有非线性失真,但刻度值是不会变的.

OM98B 油滴仪备有两种分划板,标准分划板 A 是 8×3 结构,垂直线视场为 2 mm,分 8 格,每格值为 0.25 mm.为观察油滴的布朗运动,设计了另一种 X、Y 方向各为 15 小格的分划板 B,用随机配备的标准显微镜物镜时,每格为 0.08 mm;换上高倍显微镜物镜后(选购件),每格值为 0.04 mm,此时,观察到的效果明显,油滴的运动轨迹可以满格.

按住"计时/停"按钮大于 5 s 即可切换分划板.

面板上有两只控制平行极板电压的三挡开关,$K_1$ 控制上极板电压的极性,$K_2$ 控制极板上的电压大小.当 $K_2$ 处于中间位置即"平衡"挡时,可用电位器调节平衡电压,当开关拨向"提升"挡时,自动在平衡电压的基础上增加 200 ~ 300 V 的提升电压,拨向"0 V"挡时,极板上电压为 0 V.

为了提高测量精度,OM98B 油滴仪将 $K_2$ 的"平衡""0 V"挡与计时器的"计时/

*NOTE*

停"联动.在 $K_2$ 由"平衡"打向"0 V"时,油滴开始匀速下落的同时开始计时,油滴下落到预定距离时,迅速将 $K_2$ 由"0 V"挡拨向"平衡"挡,油滴停止下落的同时停止计时.这样,在屏幕上显示的是油滴实际的运动距离及对应的时间,提供了修正参量.这样可提高测距、测时精度.根据不同的教学要求,也可以不联动,拔去 $K_2$ 的一个插头即可.

由于空气阻力的存在,油滴是先经一段变速运动然后进入匀速运动的.但变速运动时间非常短,小于 0.01 s,与计时器精度相当.所以我们可以认为,当油滴自静止开始运动时,油滴是立即做匀速运动的;运动的油滴突然加上原平衡电压时,将立即静止.

OM98B 油滴仪的计数器采"计时/停"方式,即按一下开关,清零的同时立即开始计数,再按一下开关,停止计数,并保存数据.计数器的最小显示为 0.01 s,但内部计时精度为 1 $\mu$s.

2. 主要技术指标

平均相对误差:<3%.

平行极板间的距离:$(6.00 \pm 0.01)$ mm(1999 年后的油滴仪极板间的距离为 5 mm).

极板电压:+、0、−可选,DC 0 ~ 700 V 可调.

提升电压:200 ~ 300 V.

数字电压表:0 ~ 999 V±1 V.

数字毫秒计:0 ~ 99.99 s±0.01 s.

电视显微镜:总放大倍数 60×[22.9 cm(9 英寸)监视器、标准物镜].

分划板刻度:垂直线视场 2 mm,分八格,每格为 0.25 mm.

电源:~ 220 V、50 Hz.

### 实验 4.7　弗兰克−赫兹实验

课件

视频

弗兰克(Franck),德国物理学家,一生从事原子物理、核物理、分子光谱学及其在化学上的应用和光合作用等研究.赫兹(Hertz),德国物理学家,研究电子和原子间能量交换和电离电势的测量.

1912 ~ 1914 年弗兰克和赫兹进行了一系列实验,利用电场使热阴极电子加速获得能量,与管中汞蒸气原子发生碰撞,实验发现电子能量未达到某一临界值时,电子与汞原子发生弹性碰撞,电子不损失能量;当电子能量达到某一临界值时,发生非弹性碰撞,把电子的一定能量传递给汞原子,使后者激发,可以观察到汞原子跃迁的发射谱线.弗兰克–赫兹实验直接证明了原子发生跃变时吸收和发射的能量是分立的、不连续的,证明了原子能级的存在,从而证明了玻尔理论的正确,因此弗兰克和赫兹获得了 1925 年诺贝尔物理学奖.

弗兰克–赫兹实验至今仍是探索原子结构的重要手段之一,通过这个实验学生可以了解原子内部能量是量子化的,学习和体验弗兰克和赫兹研究气体放电现象中低能电子和原子之间相互作用的实验思想和方法,这对活跃学生的物理思想、培养他们对物理现象的观察能力和分析能力有重要作用.

## 【实验目的】

1. 学习弗兰克和赫兹研究原子内部能量的基本思想和实验设计方法.掌握测量原子激发电势的实验方法.

2. 通过测定氩原子等元素的第一激发电势(即中肯电势),证明原子能级的存在.

## 【实验原理】

玻尔提出的原子理论指出:原子只能较长地停留在一些稳定状态(简称定态),原子在这些状态时,不发射或吸收能量,各定态有一定的能量,其数值是彼此分隔的.原子的能量不论通过什么方式发生改变,它只能从一个定态跃迁到另一个定态.原子从一个定态跃迁到另一个定态而发射或吸收辐射时,辐射频率是一定的.如果用 $E_m$ 和 $E_n$ 分别代表有关两定态的能量的话,辐射的频率 $\nu$ 取决于如下关系:

$$h\nu = E_m - E_n \tag{4.7-1}$$

式中,普朗克常量 $h = 6.63 \times 10^{-34}$ J·s.

为了使原子从低能级向高能级跃迁,我们可以使具有一定能量的电子与原子相碰撞,进行能量交换.

设初速度为零的电子在电势差为 $U_0$ 的加速电场作用下,获得能量 $eU_0$.当具有这种能量的电子与稀薄气体的原子发生碰撞时,就会发生能量交换.如以 $E_1$ 代表氩原子的基态能量、$E_2$ 代表氩原子的第一激发态能量,那么当氩原子吸收从电子传递来的能量恰好为

$$eU_0 = E_2 - E_1 \tag{4.7-2}$$

时,氩原子就会从基态跃迁到第一激发态.而且相应的电势差称为氩的第一激发电势(或称氩的中肯电势).测定出这个电势差 $U_0$,就可以根据(4.7-2)式求出氩原子的基态和第一激发态之间的能量差了(其他元素气体原子的第一激发电势亦可依此法求得).

弗兰克–赫兹实验的原理如图 4.7-1 所示.

在充氩的弗兰克–赫兹管中,电子由热阴极发出,阴极 K 和第一栅极 $G_1$ 之间的加速电压主要用于消除阴极电子散射的影响,阴极 K 和第二栅极 $G_2$ 之间的加速电压 $U_{G_2K}$ 使电子加速. 在板极 A 和第二栅极 $G_2$ 之间加有反向拒斥电压 $U_{G_2A}$. 管内空间电势分布如图 4.7-2 所示. 当电子通过 $G_2K$ 空间进入 $G_2A$ 空间时,如果有较大的能量($\geqslant eU_{G_2A}$),就能冲过反向拒斥电场而到达板极形成板流,被微电流计检出. 如果电子在 $G_2K$ 空间与氩原子碰撞,把自己一部分能量传给氩原子而使后者激发的话,电子本身所剩余的能量就很小,以至通过第二栅极后已不足以克服拒斥电场而被折回到第二栅极,这时,通过微电流计的电流将显著减小.

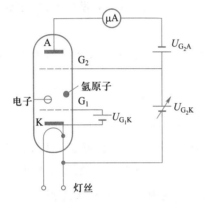

图 4.7-1　弗兰克–赫兹实验原理图　　图 4.7-2　弗兰克–赫兹管管内电势分布

实验时,使 $U_{G_2K}$ 电压逐渐增加并仔细观察微电流计的电流指示,如果原子能级确实存在,而且基态和第一激发态之间有确定的能量差的话,就能观察到如图 4.7-3 所示的 $I_A$–$U_{G_2K}$ 曲线.

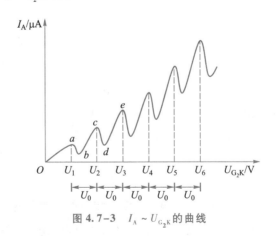

图 4.7-3　$I_A \sim U_{G_2K}$ 的曲线

图 4.7-3 所示的曲线反映了氩原子在 $G_2K$ 空间与电子进行能量交换的情况. 当 $G_2K$ 空间电压逐渐增加时,电子在 $G_2K$ 空间被加速而取得越来越大的能

量.但起始阶段,由于电压较低,电子的能量较少,即使在运动过程中它与原子相碰撞(为弹性碰撞)也只有微小的能量交换.穿过第二栅极的电子所形成的板极电流 $I_A$ 将随第二栅极电压 $U_{G_2K}$ 的增加而增大(见图 4.7-3 的 $Oa$ 段).当 $G_2$、K 间的电压达到氩原子的第一激发电势 $U_0$ 时,电子在第二栅极附近与氩原子相碰撞,将自己从加速电场中获得的全部能量交给后者,并且使后者从基态激发到第一激发态.而电子本身由于把全部能量给了氩原子,即使穿过了第二栅极也不能克服反向拒斥电场而被折回第二栅极(被筛选掉).所以板极电流将显著减小(见图 4.7-3 的 $ab$ 段).随着第二栅极电压的不断增加,电子的能量也随之增加,在与氩原子相碰撞后还留下足够的能量,电子可以克服反向拒斥电场而达到板极 A,这时电流又开始上升($bc$ 段).直到 $G_2$、K 间电压是氩原子第一激发电势的两倍时,电子在 $G_2$、K 间又会因二次碰撞而失去能量,因而又会造成第二次板极电流的下降($cd$ 段),同理,凡 $G_2$、K 之间电压满足

$$U_{G_2K} = nU_0 \quad (n = 1,2,3,\cdots) \tag{4.7-3}$$

时板极电流 $I_A$ 都会相应下跌,形成规则起伏变化的 $I_A$-$U_{G_2K}$ 曲线.而各次板极电流 $I_A$ 达到峰值时相对应的加速电压差($U_{n+1}-U_n$),即两相邻峰值之间的加速电压差值就是氩原子的第一激发电势值 $U_0$.

本实验就是要通过实际测量来证实原子能级的存在,并测出氩原子的第一激发电势(公认值为 $U_0 = 11.5$ V).

原子处于激发态时是不稳定的.在实验中被慢电子轰击到第一激发态的原子要跃迁回基态,进行这种反跃迁时,就应该有 $eU_0$ 的能量发射出来.反跃迁时,原子是以放出光量子的形式向外辐射能量.这种光辐射的波长满足

$$eU_0 = h\nu = h\frac{c}{\lambda} \tag{4.7-4}$$

对于氩原子

$$\lambda = \frac{hc}{eU_0} = \frac{6.63 \times 10^{-34} \times 3.00 \times 10^8}{1.6 \times 10^{-19} \times 11.5} \text{ m} = 108.1 \text{ nm}$$

如果在弗兰克-赫兹管中充以其他元素,则用该方法均可以得到它们的第一激发电势(如表 4.7-1 所示).

表 4.7-1　几种元素的第一激发电势

| 元素 | 钠(Na) | 钾(K) | 锂(Li) | 镁(Mg) | 汞(Hg) | 氦(He) | 氖(Ne) |
|---|---|---|---|---|---|---|---|
| $U_0$/V | 2.12 | 1.63 | 1.84 | 3.2 | 4.9 | 21.2 | 18.6 |
| $\lambda$/nm | 589.8<br>589.6 | 766.4<br>769.9 | 670.78 | 457.1 | 250.0 | 58.43 | 64.02 |

【实验仪器】

BEX-8502AB 型智能弗兰克-赫兹实验仪、无线电压传感器、计算机.

实验仪面板功能见图 4.7-4.

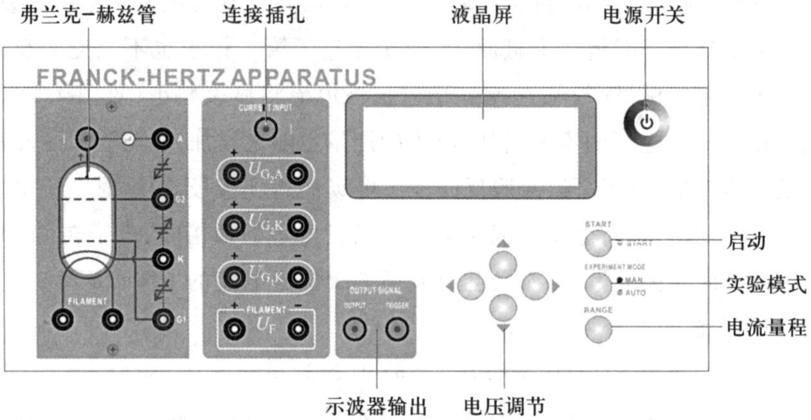

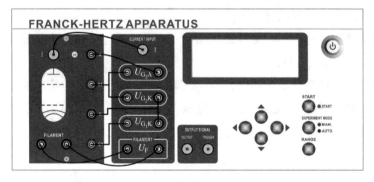

图 4.7-4　弗兰克-赫兹实验仪面板功能

图 4.7-5　弗兰克-赫兹实验仪连线图

【实验内容】

1. 实验前的准备

（1）按照要求连接弗兰克-赫兹实验仪各组工作电源线（见图 4.7-5），检查无误后开机.

（2）开机后的初始状态如下：

① 实验仪的液晶屏显示 $U_F$（灯丝电压）、$U_{G_1K}$（第一加速电压）、$U_{G_2A}$（拒斥电压）、$U_{G_2K}$（第二加速电压）、$I_A$（板极电流）、$\Delta U$（调节 $U_{G_2K}$ 步长）；其中一位在闪动，表明是当前的修改位.

② 实验仪的液晶屏显示"$\times 10^{-10}$ A"电流挡位，表明此时电流的量程为 $10^{-10}$ A 挡.

③ "手动"指示灯亮.

④ 预热 15min.

2. 氩元素第一激发电势的测量

（1）手动测试.

① 实验仪的实验模式选择为"手动"工作状态,"手动"指示灯亮.

② 设定电流量程. 按下"电流量程"按键,屏幕循环显示电流量程 $10^{-11}$ A、$10^{-10}$ A、$10^{-9}$ A、$10^{-8}$ A,本实验选用 $10^{-10}$ A.

③ 设定电压源的电压值(设定值可参考机箱盖上提供的数据),用↓、↑、←、→键完成,需设定的电压源有:灯丝电压 $U_F$、第一加速电压 $U_{G_1K}$、拒斥电压 $U_{G_2A}$、第二加速电压 $U_{G_2K}$(不超过 85 V)、$\Delta U$(调节 $U_{G_2K}$ 的步长)电压(0.5 V).

④ 按下"启动"按键,实验开始. 用"↑"键完成 $U_{G_2K}$ 电压值的调节,从 0.0 V 起,按设定步长 0.5 V 增加 $U_{G_2K}$ 的电压,同步记录 $U_{G_2K}$ 值和对应的 $I_A$ 值,同时仔细观察弗兰克-赫兹管的板极电流 $I_A$ 的变化. 切记为保证实验数据的唯一性,$U_{G_2K}$ 电压必须从小到大单向调节,不可在过程中反复.

⑤ 重新启动:如果测试过程中,随着 $U_{G_2K}$ 电压的增加,电流饱和(数值超过 2 900,且保持不变)或者电流数值太小,那么需要中断手动实验,重新设置灯丝电压 $U_F$,然后再按照上述步骤做一遍实验. 中断实验的方法是按下"实验模式"按键,进入查询状态,再次按下"实验模式"按键,内部存储的测试数据被清除,但 $U_F$、$U_{G_1K}$、$U_{G_2A}$、电流挡位等的状态不发生改变. 这时,操作者可以在该状态下重新进行测试,或修改状态后再进行测试.

（2）用无线电压传感器测量.

① 按弗兰克-赫兹实验仪前面板接线图要求连接导线.

② 用八针转红黑线连接弗兰克-赫兹实验仪的"CURRENT"数据接口和无线电压传感器 A 的电压输入端口(红黑插座端口),并与计算机 USB 接口连接.

③ 用八针转红黑线连接弗兰克-赫兹实验仪的"VOLTAGE"数据接口和无线电压传感器 B 的电压输入端口(红黑插座端口). 并与计算机 USB 接口连接.

④ 打开电源开关,用电流量程选择开关设置电流量程,本实验选用 $10^{-10}$ A 挡. 设备预热 15min.

⑤ 参考弗兰克-赫兹管机箱上的出厂参量来设置电压源,需设定的参量有灯丝电压 $U_F$、第一加速电压 $U_{G_1K}$、拒斥电压 $U_{G_2A}$,设置 $U_{G_2K}$ 的电压为 85 V,使得 $U_{G_2K}$ 的扫描电压范围为 0~85 V.

⑥ 实验仪的实验模式选择为"自动"工作状态,按"实验模式"按键,"自动"指示灯亮.

⑦ 设定加速电压 $U_{G_2K}$ 的增加步长 $\Delta U$(一般 $\Delta U$ 设置为 0.2 V),用↓、↑、←、→键完成. 设定加速电压 $U_{G_2K}$ 的时间步长 $\Delta t$(一般 $\Delta t$ 设置为 0.2 s),用↓、↑、←、→

键完成.

⑧ 进入弗兰克–赫兹实验界面(注意:软件不升级),点击软件左下角的"记录"按钮,软件开始采集数据.同时按实验仪面板上的"启动"按键,自动测试开始.

此时 $U_{G_2K}$ 电压自动增加,从 0 V 开始,到 85 V 为止.此过程中我们可以看到一系列的电压–电流数据和电压–电流曲线.

⑨ 点击数据图表工具栏上面的"运行#",可以在图表中显示所有数据;读出电流 $I_A$ 的峰值、谷值和对应的 $U_{G_2K}$ 值.

⑩ 中断自动测试过程:在自动测试过程中,只要按下"实验模式"按键,启动指示灯闪烁,进入查询状态,实验仪就中断了自动测试过程,再次按下"实验模式"按键,所有按键都将被重置,这时可进行下一次的测试准备工作.

【数据与结果】

1. 列表记录电压与电流的实验数据,并详细记录实验条件.

2. 在方格纸上作出自动测量及手动测量的 $I_A$–$U_{G_2K}$ 曲线.分别用逐差法处理数据,求得氩的第一激发电势 $U_0$ 值并计算相对误差.

【思考题】

1. 弗兰克和赫兹基于怎样的物理思想验证了原子能级的存在?

2. 灯丝电压的改变对弗兰克–赫兹实验有何影响?

3. 弗兰克–赫兹实验中,$I_A$–$U_{G_2K}$ 曲线峰值附近有一个圆滑的过渡,其电流不是突然降到谷值,为什么?

4. 为什么要在弗兰克–赫兹管的板极和第二栅极间加一定大小的反向电压?

5. 在弗兰克–赫兹实验中,氩的第一激发电势应为 11.5 V,但 $I_A$–$U_{G_2K}$ 曲线的第一个峰值却远大于 11.5 V,其原因何在?

## 实验 4.8　全息成像实验

课件

通常摄影是利用照相机将物体发出(或反射)的光波记录在感光材料上,由于它只记录了物体光波的强度因子(振幅信息),而失去了反映物体景深的相位因子(空间信息),所以普通照片看上去是平面的,失去了原有物体的立体感,不能完全反映被摄物体的真实面貌.

我们都有这样的体会,洒在马路的油膜在阳光下会呈现出多种色彩,而在吹起的肥皂泡上也会看到同样的情况,原因是肥皂泡两个面的反射光出现了干涉,这种现象称为光的薄膜干涉现象.

　　为了得到物体的真实像,我们必须同时记录物体光波的全部信息——振幅和相位.全息摄影又称全像摄影(holography),是光学中极富诱惑的一项技术.全息摄影就是利用光的干涉和衍射原理,引进与物体光波相干的参考光波,用干涉条纹的形式记录下物体光波的全部信息,即利用干涉原理把物体上每一点的振幅和相位信息转换为强度的函数,以干涉图样的形式记录在感光材料上.经过显影和定影处理,干涉图样就固定在全息干板(胶片)上了,这就是我们通常所说的三维全息照片.通过光的衍射即可再现物体的三维立体像.

　　全息成像的原理在 1947 年就已由英国物理学家伽柏(Gabor)提出,他本人也因此获得了诺贝尔物理学奖.全息照相以光的干涉为原理,所以要求光源必须具有很好的相干性.开始时由于缺乏理想的相干光源和高分辨率的记录介质,进展很慢.1960 年梅曼(Maiman)成功研制第一台红宝石激光器,激光的高度相干性和高强度使激光器成为全息摄影的理想光源.后来人们又发现了更为简便的用白光还原影像的方法,从而使这项技术逐渐走向实用阶段.

### 【实验目的】

1. 了解全息摄影的基本原理、实验装置以及实验方法.
2. 掌握激光全息摄影和激光再现的实验技术.
3. 通过观察全息图像的再现,弄清全息照片和普通照片的本质区别.

### 【实验原理】

物体发出的光包含光的振幅和光的相位两大部分信息,即

$$O = O(x,y)\exp\left[-j\phi(x,y)\right] \tag{4.8-1}$$

其中,$O(x,y)$ 为振幅,$\exp\left[-j\phi(x,y)\right]$ 为相位.普通摄影只能记录物体光波的振幅信息,而相位信息 $\exp\left[-j\phi(x,y)\right]$ 全部丢失,因此照片没有立体感.数学表达式为

$$I = \left|O(x,y)\exp\left[-j\phi(x,y)\right]\right|^2 = O^2 \tag{4.8-2}$$

　　实际上没有任何一种感光材料可以直接记录光波的相位,在全息摄影中我们利用光的干涉原理来记录光波的振幅和相位信息.如图 4.8-1 所示,激光器 L 发出的激光由分束镜 BS 将光线一分为二,透射光线经反射镜 $M_1$ 反射再经过扩束后照射在被摄物体上,这束光线称为物光(O 光);反射光线经反射镜 $M_2$ 反射再经过扩束后直接照射在全息干板 P 的感光材料上,因而称为参考光(R 光);两束光线在 P 处相干并形成干涉条纹,这些条纹记录了物光的所有振幅和相位信息.

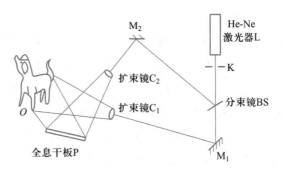

图 4.8-1  拍摄全息照片的光路图

物光的数学表达式为

$$O = O(x,y)\exp[-j\phi(x,y)]$$

参考光的数学表达式为

$$R = R(x,y)\exp[-j\psi(x,y)]$$

两光相干后总光强为

$$
\begin{aligned}
I &= |O(x,y)+R(x,y)|^2 \\
&= |O(x,y)|^2+|R(x,y)|^2+O(x,y)R^*(x,y)+O^*(x,y)R(x,y) \\
&= |O(x,y)|^2+|R(x,y)|^2+2R(x,y)O(x,y)\cos[\psi(x,y)-\phi(x,y)] \quad (4.8\text{-}3)
\end{aligned}
$$

(4.8-3)式说明全息图中包含物光的振幅和相位信息,它们全部被记录在感光材料上,并以干涉条纹的形式表现出来.感光材料(全息干板或胶片)经过曝光、显影和定影后,即可得到一张菲涅耳全息图.

将制作好的全息图放回原处,遮挡住物光(O 光)并取走被摄物体,用原参考光照明,则透过这张全息图的光强为

$$
\begin{aligned}
I_t &= IR(x,y)\exp[-j\psi(x,y)] = |O(x,y)+R(x,y)|^2 R(x,y)\exp[-j\psi(x,y)] \\
&= R(O^2+R^2)\exp[-j\psi(x,y)]+R^2O(x,y)\exp[-j\varphi(x,y)]+ \\
&\quad R^2\exp[-2j\psi(x,y)]O(x,y)\exp[j\varphi(x,y)] \quad (4.8\text{-}4)
\end{aligned}
$$

(4.8-4)式中的第二项与原物光光波只相差一个系数 $R$,这说明通过全息图的出射光包含原物光的全部信息.所以我们透过全息图可以看到在原来放置物体的地方有物体的虚像,就像物体没有被取走一样.如图 4.8-2 所示,物体的虚像具有明显的视差效应,当人们通过全息图观察物体的虚像时,就像通过一个"窗口"观察真实物体一样,具有强烈的三维立体感.当人眼在全息图前面左右移动或上下移动时,我们可以看到物体的不同部位.即使全息干板破损、变小,但原物光的信息还保存在干涉条纹之中,所以我们通过参考光的照射同样可以看到物体的虚像,只是大小发生了变化.

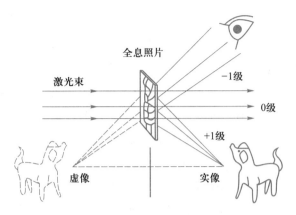

图 4.8-2　全息照相再现光路图

　　虚像是由全息图的-1 级衍射光所形成的. 另外还有直接透射光(0 级光), 我们可以在直接透射光的对面用毛玻璃屏观看物体的实像, 而且远离全息图也可观察到. 全息图的+1 级衍射光形成被摄物的实像, 如图 4.8-2 所示. 观察实像还可用参考光 R 的共轭光 R′照射全息图, 这时我们看到的实像是"悬浮"在干板之外的, 如图 4.8-3 所示.

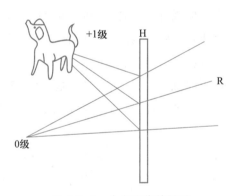

图 4.8-3　全息实像的再现

**【实验仪器】**

　　Laser: 氦氖激光器, $M_1$ 和 $M_2$: 全反镜, BS: 分束镜, C: 扩束镜, P: 全息干板及支架, O: 被摄物体, K: 光开关. 另外用直尺、钢卷尺来调整光路, 还有光强测量仪、曝光定时器、暗房设备等备用.

**【实验内容】**

1. 调整光路

(1) 按图 4.8-1 布置好光路(在某些特殊情况下由实验室给出).

（2）打开激光器电源开关，当光线强度稳定后开始调整光路：① 调整光束等高；② 用自准直法调整各光学元件，使其表面与激光束垂直.

（3）调整分束镜 BS 使物光和参考光的光程基本相等，同时使两光束之间的夹角小于 50°（一般可在 20°~50° 之间选择，角度稍大些为好，这样再现时+1 级衍射光和 0 级光以及 −1 级衍射光可以分得开些，便于观察虚像），并且使物光和参考光的光强之比在 1∶2 ~1∶9 之间，通常根据物体表面漫反射的情况来定，一般选择 1∶4 左右为宜.可用光强测量仪在固定全息干板的位置处测量，也可将毛玻璃放在这一位置，通过目测来大致判断物光与参考光的比例.

（4）在全息干板支架上固定白屏（或毛玻璃），调节扩束镜 $C_1$ 使物光均匀地照射在被摄物体上，调节物体的方位使物体漫反射光的最强部分均匀地照射在白屏上.调节扩束镜 $C_2$ 使参考光均匀地照射在整个白屏上. 这时物光和参考光在白屏上完全重叠.

2. 拍摄

（1）完全挡住光源.拿掉全息干板支架上的白屏，换上全息干板，并将药膜面（手感发涩）朝着光的方向安装在全息干板支架上.稳定 1~2 min 后开始曝光，曝光时间可根据物光和参考光的强度选择合适的曝光时间（几秒或几十秒）.

（2）将曝光后的全息干板在暗室内进行常规的显影、停显、定影、水洗、干燥等处理，即可得到一张漫反射的三维全息图.

值得注意的是，减震是全息照相的一项重要措施.由于全息干板记录的是干涉信息，要保证照相质量，光路中各元件的相对位移量要限制一半个波长的范围内.

3. 再现

将冲洗好的全息图放回到干板支架上，拿去被摄物体，挡住物光，用原参考光照亮全息图，在其后面观察重现的虚像.我们可以看到在原来放置被摄物体的地方有一虚像，人眼上下左右缓慢地移动，可以看到物体的各个部位.将全息图挡去一部分，观察虚像有何变化.

【数据与结果】

记录拍摄过程中光路调节的相关参量，撰写拍摄全息照片的心得体会.

【思考题】

1. 全息摄影与普通摄影有何区别？

2. 全息摄影中，为何要将激光束分为物光和参考光？为什么光程要基本相等？

3. 将全息图挡去一部分，为何再现图像仍然完整无缺？这时再现图像中包含的信息是否减少了？如果全息片不小心打碎了，用其中一小块来实现图像再现，试问对再现图像会有什么影响. 请说明理由.

4. 试说明如何用参考光 R 的共轭光 R′ 来观看全息图像.

【附录】

1. D-19 显影液

（1）配方.

米吐尔 1 g、无水亚硫酸钠 36 g、对苯二酚 4.4 g、无水碳酸钠 2.4 g、溴化钾 2 g、水 500 mL.

（2）配制方法.

将水预热至 50 ℃, 再将米吐尔溶解, 然后按顺序加入其他成分, 最后将水补至 500 mL, 得到清亮、无悬浮和沉淀的液体, 色略黄.

2. F-5 定影液

（1）配方.

硫代硫酸钠 120 g、无水亚硫酸钠 7.5 g、冰醋酸（即 28% 原液）24 mL、硼酸 3.75 g、硫酸铝钾（钾矾）7.5 g、水 500 mL.

（2）配制方法.

于 400 mL 水中按顺序加入各成分, 然后将水补至 500 mL, 也可以将所有固体成分称量后加到量筒中, 加水至 476 mL, 这时液体为白色悬液, 加入 24 mL 冰醋酸后液体迅速溶解并变清亮, 最终为无色清亮液体.

# 第五章　设计性实验

## 5.1　设计性实验的基本过程

设计性实验是学生在做过一定数量的基础实验之后自主完成的指定实验任务,这是一种较高层次的实验训练,是为培养学生独立从事科学研究工作能力而设计的.学生在教师指导下独立完成设计性实验,主要包括根据实验任务建立物理模型、确定实验方案、选择实验仪器、拟定实验程序、安装、调试、观察记录、数据处理和写出科学论文(报告).完成设计性实验,不仅需要一定的理论知识、实验技能,而且在完成任务的过程中,学生通过查阅资料、综合分析、推理判断和自行处理实验过程中的问题,实验能力得到全面提高.设计性实验的基本过程可用框图表示如下:

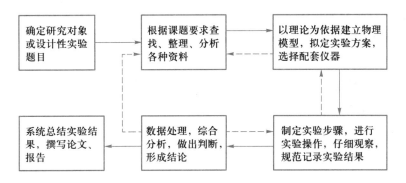

虚线表示一个设计性实验不可能一蹴而就,经常需要"走回头路",反复探究,才能得出科学的结论.

## 5.2　实验设计的基本思想

1. 控制思想

实验的精髓既不是观察,也不是操作,而是控制.因此,进行实验设计时,控制的思想是首先要形成的实验设计思想.控制实验要从如下三方面入手,即简化、强化和纯化.

(1) 简化.

由于物理实验研究的对象是非常复杂、各种因素交织在一起的,这就需要化繁为简,以便我们认识客观规律.一方面,要善于抓大放小.进行实验设计时可根据实际的需要,在许可的范围内,抓实验中的主要矛盾,有意识地丢开一些次要因素.如用弹簧秤测物体重力时可忽略空气浮力的影响;在光电效应实验中,由于金属逸出功的数量级是 eV,而室温下电子的平均热运动动能只有 $10^{-2}$ eV 的数量级,所以电子的热运动动能可以忽略等.另一方面,用单因子实验法逐个解决主要问题.实验现象的主要因素往往不止一个,这时就需要控制变量,先找单一的因果关系,然后再综合出多个因素之间的关系,使复杂问题得以简化,这就是所谓的单因子实验法.如验证牛顿第二定律时,在保持系统质量不变的条件下,研究力与加速度的关系;然后,在滑块受力不变的条件下,研究加速度与系统质量的关系.综合这两种情况,就能验证牛顿第二定律.

(2)强化.

由于种种原因,有时所研究的物理现象不明显,这时我们需要找到影响实验效果的关键因素,并通过实验设计突出关键因素,强化实验效果.如伽利略在进行斜面实验时,为了减小空气阻力的影响,使用了密度大的铜球作为运动物体.用酒精与水混合演示"分子间有间隙"这一物理事实,需要强化"液面变化显著",可用肚大颈细且长的容器瓶做此实验,在容器瓶细长的颈部,液面下降将会非常明显,从而达到了强化的目的.

有时也可通过削弱一些实验的非关键因素使关键因素突出,从而达到强化的目的.例如研究碰撞现象中的动量守恒时,入射小球释放点要适当高一点.因为入射小球的释放点越高,入射球碰前速度越大,相碰时内力越大,阻力(系统所受的外力)的影响相对越小,这样能更好地满足动量守恒的条件.

(3)纯化.

自然界现象是错综复杂的,进行物理实验研究时,不可避免地会有干扰因素,不可能以完全纯粹的形态自然地展现在人们面前.例如,对力学实验来说,摩擦和空气阻力是无处不在的干扰因素;对热学实验来说,系统与环境的热传递也是无处不在的.纯化实验过程,就是要尽可能地排除、降低一切对实验可能有影响的干扰因素.比如用半偏法测量表头内阻时,为保证测量在纯化的条件下进行,必须使电路中的总电流保持不变,其中一种方法是在测量回路中接入高电阻,使测量的两种状态(表头半偏与全偏)回路总电流基本保持不变.

纯化是相对的,在实验过程中,总有一些干扰因素是难以排除的.在这种情况下,应设法使这些干扰因素保持不变,这就需要尽可能保持实验仪器的稳定和实验条件的恒定.例如,研究比热容的实验时,应使两个杯子的受热条件相同;研究碰撞中的动量守恒实验时,入射小球每次都必须从斜槽上同一位置由静止开始滚下等.

总之,化繁为简、强化实验效果和纯化实验过程是实验控制最重要的方法.化繁为简体现为抓大放小、逐个解决,强化实验效果体现为化弱为强、化隐为显,纯化实验过程体现为排除干扰、追求纯粹.需要说明的是,这三者之间是相互联系、相互依赖的,涉及某一个具体实验,这三者之间的界限有时是很难分清的.

2. 转换思想

转换主要是在保证效果相同的前提下,将陌生、复杂的问题转换成熟悉、简单的问题.在物理实验中,常有一些物理现象或过程中的物理量难以直接测量,需要转换为间接测量量来实现实验的目的.历史上一个著名的例子是 1773 年卡文迪什巧妙地运用转换的实验思想,即把测量电荷之间的作用力转换为检验金属球内是否带电,得到了电场力服从平方反比律的结论.卡文迪什用两个同心金属球壳做实验,外球壳由两个半球组成,两个半球合起来正好形成内球的同心球壳,如图 5.0-1 所示.卡文迪什这样描述他的装置:"我取一个直径为 12.1 英寸的球,用一根实心的玻璃棒穿过中心当作轴,并以蜡覆盖……然后,把这个球封在两个中空的半球中间,半球直径为 13.3 英

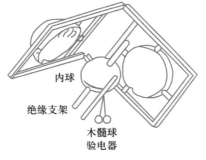

内球

绝缘支架

木髓球
验电器

图 5.0-1 卡文迪什实验

寸,1/20 英寸厚……然后,我用一根导线将莱顿瓶的正极接到半球,使半球带电."卡文迪什通过一根导线将内外球连在一起,外球壳带电后,取走导线打开外球壳,用木髓球验电器检验内球是否带电.结果发现木髓球验电器没有指示,说明内球没有带电,电荷完全分布在外球上,从而证明了静电力服从平方反比律.

卡文迪什这个实验的设计相当巧妙,他用的是最原始的电测仪器,却获得了相当可靠而且精确的结果.他成功的关键在于将静电力规律与牛顿万有引力定律进行类比,通过数学处理,将直接测量变为间接测量,并且用零示法精确地判断结果,从而得到了静电力的平方反比律.而卡文迪什实验通过转换测量的思想,一直得到后人的重视,200 多年来,卡文迪什实验被不断改进和重复,精度提高了十几个数量级.

转换测量的思想是最普遍的实验设计思想之一,它把某些难以测量或测准的物理量通过转换的方法变成能够测量、测准的物理量,把某些不易显示的物理现象转化为易于显示的现象.物理实验方案中充满着各种换测思想,如时间量与空间量的转换、变量与常量的转换、微观量与宏观量的转换、状态量与过程量的转换、不规则量与规则量的转换、小量与大量的转换、抽象量与直观量的转换、被测量与改变量的转换以及通过传感器将非电学量转换为电学量、非光学量转换为光学量测量等.同学们在实验设计时要灵活运用,并不断总结提高.

3. 比较思想

人们认识事物、现象,往往是通过对两个事物、现象的对比,或把某一现象发生变化的前后情况进行比较来实现的.物理实验常通过对一些物理现象或物理量的

比较,达到异中求同和同中求异的实验目的.

物理量的测量,也是基于比较的思想.所谓测量,就是用标准的量与待测的量进行比较.比较测量可分为直接比较测量和间接比较测量两种.

（1）直接比较测量.

将被测量直接与已知刻度值的同类量进行比较,测出其大小的测量,称为直接比较测量.它所使用的测量仪表,通常是直读指示式仪表,所测量的物理量一般为基本量.例如,用游标卡尺和螺旋测微器测量长度、用秒表和数字式计时器测量时间、用电流表测电流等.直接比较测量过程简单方便,在物理量的测量中被广泛应用.

（2）间接比较测量.

当一些物理量难以用直接比较测量法测量时,可以利用物理量之间的函数关系将被测量与同类标准量进行间接比较后测出其值.图 5.0-2 是将待测电阻 $R_x$ 与一个可变标准电阻箱 $R_s$ 进行间接比较的测量示意图.若稳压电源输出的电压保持不变,调节标准电阻箱 $R_s$ 值,使开关 S 在"1"和"2"两个位置时,电流表 A 的指示不变,则 $R_x = R_s$.

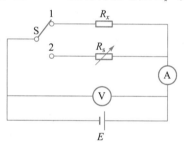

图 5.0-2　比较法测电阻

用"零示"的方法实现待测量与标准量的间接比较是一种重要的实验思想.如用物理天平称量物体的质量时,通过杠杆原理,以"零示"为判据,实现待测物与标准砝码的比较.用电桥测电阻时,将待测电阻 $R_x$ 和一标准电阻 $R_0$ 通过电桥比较系统,以检流计"零示"为判据,实现待测电阻与标准电阻的比较.

4. 补偿思想

某系统受某种作用产生 A 效应,受另一种同类作用产生 B 效应,如果由于 B 效应的存在而使 A 效应显示不出来,就称 B 对 A 进行了补偿.在实验以及实验仪器设计中经常用到补偿思想.补偿的思想通常由待测装置、补偿装置、测量装置和指示装置组成的测量系统来体现.待测装置产生待测效应,要求待测量尽量稳定,便于补偿.补偿装置产生补偿效应,要求补偿量准确,达到设计的精度.测量装置可将待测量与补偿量联系起来进行比较.指示装置是一个比较系统.将显示出待测量与补偿量比较的结果.比较法可分为零示法和差示法,与此对应,补偿的思想可分为完全补偿和不完全补偿.完全补偿思想往往通过"零示"的方法来实现;而不完全补偿的思想往往通过"差示"的方法来实现.它们在物理实验中具有特别重要的意义.

（1）完全补偿——零示的思想.

所谓"零示",就是实验结果显示为零.我们曾在比较测量中提到过通过零示来确定比较是否完成,这样可有效提高间接比较的测量精度.零示与补偿的思想联系起来,在物理实验中具有更重要的意义.在提高实验精度、修正系统误差和提供理论依据等方面具有不可替代的作用.

用电势差计测电压是运用完全补偿——零示思想的典型例子(参见实验2.12),将待测电动势与标准电压进行补偿,以检流计零示为判据,实现了比较测量,大大提高了实验精度,而且避免了由于测量而对待测对象产生的干扰.

运用完全补偿——零示的思想,不仅能有效地提高实验精度,还具有修正系统误差的作用.在零点、平衡点或是相互抵偿的状态附近,可消除一些附加的系统误差.例如,毕奥和萨伐尔用磁针在载流导线旁边振荡的方法,测量电流作用在磁极上的力.为了消除地磁的影响,他们采用了两种方法.其中一种方法是用一个补偿磁体抵消地磁的影响.实验时,先让磁针在地磁的作用下振荡,然后把补偿磁体沿地磁子午线渐渐移近磁针,直到磁针不振荡为止,这时补偿磁体便抵消了地磁作用在磁针上的力.

历史上最著名的运用完全补偿——零示的思想设计实验,并得到理论结果的是安培.由于恒定条件下不存在孤立的电流元,恒定电流只能存在于闭合的电路中,因此关于电流元之间相互作用的定律无法直接从实验中总结出来.为了得出两电流元之间作用力的定量规律,安培独辟蹊径,精心设计了四个零示实验,通过实验显示的零结果,揭示出电流元相互作用力所应具有的主要特征.

(2)不完全补偿——差示的思想.

不完全补偿在实验中也有广泛运用.如测量某电源的输出电压 $U_x$ 时,要求测量结果的相对误差 $E \leqslant 0.05\%$,但给定条件是:2.5 级电压表,0.5 级电势差计,0.01级可变标准电源 $U_s$.

若用电压表、电势差计直接测量,显然无法达到要求;用可变标准电源与待测电动势进行补偿测量可满足精度要求,但缺少检流计进行零示.因此,只有采用差示的思想来实验.如图 5.0-3 所示.调节标准电源,电压表差示为 $\delta$,则有

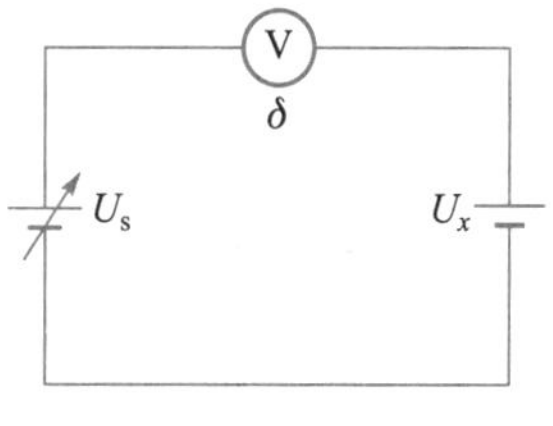

图 5.0-3 差示法原理

$$U_x = U_s + \delta$$

$$\Delta U_x = \Delta U_s + \Delta \delta \ (\text{为简单计,这里采用算术合成})$$

$$\frac{\Delta U_x}{U_x} = \frac{\Delta U_s}{U_x} + \frac{\Delta \delta}{U_x} = \frac{\Delta U_s}{U_x} + \frac{\delta}{U_x}\frac{\Delta \delta}{\delta} \approx \frac{\Delta U_s}{U_s} + \frac{\delta}{U_x}\frac{\Delta \delta}{\delta}$$

$$\frac{\Delta \delta}{\delta} = \left(\frac{\Delta U_x}{U_x} - \frac{\Delta U_s}{U_s}\right)\frac{U_x}{\delta}$$

因为 $\dfrac{\Delta U_x}{U_x} \le 0.05\%$，$\dfrac{\Delta U_s}{U_s} \le 0.01\%$，所以

$$\frac{\Delta \delta}{\delta} = \left( \frac{\Delta U_x}{U_x} - \frac{\Delta U_s}{U_s} \right) \frac{U_x}{\delta} \le 0.04\% \times \frac{U_x}{\delta}$$

若 $\delta = \dfrac{U_x}{100}$，$\dfrac{\Delta \delta}{\delta} \le 4\%$，可见只要差示指示器的相对误差不超过 4%，就可以满足实验的要求. 有兴趣的读者可采用方和根合成的方法进行计算，可得类似结果.

5. 放大思想

放大就是通过一定方法，增加某一量值以便于观察、测量或利用. 在物理实验中，有些物理量及其变化因太小而不能直接被观测时，就要借助力、电、光、声等将被测量及其变化放大后再去观测. 卡文迪什在测引力常量实验中，采用 T 型架增大力臂，利用反射光路拉开小镜与光标的间距增大位移，通过三次有效的放大，极大地提高了测量精度. 在迈克耳孙-莫雷实验中，为了尽可能增加光程，尽量使干涉仪的臂长增大，他们还在石板上安装了多面反射镜，使两束光来回往返 8 次，有效光程达 11 米. 物理实验中的放大思想方法十分丰富，这里按物理学内容分类做简要分析.

（1）机械放大.

游标卡尺、螺旋测微器以及读数显微镜、迈克耳孙干涉仪等读数装置均采用了机械放大原理，它们是利用机械部件之间的几何关系使标准单位在测量过程中得到放大，以提高测量精密度. 如螺旋测微原理是将螺距（螺旋旋进一圈的推进距离）通过螺母上的圆周予以放大，放大率 $\eta = \pi D / d$，其中 $d$ 是螺距，$D$ 是与螺母连在一起的分度套筒的直径.

利用简单机械，如杠杆、滑轮、轮轴、斜面等，既可以放大"力"，又可以放大"位移". 图 5.0-4 为杠杆放大机构，$AB$ 为一杠杆，当其绕支点 $O$ 转动转至 $A'B'$ 时（假设转过的角度较小），对 $A$ 点位移 $|AA'|$ 的测量完全可以通过对 $B$ 点位移 $|BB'|$ 的测量来实现，从而实现放大测量.

根据帕斯卡定律制成的液压机、水压机、油压千斤顶都可以把"力"放大.

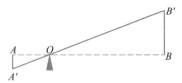

图 5.0-4　杠杆放大

（2）累积放大.

该方法采用了相同量累积叠加的放大方法，既解决了可测问题，又提高了测量的精度，如测纸的厚度、细铜线的直径、单摆的周期、油滴的体积等. 在迈克耳孙干涉仪实验中，测出干涉条纹每"冒出"（缩进）50 个条纹 $M_1$ 移动的距离 $a$ 而不测冒出一个条纹的间距等等.

（3）光放大.

正常人的眼睛能够分辨的角度约为 $1'$，它在明视距离（约为 25 cm）所对应的长度约为 0.07 mm，小于这个距离的图样细节人眼便不能分辨，一些复杂的图样的细节因不能分辨而被视为一个点.为了提高人眼分辨图样细节的能力，可将图形对人眼的张角加以放大.使待测物通过光学仪器放大视角形成放大像，便于观察判别，从而提高测量精度，如放大镜、显微镜、望远镜、幻灯机、电影机等.

光放大测量微小位移是利用位移前后与形变物体相连的平面镜对光线的反射角的变化来放大位移信号实现测量的.可分为微小线位移放大即光杠杆和微小角位移放大即镜尺组（详见实验 2.5）.像光电检流计、冲击电流计、磁偏角测量仪中均采用了镜尺组放大法，历史上著名的卡文迪什引力实验也采用了相同的光放大原理.

与此类似的还有复射式光电检流计，如图 5.0-5 所示.当微小电流 $I_g$ 通过检流计线圈时，通电线圈在磁场中要受到磁力矩作用，反射镜 3 做微小转动.这一微小转动通过"光指针"（从 $3 \rightarrow 12 \rightarrow 11 \rightarrow 10$）进行放大，从而使玻璃标尺 10 上的光标有大的移动.因此，把一微小的转动放大为玻璃标尺上大的位移."光指针"另一个优点是没有质量，而且可以通过来回反射，在一个较小的空间内使"光指针"延长，使放大更加灵敏.

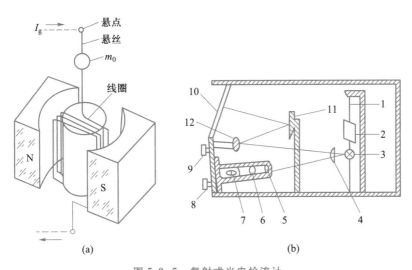

图 5.0-5 复射式光电检流计

1—悬丝；2—线圈；3—反射镜；4—球面镜；5—光阑；6—透镜；7—照明灯；

8—调零旋钮；9—选择旋钮；10—玻璃标尺；11、12—反射镜.

### 6. 电子学放大法

（1）放大电路.

在物理实验中,常常采用放大电路把微弱的电信号(电流、电压、功率)放大,以便于观察、控制和测量.放大电路由三极管、场效应管、集成电路组成.如电桥平衡指示仪、晶体管毫伏表等仪器均利用电子学放大原理进行测量.

(2)谐振现象.

当电容 $C$ 和电感 $L$ 两类元件同时出现在一个交流电路中,随着频率的变化,电路中的电流 $I$(有效值)或总阻抗 $Z$ 不是单调的变化,而是在某个频率 $f$ 处出现极值(极大值或极小值),这种现象称为谐振.谐振是一种选择放大,收音机里的调谐就是利用谐振电路单独把获得谐振的电信号放大.

(3)变压器.

对于理想变压器,有 $U_1/U_2 = N_1/N_2$,$I_1/I_2 = N_2/N_1$.因此,适当选择 $N_1$、$N_2$,即可达到升压或降压的目的,同时也确定了原、副线圈中电流的关系.

## 5.3 设计性实验项目

本章选择了 8 个设计性实验,请同学们在完成前三章实验的基础上,根据设计性实验的要求,灵活运用实验设计的基本思想,创造性地完成实验.

实验 5.1 随机误差的正态分布研究

实验 5.2 用约利弹簧秤测定固体的密度

实验 5.3 交流市电频率的测量

实验 5.4 用混合法测定不良导体的比热容

实验 5.5 补偿思想在电学实验中的应用

实验 5.6 利用磁针运动测量地磁场水平分量

实验 5.7 用钢尺测量激光的波长

实验 5.8 利用超声光栅测量水中声速

## 实验 5.1　随机误差的正态分布研究

**【概述】**

在测量过程中,仪器、实验方法、环境状况及观测者等都会给测量结果带来误差.这些误差分为系统误差和随机误差(又称偶然误差).对于系统误差,在测量过程中要设法消除或者予以修正;对于随机误差,需要将其减小并给予估算.本实验通过对单摆周期的测量,研究随机误差的分布规律.

资源

**【实验目的】**

1. 学会自制一个单摆.

2. 通过单摆周期的测量,了解随机误差的分布规律以及标准偏差的意义.

3. 掌握随机误差的估算方法.

**【实验器材】**

自制单摆、计时器等.

**【实验要求】**

1. 设计并制作一个简单的单摆装置,(摆线、摆长、摆球如何选取?)并用手机计时器测量单摆的运动周期,要求测量周期的精度达到 $0.5\%$.

2. 重复测量 200 次,根据测量结果,将测量周期从小到大列表记录.

3. 根据测量结果,计算周期的平均值 $\overline{T}$,标准偏差 $S_T$,并统计观测值落于 $\overline{T}\pm S_T$, $\overline{T}\pm 2S_T$, $\overline{T}\pm 3S_T$ 范围内的概率.

4. 用坐标纸作 $T$-$n_i/k$(%)统计直方图.以测得的 200 个周期数据中的最大值和最小值为界,将所有数据分为 10 组,每组间隔 $\Delta T=(T_{\max}-T_{\min})/10$,$n_i$ 为测量周期值在第 $i$ 个间隔内出现的次数(频数),$k$ 为总的测量次数.

5. 通过本实验,总结随机误差的分布特点及估算方法.

**【提示与思考】**

1. 单摆做简谐振动的条件是什么?实验中如何满足该条件?

2. 计时起点如何选择可提高测量精度?

3. 如果用光电计时装置测量周期,需要多次测量吗?

4. 如果改用复摆进行本实验是否可行?

5. 假定单摆的摆动不在竖直平面内,而是做圆锥形运动(即锥摆).若不加修正,在同样的摆角条件下,其所测量得到的周期值比单摆周期的理论值偏大、偏小还是不变?

## 实验 5.2　用约利弹簧秤测定固体的密度

【概述】

约利弹簧秤是一个精细的弹簧秤,其结构如图 5.2-1 所示,常用于测量微小的力,它根据胡克定律制作而成.在竖直的升降杆 A 上刻有刻线并附有游标,秤架的顶端(即升降杆 A 的横梁上)系有弹簧,形状是上细下粗的锥形(为了消除因弹簧伸长量不均匀而引起的系统误差).弹簧的下端挂有带水平刻线的小镜子 J,小镜子 J 的下端有一小钩,可以悬挂砝码盘 E.带米尺刻度的升降杆 A 套在金属空管 B 内,空管 B 与可移动的平台 H 和带有水平刻线的玻璃管 D 相连.转动旋钮 G 可使升降杆 A 上下移动,因而也就调节了弹簧的升降.在具体测量时,通过调节旋钮 G 和 F,保持"三线对齐"(镜子 J 中的水平刻线和有水平刻线的玻璃管 D 以及在镜子 J 中

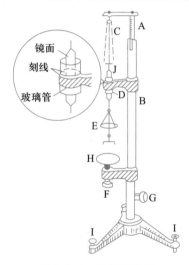

图 5.2-1　约利弹簧秤

资源

的像构成"三线")可使弹簧下端的位置固定,而弹簧的伸长位置便可由升降杆 A 上的米尺和金属空管 B 上的游标测量出来,其分度值为 0.1 mm.

【实验目的】

1. 学习用约利弹簧秤测量微小力的方法.

2. 设计测量固体密度的实验方案.

3. 求出待测固体的密度.

【实验器材】

约利弹簧秤及配件、烧杯、水(密度已知)、待测物体(玻璃细块或其他不溶于水的固体)等.

【实验要求】

1. 设计用约利弹簧秤测量固体密度的方法(注意:约利弹簧秤只能测量微小力,选择待测物体时不要超出弹性限度).实验方案有多种,试选用实验误差最小的方案.

2. 运用适当的数据处理方法,对实验结果进行处理,得到待测固体的密度.

3. 写出实验注意事项,并分析产生误差的主要原因.

【提示与思考】

1. 测量不规则待测物体的体积时,我们总会想到运用阿基米德定律.但从理论方案到实验实施,我们还应该关注如何测量,可以将实验误差降低到最小.

2. 在操作约利弹簧秤时,如何做到"三线对齐"是实验操作的关键,那么在实验时应如何进行呢?

## 实验 5.3　交流市电频率的测量

【概述】

交流市电的频率可以用频率计方便地测出,但现在要求我们用驻波原理测出交流市电的频率.驻波是由相同频率的入射波和反射波干涉叠加形成的,其主要性质有:相邻波节间距为半波长,相邻波腹间距也是半波长;两波节之间振动同相位,波节两侧振动反相.

资源

【实验目的】

1. 学习用驻波原理测量频率的方法.

2. 力学和电学原理的综合设计应用.

【实验器材】

砝码、马蹄形磁铁、漆包线、变压器(36~220 V)、滑线变阻器、电流表、开关、米尺和固定装置等.

【实验要求】

1. 用给定器材设计测量交流市电频率的实验方案,写出理论依据和实验原理,简述实验步骤,并画出实验示意图.

2. 运用恰当的数据处理方法,算出交流市电的频率,并分析实验误差的主要来源.

【提示与思考】

1. 本实验运用弦振动来测量交流市电的频率,要求运用手头的器材,形成一个驻波,其振动的驱动源怎样产生?与交流电频率又有什么关系?

2. 要形成稳定的驻波与哪些因素有关?实验上如何保证?

### 实验 5.4　用混合法测定不良导体的比热容

【概述】

资源

在热学实验中,保持系统为孤立系统是基本的实验条件,即保证在实验过程中,系统与外界没有热量与物质交换.但实际上绝对孤立系统是不存在的,只有从仪器装置、测量方法、操作技巧上尽量保证系统与外界交换的热量最少(保证没有物质交换是容易做到的),如果实验中这种热传递不能忽略,则必须做散热修正.

为了使系统成为一个孤立系统,一般采用量热器.传热的方式有三种:传导、对流和辐射.因此,必须使实验系统与环境之间的热传导、对流和辐射都尽量少,量热器能基本上满足这一要求.

【实验目的】

1. 加深对物体比热容的认识.

2. 理解混合法的物理意义.

【实验器材】

量热器、物理天平、温度计、待测物体、计时器等.

【实验要求】

1. 设计一个用混合法测定不良导体比热容的实验方案,简述测量方法和原理,写出测量公式并说明主要实验步骤.

2. 对实验结果进行数据处理,分析讨论实验误差.

3. 为了减少实验误差,应注意哪些问题?怎样进行修正?

## 【提示与思考】

1. 用混合法必须保证什么实验条件？在本实验中又是如何从仪器、实验安排和操作等各个方面来保证的？

2. 温度计探头进水部分的热容对本实验有何影响？试用实验方法粗测其大小，并根据实验中各参量数值的选取情况，说明是否可以忽略这个量．

3. 运用类似的方法，可以测量冰的熔化热吗？若可以，如何测量？

## 实验 5.5　补偿思想在电学实验中的应用

### 【概述】

在实验 2.12 中我们学习并使用过电势差计，根据补偿的思想进行测量，其准确度可达 0.001%．补偿的实验思想还可用来测量电压、电阻、电流等物理量以及修正系统误差等．

用电压表测电源电动势时，它测的是电源的端电压，如图 5.5-1 所示，$R_r$ 为电源内阻，$I$ 为流过电源的电流．仅在 $I = 0$ 时，端电压 $U$ 才等于电动势 $E_x$，故欲准确测量电源的电动势，应寻找其他方法．另外电压表的接入也影响了待测对象的状态．

对此，有两条改进思路：一是增加电压表的内阻，提高电表的灵敏度，如数字电压表、晶体管毫伏表等，

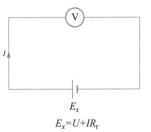

资源

$$E_x$$
$$E_x = U + IR_r$$

图 5.5-1　用电压表法测电动势

其内阻大于 10 MΩ，测量灵敏度达 mV 数量级；二是用平衡补偿原理设计测量电压的新仪器——电势差计，其原理详见实验 2.12．本实验要求对补偿思想在实验中的应用进行拓展．

### 【实验目的】

1. 掌握用补偿法测量的基本原理．

2. 运用补偿的实验思想，设计各种测量电路，测量相应的电学量．

### 【实验器材】

AC5 型检流计、0.5 级电流表、电压表、电阻箱、滑线变阻器、稳压电源、待测干电池、开关、导线．

**【实验要求】**

1. 基于补偿思想设计测电动势的实验电路,组装电势差计,并测量干电池的电动势.

2. 基于补偿的思想设计测量干电池电动势和内阻的实验电路,并进行测量.

3. 用补偿思想修正伏安法测电阻的系统误差,试设计测量电路,并进行误差分析.

4. 通过上述实验,分析补偿测量的优缺点.

**【提示与思考】**

1. 使连续可调的标准电阻上流过一个恒定的标准电流,从而产生一个标准的可调电压,并且当运用这个标准可调电压与待测电压(或电动势)进行补偿时,需要调节标准电阻.本实验设计的一个关键问题是:当调节标准电阻时,如何确保流过标准电阻的电流保持不变? 请灵活运用补偿的思想.

2. 试分析"补偿思想实际上也是一种测量比较的思想".

3. 如果实验仪器中没有电流表,而提供了标准电池(已知标准电动势值)和标准电阻(或电阻箱),该如何改进你的实验方案? 改进方案与你原有方案比较有何优点?

## 实验 5.6　利用磁针运动测量地磁场水平分量

**【概述】**

1. 地磁场与地磁要素

地球是一个大磁体,地球本身及其周围空间存在的磁场称为地磁场.在一个不太大的范围内,地磁场基本上是均匀的,可以用三个参量来表示地磁场的大小和方向,如图 5.6-1 所示,即水平分量 $B_a$、竖直分量 $B_z$ 和地磁偏角 $\varphi$.地磁水平分量是地磁感应强度 $\boldsymbol{B}$ 在水平面上的投影.

2. 小磁针在地磁场中的运动

在没有特斯拉计或其他传感器的情况下,我们可以利用动力学方法测量地磁场的水平分量 $B_a$.如图 5.6-2 所示,用铜线绕成两个完全相同的半径为 $R$ 的 $N$ 匝线圈,线圈厚度可忽略,将它们同轴放置且让轴线平行于地磁场水平分量,圆心距离也为 $R$,即得到一组亥姆霍兹线圈(详见实验 2.14).用柔软细棉线将一枚小磁针

资源

从其中部挂起,让小磁针悬吊于亥姆霍兹线圈轴线中点处.小磁针中部系线处半径较大,两侧磁针主体部分对称分布,其直径约为 0.5 mm,长度约为 3 cm,其附近磁场可视为匀强磁场.已知磁矩 $M$ 在匀强磁场 $B$ 中受到的力矩为 $\tau = M \times B$.我们可根据小磁针在磁场中的运动规律来测量地磁场.

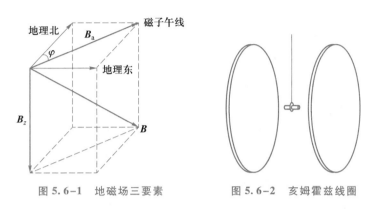

图 5.6-1　地磁场三要素　　　　图 5.6-2　亥姆霍兹线圈

## 【实验目的】

1. 学习用简单仪器进行物理量测量.

2. 设计测量地磁场水平分量的各种方案.

## 【实验器材】

连续可调学生电源一个、电流表一只、导线若干、单刀单掷开关一个、已经组装好的亥姆霍兹线圈(半径、匝数均已知,缠绕方向未知,使用时必须使两线圈串联)、用细棉线挂好的小磁针(已置于亥姆霍兹线圈轴线中点)、电子秒表等.

## 【实验要求】

1. 如果在不清楚亥姆霍兹线圈绕向的情况下随意选定电流的进出方向,则通入电流时两线圈在小磁针处产生的磁场可能出现三种情况:(1)两线圈电流方向相反;(2)两线圈电流方向相同,其产生的磁场方向与地磁场方向相同;(3)两线圈电流方向相同,其产生的磁场方向与地磁场方向相反.试设计实验区分以上三种情形,简述实验方案、步骤和观察到的实验现象.

2. 亥姆霍兹线圈不通电,已知小磁针的磁矩 $M$、绕轴转动的转动惯量 $I$,试设计测出 $B_a$ 的实验方案和步骤.

(1)结合理论公式说明实验原理和实验方案.

(2)说明实验中需要测量的物理量.

(3)简述实验步骤.

（4）分析误差的主要来源.

3. 实际上小磁针的磁矩 $M$ 和转动惯量 $I$ 都不容易测出,我们可利用补偿法规避二者的测量.为亥姆霍兹线圈通电,改变线圈中的电流,若在某个电流 $i_c$ 下亥姆霍兹线圈产生的磁场和地磁场水平分量反向抵消,即可得到地磁场水平分量.用已有器材直接补偿测量地磁场水平分量非常不精确,使用外推法可解决这个问题.

（1）常见和方便的外推是线性外推,请通过定量计算,设计一个合理的线性化处理方案,定出合理的横、纵坐标.

（2）简述如何用外推法得到精度较高的 $i_c$.

（3）简述实验步骤和注意事项.

（4）由 $i_c$ 计算地磁场水平分量 $B_a$,分析误差主要来源.

4. 通过上一问测得地磁场水平分量 $B_a$,试测出小磁针的磁矩大小 $M$ 和转动惯量 $I$.这里额外提供两个完全相同的匀质塑料套管,套管内直径约为 0.5 mm,套管壁厚 $t$ 约为 0.2 mm,两个塑料管的质量均为 $m$,长度均为 $l$,其中 $l \approx 1$ cm.另外实验室还提供电子天平和游标卡尺.试在仅有地磁场作用的条件下设计实验测出小磁针的磁矩 $M$ 和转动惯量 $I$.（参见转动惯量测量实验 2.3、实验 2.4.）

（1）简述实验设计方案.

（2）说明实验中需要测量的物理量,如果涉及题干中未定义的物理量,请给定无歧义的字母表示.

（3）结合理论公式说明实验原理.

（4）给出小磁针磁矩 $M$ 和转动惯量 $I$ 的计算公式.

（5）分析实验误差的主要来源.

【提示与思考】

1. 保持细线不动,让小磁针在水平面内绕细线做小角度振动,此时的振动是简谐振动.小磁针的振动周期与磁场大小有何关系? 磁场大小与通过线圈的电流又有怎样的关系?

2. 亥姆霍兹线圈磁场的计算请参照实验 2.14.

### 实验 5.7    用钢尺测量激光的波长

【概述】

光是一种电磁波,其波长不同,性质也不同.可见光的波长在 400 nm 至 760 nm

范围内,生活中常见的红、橙、黄、绿、青、蓝、紫等各种颜色,均由光的波长决定,而与其强度、振动方向等因素无关.由此可见,光的波长是决定光波性质的最重要的参量之一.

那么,怎样才能测出光的波长呢?这么短的长度怎么用刻度尺去测量呢?

资源

用一把普通的钢尺可以方便地测量出一张硬纸片的长度和宽度,而要测量它的厚度就困难了,因为钢尺上两相邻刻线的间距是 0.5 mm,而一般硬纸片的厚度也不过 2 mm 左右,所以很难测准.现在要用这把钢尺去测量只有 400 nm 至 760 nm 的光的波长,显然是不可能的,但利用光的波动性质,可以把波长测出来.在实验 2.20 的光栅衍射实验中介绍了光栅衍射理论,光栅由许多平行等间距排列的透光缝组成,而分度值为 0.5 mm 的刻度尺的刻痕间距 $d = 0.5$ mm,光在两刻痕间的许多光滑面上反射,这类似于光栅的透光缝.因此,可将刻度尺当作光栅,测量出可见光的波长.这些反射光如果相位相同,则它们相互叠加而加强,形成亮斑,否则光波会相互抵消而减弱.测出相关物理量,即可计算得到光的波长.

【实验目的】

1. 学习用光的干涉原理设计实验测量光的波长.
2. 自行组装实验装置,精确测定光的波长.

【实验器材】

市售小型半导体激光器、分度值为 0.5 mm 的钢尺、米尺或卷尺,胶带纸,适当厚度的书及纸张.

【实验要求】

1. 拟出方案,结合理论公式说明实验原理.计算相邻两束光的光程差以及亮斑所在位置,零级条纹的条件是什么? 如何判定零级条纹位置? 需要测量哪些物理量? 如何测量可以减小误差?

2. 列表记录实验数据,并设计实验数据处理的方案,计算激光波长的相对不确定度.

【提示与思考】

1. 除所给的实验器材外,我们还需要一张桌子,并充分利用墙壁来搭建实验平台.在安排实验器材时,激光的掠射角要大些还是要尽可能小些? 激光应照射刻度尺的哪部分?

2. 本实验中所用的钢尺可以用木尺或塑料尺代替吗？为什么？

3. 可以用本实验的方法测量手电筒光的波长吗？为什么？

4. 粗看似乎不可能的事，在学过物理后却能好事成真.用分度值为 0.5 mm 的普通钢尺居然能量出只有 0.000 6 mm 左右的波长，其中诀窍有两个，试简述之.

5. 这个实验使我们看到了反射角不等于入射角的"奇怪"现象.它告诉我们，反射定律并不是天经地义、永远正确的.如果反射面上有细微的刻痕，反射光就会朝各种不同方向而去.由此我们可以理解早在我国西汉就有的神秘"透光镜"的原理：它看起来表面光亮平整，其实有许多肉眼难以观察到的细微痕迹，这些痕迹是在铸造时因厚度不同产生不同应力而形成的，因此就有背面的图形出现.这使我们不由得衷心赞叹我国古代劳动人民的智慧！

## 实验 5.8　利用超声光栅测量水中声速

资源

**【概述】**

超声波在介质中以纵波的方式传播时，其声压使介质密度产生周期性变化，形成疏密波，致使其折射率呈周期性改变.当一束可见单色光射入这种介质时，就会因这种折射率的周期性变化而发生衍射，即产生声光效应.当超声波频率不太高，光线平行于声波波面入射时，会产生与普通光学光栅衍射类似的衍射现象，这种装置称为超声光栅.广义地说，具有周期性的空间结构或光学性能（透射率、折射率）的衍射屏，都可以视为光栅.

超声波传播时，如前进波被一个平面反射，会反向传播.在一定条件下前进波与反射波叠加而形成纵向振动的驻波.由于驻波的振幅可以达到单一行波的两倍，加剧了波源和反射面之间介质的疏密变化程度.如图 5.8-1 所示，若 $t=0$ 时刻，向左和向右传播的两波形重叠，经过 $T/8$，纵驻波的一波节两边的质点都涌向这个节点，使该节点附近成为质点密集区，而相邻的波节处为质点稀疏处；半个周期后，这个节点附近的质点向两边散开变为稀疏区，相邻波节处变为密集区.在这些驻波中，稀疏作用使液体折射率减小，而压缩作用使液体折射率增大.在距离等于波长 $\lambda$ 的两点，液体的密度相同，折射率也相等.

单色平行光沿着垂直于超声波传播方向通过上述液体时，因折射率的周期性变化使光波的波阵面产生了相应的相位差，经透镜聚焦出现衍射条纹.如图 5.8-2 所示，这种现象与平行光通过透射光栅的情形相似.声波的波长 $\lambda$ 相当于光栅常量.

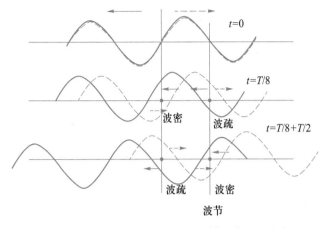

图 5.8-1 长箭头表示传播方向,短箭头表示振动方向

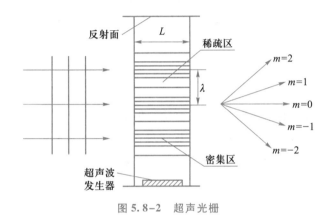

图 5.8-2 超声光栅

**【实验目的】**

1. 学习声光学实验的设计思想及基本的观测方法.

2. 测定超声波在液体中的传播速度.

3. 了解超声波的产生方法.

**【实验器材】**

超声光栅及其附属设备(包括装有换能器和蒸馏水的水槽、专用导线、可显示信号频率的信号发生器等),其中水槽部分可用支架放在带刻度的光学导轨上. 另外提供如下带支架、可在光学导轨上移动的器件(所有支架都带有标记箭头,可直接利用光学导轨上的刻度尺读出器件位置):(1) 钠灯,波长 $\lambda = 589.3$ nm;(2) 机械狭缝(已调至合适缝宽);(3) 两块焦距相同的薄凸透镜,焦距待测;(4) 测微目镜,15 倍放大率;(5) 平面镜一块;(6) 白色光屏一块. (注:本实验也可以将超声光栅与分光计结合来进行,其思路基本上与光栅实验类似.)

【实验要求】

1. 用自准直法测量凸透镜焦距 $f$.

(1) 列举需要用到的器件.

(2) 简述测量焦距 $f$ 的实验步骤.

(3) 分析误差主要来源.

2. 利用超声光栅的光学效应测量水中声速

(1) 简述实验器件的布置.

(2) 实验前要进行各器件共轴调节,请简述调节步骤.

(3) 试设计测量方案,要求用逐差处理数据,求出光栅常量.

(4) 读出超声波频率,计算超声波在水中的速度 $v$,分析误差来源,提出改进建议.

【提示与思考】

1. 如何借助周边物体先粗测待测透镜的焦距?

2. 实验时光学器件应如何安排? 共轴调节要达到什么要求?

3. 为什么超声光栅的光栅常量就是超声波的波长?

# 附录1 国际单位制与我国法定计量单位

1948 年召开的第 9 届国际计量大会作出了决定,要求国际计量委员会创立一种简单而科学的、供所有米制公约组织成员国均能使用的实用单位制.1954 年第 10 届国际计量大会决定,采用米(m)、千克(kg)、秒(s)、安培(A)、开尔文(K)和坎德拉(cd)作为基本单位.1960 年第 11 届国际计量大会决定,将以这六个单位为基本单位的实用计量单位制命名为"国际单位制",并规定其国际简称为"SI".1974 年第 14 届国际计量大会又决定,增加一个基本单位——"物质的量"的单位摩尔(mol).因此,目前国际单位制共有七个基本单位(见表 1).SI 导出单位是由 SI 基本单位按定义式导出的,以 SI 基本单位代数形式表示的单位,其数量很多,有些单位具有专门名称(见表 2).SI 单位的倍数单位包括十进倍数单位与十进分数单位,它们由 SI 词头(见表 3)加上 SI 单位构成.

1985 年 9 月 6 日,我国第六届全国人民代表大会常务委员会第十二次会议通过了《中华人民共和国计量法》.这一法律明确规定国家实行法定计量单位制度.国际单位制计量单位和国家选定的其他计量单位(见表 4)为国家法定计量单位,国家法定计量单位的名称、符号由国务院公布.

2018 年第 26 届国际计量大会通过的"关于修订国际单位制的 1 号决议"将国际单位制的七个基本单位全部改为由常数定义.此决议自 2019 年 5 月 20 日(世界计量日)起生效.这是改变国际单位制采用实物基准的历史性变革,是人类科技发展进步中的一座里程碑.对国际单位制七个基本单位的中文定义的修订是我国科学技术研究中的一个重要活动,对于促进科技交流、支撑科技创新具有重要意义.

表 1　SI 基本单位及其定义

| 量的名称 | 单位名称 | 单位符号 | 单位定义 |
|---|---|---|---|
| 时间 | 秒 | s | 当铯频率 $\Delta\nu_{Cs}$,也就是铯-133 原子不受干扰的基态超精细跃迁频率,以单位 Hz 即 $s^{-1}$ 表示时,将其固定数值取为 9 192 631 770 来定义秒. |
| 长度 | 米 | m | 当真空中光速 $c$ 以单位 $m \cdot s^{-1}$ 表示时,将其固定数值取为 299 792 458 来定义米,其中秒用 $\Delta\nu_{Cs}$ 定义. |
| 质量 | 千克(公斤) | kg | 当普朗克常量 $h$ 以单位 $J \cdot s$ 即 $kg \cdot m^2 \cdot s^{-1}$ 表示时,将其固定数值取为 $6.626\ 070\ 15 \times 10^{-34}$ 来定义千克,其中米和秒分别用 $c$ 和 $\Delta\nu_{Cs}$ 定义. |

| 量的名称 | 单位名称 | 单位符号 | 单位定义 |
|---|---|---|---|
| 电流 | 安［培］ | A | 当元电荷 $e$ 以单位 C 即 A·s 表示时,将其固定数值取为 $1.602\,176\,634\times10^{-19}$ 来定义安培,其中秒用 $\Delta\nu_{\mathrm{Cs}}$ 定义. |
| 热力学温度 | 开［尔文］ | K | 当玻耳兹曼常量 $k$ 以单位 J·K$^{-1}$ 即 kg·m$^2$·s$^{-2}$·K$^{-1}$ 表示时,将其固定数值取为 $1.380\,649\times10^{-23}$ 来定义开尔文,其中千克、米和秒分别用 $h$、$c$ 和 $\Delta\nu_{\mathrm{Cs}}$ 定义. |
| 物质的量 | 摩［尔］ | mol | 1 mol 精确包含 $6.022\,140\,76\times10^{23}$ 个基本单元.该数称为阿伏伽德罗数,为以单位 mol$^{-1}$ 表示的阿伏伽德罗常量 $N_{\mathrm{A}}$ 的固定数值.一个系统的物质的量,符号为 $n$,是该系统包含的特定基本单元数的量度.基本单元可以是原子、分子、离子、电子及其他任意粒子或粒子的特定组合. |
| 发光强度 | 坎［德拉］ | cd | 当频率为 $540\times10^{12}$ Hz 的单色辐射的光视效能 $K_{\mathrm{cd}}$ 以单位 lm·W$^{-1}$ 即 cd·sr·W$^{-1}$ 或 cd·sr·kg$^{-1}$·m$^{-2}$·s$^3$ 表示时,将其固定数值取为 683 来定义坎德拉,其中千克、米和秒分别用 $h$、$c$ 和 $\Delta\nu_{\mathrm{Cs}}$ 定义. |

表 2　包括 SI 辅助单位在内的具有专门名称的 SI 导出单位

| 量的名称 | 单位名称 | 单位符号 | 用 SI 基本单位和 SI 导出单位表示 |
|---|---|---|---|
| ［平面］角 | 弧度 | rad | 1 rad = 1 m/m = 1 |
| 立体角 | 球面度 | sr | 1 rad = 1 m$^2$/m$^2$ = 1 |
| 频率 | 赫［兹］ | Hz | 1 Hz = 1 s$^{-1}$ |
| 力 | 牛［顿］ | N | 1 N = 1 kg·m/s$^2$ |
| 压力,压强;应力 | 帕［斯卡］ | Pa | 1 Pa = 1 N/m$^2$ |
| 能［量］,功,热量 | 焦［耳］ | J | 1 J = 1 N·m |
| 功率,辐［射能］通量 | 瓦［特］ | W | 1 W = 1 J/s |
| 电荷［量］ | 库［仑］ | C | 1 C = 1 A·s |
| 电压,电动势,电势(电位) | 伏［特］ | V | 1 V = 1 W/A |
| 电容 | 法［拉］ | F | 1 F = 1 C/V |

续表

| 量的名称 | 单位名称 | 单位符号 | 用 SI 基本单位和 SI 导出单位表示 |
|---|---|---|---|
| 电阻 | 欧［姆］ | Ω | 1 Ω = V/A |
| 电导 | 西［门子］ | S | 1 S = 1 Ω⁻¹ |
| 磁通［量］ | 韦［伯］ | Wb | 1 Wb = 1 V · s |
| 磁感应强度,磁通［量］密度 | 特［斯拉］ | T | 1 T = 1 Wb/m² |
| 电感 | 亨［利］ | H | 1 H = 1 Wb/A |
| 摄氏温度 | 摄氏度 | ℃ | 1 ℃ = 1 K |
| 光通量 | 流［明］ | lm | 1 lm = 1 cd · sr |
| ［光］照度 | 勒［克斯］ | lx | 1 lx = 1 lm · m⁻² |
| ［放射性］活度 | 贝可［勒尔］ | Bq | 1 Bq = 1 s⁻¹ |
| 吸收剂量 | 戈［瑞］ | Gy | 1 Gy = 1 J/kg |
| 剂量当量 | 希［沃特］ | Sv | 1 Sv = 1 J/kg |

表 3　SI 词头

| 因数 | 词头名称 英文 | 词头名称 中文 | 符号 | 因数 | 词头名称 英文 | 词头名称 中文 | 符号 |
|---|---|---|---|---|---|---|---|
| $10^{1}$ | deca | 十 | da | $10^{-1}$ | deci | 分 | d |
| $10^{2}$ | hecto | 百 | h | $10^{-2}$ | centi | 厘 | c |
| $10^{3}$ | kilo | 千 | k | $10^{-3}$ | milli | 毫 | m |
| $10^{6}$ | mega | 兆 | M | $10^{-6}$ | micro | 微 | μ |
| $10^{9}$ | giga | 吉［咖］ | G | $10^{-9}$ | nano | 纳［诺］ | n |
| $10^{12}$ | tera | 太［拉］ | T | $10^{-12}$ | pico | 皮［可］ | p |
| $10^{15}$ | peta | 拍［它］ | P | $10^{-15}$ | femto | 飞［母托］ | f |
| $10^{18}$ | exa | 艾［可萨］ | E | $10^{-18}$ | atto | 阿［托］ | a |
| $10^{21}$ | zetta | 泽［它］ | Z | $10^{-21}$ | zepto | 仄［普托］ | z |
| $10^{24}$ | yotta | 尧［它］ | Y | $10^{-24}$ | yocto | 幺［科托］ | y |

表 4　国际单位制单位以外的我国法定计量单位

| 量的名称 | 单位名称 | 单位符号 | 与 SI 单位的关系 |
|---|---|---|---|
| 时间 | 分 | min | 1 min = 60 s |
| | ［小］时 | h | 1 h = 60 min = 3 600 s |
| | 日（天） | d | 1 d = 24 h = 86 400 s |

续表

| 量的名称 | 单位名称 | 单位符号 | 与 SI 单位的关系 |
|---|---|---|---|
| [平面]角 | 度 | ° | $1° = (\pi/180) \, \text{rad}$ |
| | [角]分 | ′ | $1′ = (1/60)° = (\pi/10\,800) \, \text{rad}$ |
| | [角]秒 | ″ | $1″ = (1/60)′ = (\pi/648\,000) \, \text{rad}$ |
| 体积 | 升 | L(l) | $1 \, \text{L} = 1 \, \text{dm}^3 = 10^{-3} \, \text{m}^3$ |
| 质量 | 吨 | t | $1 \, \text{t} = 10^3 \, \text{kg}$ |
| | 原子质量单位 | u | $1 \, \text{u} \approx 1.660\,539 \times 10^{-27} \, \text{kg}$ |
| 旋转速度 | 转每分 | r/min | $1 \, \text{r/min} = (1/60) \, \text{s}^{-1}$ |
| 长度 | 海里 | n mile | $1 \, \text{n mile} = 1\,852 \, \text{m}$（只用于航行） |
| 速度 | 节 | kn | $1 \, \text{kn} = 1 \, \text{n mile/h} = (1\,852/3\,600) \, \text{m/s}$（只用于航行） |
| 能[量] | 电子伏 | eV | $1 \, \text{eV} \approx 1.602\,177 \times 10^{-19} \, \text{J}$ |
| 级差 | 分贝 | dB | |
| 线密度 | 特[克斯] | tex | $1 \, \text{tex} = 10^{-6} \, \text{kg/m}$ |
| 面积 | 公顷 | hm² | $1 \, \text{hm}^2 = 10^4 \, \text{m}^2$ |

NOTE

## 附录 2　常用物理常量

| 物理量 | 符号 | 数值 | 单位 | 相对标准不确定度 |
|---|---|---|---|---|
| 真空中的光速 | $c$ | 299 792 458 | $m \cdot s^{-1}$ | 精确 |
| 普朗克常量 | $h$ | $6.626\,070\,15 \times 10^{-34}$ | $J \cdot s$ | 精确 |
| 约化普朗克常量 | $h/2\pi$ | $1.054\,571\,817 \cdots \times 10^{-34}$ | $J \cdot s$ | 精确 |
| 元电荷 | $e$ | $1.602\,176\,634 \times 10^{-19}$ | $C$ | 精确 |
| 阿伏伽德罗常量 | $N_A$ | $6.022\,140\,76 \times 10^{23}$ | $mol^{-1}$ | 精确 |
| 摩尔气体常量 | $R$ | $8.314\,462\,618 \cdots$ | $J \cdot mol^{-1} \cdot K^{-1}$ | 精确 |
| 玻耳兹曼常量 | $k$ | $1.380\,649 \times 10^{-23}$ | $J \cdot K^{-1}$ | 精确 |
| 理想气体的摩尔体积（标准状态下） | $V_m$ | $22.413\,969\,54 \cdots \times 10^{-3}$ | $m^3 \cdot mol^{-1}$ | 精确 |
| 斯特藩–玻耳兹曼常量 | $\sigma$ | $5.670\,374\,419 \cdots \times 10^{-8}$ | $W \cdot m^{-2} \cdot K^{-4}$ | 精确 |
| 维恩位移定律常量 | $b$ | $2.897\,771\,955 \times 10^{-3}$ | $m \cdot K$ | 精确 |
| 引力常量 | $G$ | $6.674\,30(15) \times 10^{-11}$ | $m^3 \cdot kg^{-1} \cdot s^{-2}$ | $2.2 \times 10^{-5}$ |
| 真空磁导率 | $\mu_0$ | $1.256\,637\,062\,12(19) \times 10^{-6}$ | $N \cdot A^{-2}$ | $1.5 \times 10^{-10}$ |
| 真空电容率 | $\varepsilon_0$ | $8.854\,187\,812\,8(13) \times 10^{-12}$ | $F \cdot m^{-1}$ | $1.5 \times 10^{-10}$ |
| 电子质量 | $m_e$ | $9.109\,383\,701\,5(28) \times 10^{-31}$ | $kg$ | $3.0 \times 10^{-10}$ |
| 电子荷质比 | $-e/m_e$ | $-1.758\,820\,010\,76(53) \times 10^{11}$ | $C \cdot kg^{-1}$ | $3.0 \times 10^{-10}$ |
| 质子质量 | $m_p$ | $1.672\,621\,923\,69(51) \times 10^{-27}$ | $kg$ | $3.1 \times 10^{-10}$ |
| 中子质量 | $m_n$ | $1.674\,927\,498\,04(95) \times 10^{-27}$ | $kg$ | $5.7 \times 10^{-10}$ |
| 里德伯常量 | $R_\infty$ | $1.097\,373\,156\,816\,0(21) \times 10^{7}$ | $m^{-1}$ | $1.9 \times 10^{-12}$ |
| 精细结构常数 | $\alpha$ | $7.297\,352\,569\,3(11) \times 10^{-3}$ | | $1.5 \times 10^{-10}$ |
| 精细结构常数的倒数 | $\alpha^{-1}$ | $137.035\,999\,084(21)$ | | $1.5 \times 10^{-10}$ |
| 玻尔磁子 | $\mu_B$ | $9.274\,010\,078\,3(28) \times 10^{-24}$ | $J \cdot T^{-1}$ | $3.0 \times 10^{-10}$ |
| 核磁子 | $\mu_N$ | $5.050\,783\,746\,1(15) \times 10^{-27}$ | $J \cdot T^{-1}$ | $3.1 \times 10^{-10}$ |
| 玻尔半径 | $a_0$ | $5.291\,772\,109\,03(80) \times 10^{-11}$ | $m$ | $1.5 \times 10^{-10}$ |
| 康普顿波长 | $\lambda_C$ | $2.426\,310\,238\,67(73) \times 10^{-12}$ | $m$ | $3.0 \times 10^{-10}$ |
| 原子质量常量 | $m_u$ | $1.660\,539\,066\,60(50) \times 10^{-27}$ | $kg$ | $3.0 \times 10^{-10}$ |

注：表中数据为国际科学理事会（ISC）国际数据委员会（CODATA）2018 年的国际推荐值.

## 郑重声明

高等教育出版社依法对本书享有专有出版权。任何未经许可的复制、销售行为均违反《中华人民共和国著作权法》，其行为人将承担相应的民事责任和行政责任；构成犯罪的，将被依法追究刑事责任。为了维护市场秩序，保护读者的合法权益，避免读者误用盗版书造成不良后果，我社将配合行政执法部门和司法机关对违法犯罪的单位和个人进行严厉打击。社会各界人士如发现上述侵权行为，希望及时举报，我社将奖励举报有功人员。

反盗版举报电话　　（010）58581999　58582371

反盗版举报邮箱　　dd@ hep.com.cn

通信地址　北京市西城区德外大街 4 号

　　　　　高等教育出版社法律事务部

邮政编码　100120

读者意见反馈

为收集对教材的意见建议，进一步完善教材编写并做好服务工作，读者可将对本教材的意见建议通过如下渠道反馈至我社。

咨询电话　400-810-0598

反馈邮箱　hepsci@ pub.hep.cn

通信地址　北京市朝阳区惠新东街 4 号富盛大厦 1 座

　　　　　高等教育出版社理科事业部

邮政编码　100029

防伪查询说明

用户购书后刮开封底防伪涂层，使用手机微信等软件扫描二维码，会跳转至防伪查询网页，获得所购图书详细信息。

防伪客服电话　　（010）58582300